U0157846

◆ 大数据战略重点实验室重大研究项目
◆ 基于大数据的城市科学研究北京市重点实验室重大研究项目
◆ 北京国际城市文化交流基金会智库工程出版基金资助项目

大数据战略重点实验室◎著

连玉明◎主编

主权区块链1.0

秩序互联网与
人类命运共同体

SOVEREIGNTY BLOCKCHAIN 1.0

ORDERLY INTERNET AND COMMUNITY
WITH A SHARED FUTURE FOR HUMANITY

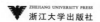

ZHEJIANG UNIVERSITY PRESS

浙江大学出版社

浙江大学国际联合商学院
浙江大学互联网金融研究院
特别支持

大数据战略重点实验室浙江大学研究基地
学术支持

编撰委员会

主编序

　　人类刚刚跨过新千年第三个十年的门槛，世界仿佛进入"无锚之境"，面临前所未有的"失序之困"，人们唯一可以确定的是"世界的不确定性"。在《黑天鹅：如何应对不可预知的未来》的作者纳西姆·尼古拉斯·塔勒布看来，历史和社会不是缓慢前行的，而是从一个断层跃上另一个断层。人类的文明进程，往往正是被少数"黑天鹅"事件改变的。在科技剧烈改变世界的今天，要在一切发生之前研究结局。正如塔勒布在其另一本著作《反脆弱：从不确定性中获益》中所强调的，我们要构建起属于自己的"反脆弱"机制，才能更好地活在这个不确定的时代。这种"反脆弱"机制就是战胜波动性和不确定性的力量，核心是推动构建人类命运共同体。我们的研究认为，秩序互联网与主权区块链是开启人类命运共同体的新钥匙。

　　人类命运共同体是基于人类共同利益和共同价值的超级账本。世界面临的不稳定性、不确定性突出，呈现出德国社会学家乌尔里希·贝克眼中的"风险社会"特征，"随着人类技术能力的增强,技术发展的后果变得难以预计,导致了全球性的技术性风险和制度性风险",全球赤字成为摆在全人类面前的严峻挑战。核战争、网络战、金融战、生物战、非主权力量等全球性威胁依然存在,全球变暖、文明冲突等"灰犀牛"事件无可抗拒,人工智能全面接管人类等共同的灾难挥之不去。尤瓦尔·赫拉利在《未来简史》中回顾人类文明时曾说,人类长期被三个问题所困扰,分别是饥荒、瘟疫和战争,但这些问题在新世纪已经逐步被解决。现在看来这个结论有待商榷,因为这三个幽灵至今仍在不断困扰着人类。面对困扰自身生存与发展的全球性问题,人类产生共同利益,进而结成命运共同体。在解决人类共同面临的全球性问题、实现可持续发展的过程中,各国政府和国际组织就会达成某种共识,形成共同价值:积极参与全球治理,推动构建人类命运共同体。基于制度安排和治理体系的区块链是一个超级账本,体现人类共同利益和共同价值,这就是主权区块链。其对人类社会的影响正使用土地、民族来划分的国家,变成基于共识构建的新型组织或群体,由此形成的"数字世界"正在逐渐模糊虚拟与现实的边界。全球治理是在全球信息革命、全球性问题增多等背景下提出的,它指出一个不可逆转的政治过程正在进行,权威在其中日益分解,进而产生了一个由越来越多的权威中心组成的全球治理体系。建立于国家主权弱化、疆界模糊前提下的全球治理体系,使得主权让渡成为全球治理实践的一种存在。

秩序互联网的核心是构建新型社会信任关系。秩序是人类共同生活的需要,秩序存在与否及实现程度是衡量社会文明发展水平的重要价值尺度。人类文明是建立在信任和共识基础上的合作网络。信任是一种秩序,秩序需要服从和遵守,而服从和遵守在深层次需要以信任为支撑。进入数字时代,数字(算法)是全球文明的最大公约数,也是全球人类获得最多共识的基础。面对"信任赤字"所导致的一系列全球治理难题,人类迫切需要建构一种新型社会信任关系。主权区块链将推动互联网从信息互联网、价值互联网向秩序互联网转移,从人类命运共同体的角度说,这是一种全球性的信任共同体。当今世界正面临百年未有之大变局,在这个大变局中,究竟什么在变,朝什么方向变,会变成什么样,这些问题还有诸多不确定性,甚至是不可预知性。但可以确定的是,有两种力量正在改变我们的生活,进而改变这个世界。一是数字货币,它将引发整个经济领域的全面变革;二是数字身份,它将重构整个社会领域的治理模式。在数字货币和数字身份的推动下,借助超级账本、智能合约与跨链技术等能够建立起一套可信且不可篡改的共识和共治机制,这套机制通过编程和代码进而建构一种数字信任体系。当数字货币、数字身份遇到区块链并与之珠联璧合时,就标志着我们已经跨入一个新的世界。在这个新的世界里,网络就是我们的计算机。区块链借助数字网络与终端重构国家、政府、市场、公民的共治格局,一个基于数字信任、数字秩序的数字文明新时代呼之欲出。

从契约精神到良知之治。区块链的真正意义是将人对人的依赖、人对物的依赖转化为人对数的依赖,数据成为区块链的逻辑起点和治理科技的核心。没有数据治理现代化就没有国家治理现代化,以数字化、网络化、智能化为标志的治理科技成为国家治理现代化的关键因素。过去半个世纪以来,科技企业的进取精神是人类文明进步的核心动力。而在未来相当长的时间里,治理科技的向善精神将成为人类文明跃迁的重要保障。科技向善是通往普遍、普惠、普适数字社会的路标,其塑造了数字社会的第一个特征——向善利他。良知是科技向善的内涵,阳明心学在全球范围内传播与普及,成为构建人类命运共同体的文化源泉之一。"阳明学问是伦理的体系、道德的体系、哲学的体系,它应该成为管理、治理、决策、推动的力量,它应该是管理学,又是治理学。"正如美国夏威夷大学哲学系终身教授成中英所说,阳明学的以道德良知为核心的道德理想主义,对于当今世界道德滑坡、唯利是图、物欲横流的非人性化弊端无疑是一剂对症良药。人类对自然肆无忌惮的掠夺和破坏,破坏了人与自然、人与自我、人与世界的平衡,这个问题在21世纪可能变得更为严重,需要重新用"良知"来审视和反思,通过"致良知"克制私欲,回归初心,通过"天地万物为一体"与不确定性相处,与动荡的世界相处。这正是阳明心学思想的精髓,所谓"21世纪是王阳明的世纪"(杜维明语)即"21世纪是呼唤良知的世纪"。

全球已吹响"警示的哨声",科幻作家刘慈欣在《流浪地球》里描述的事件——"最初,没有人在意这场灾难,这不过是一场山火、一次旱灾、一个物种的灭绝、一座城市的消失。直到这场灾难和每个人息息相关"——正在地球发生。人类正经历一段可能漫长而危险的不确定性时期,这样的危机,在历史上不是第一次,也不会是最后一次。正如达沃斯论坛创始人克劳斯·施瓦布所言,当前需要的是更具全球性和前瞻性的合作。唯有共建人类命运共同体,才能化解发展失衡、治理困境、数字鸿沟、生物安全、文明冲突等共同挑战,以全人类命运与共的视野和远见,共同构建新的全球架构,开辟治理新境界,创造美好新未来。

连玉明

大数据战略重点实验室主任

2020年3月1日

目　录

绪　论

一

2020年初春,新型冠状病毒肺炎(COVID-19)疫情肆虐横行,成为世界各国最为关注的"黑天鹅"事件。新冠病毒之"毒",并不在致死率,而在于传播率和破坏率。它攻击的是医疗秩序,考验的是国家疫情防控体制机制和公共卫生应急管理能力,是对国家治理体系和治理能力的一次大考、一堂大课。COVID-19的全球性大爆发再次引发了我们对人类命运的思考。人类只有一个地球,各国共处一个世界。国际社会日益成为一个你中有我、我中有你的"命运共同体"。面对日益激增的全球挑战,面对国际秩序的失信、失序和失控,没有一个国家,也没有一个组织能够独自应对。国际社会比历史上任何时期都更加需要一种平衡、均衡、守恒的世界秩序。

习近平主席在达沃斯世界经济论坛2017年年会开幕式上指出："今天，我们也生活在一个矛盾的世界之中。一方面，物质财富不断积累，科技进步日新月异，人类文明发展到历史最高水平。另一方面，地区冲突频繁发生，恐怖主义、难民潮等全球性挑战此起彼伏，贫困、失业、收入差距拉大，世界面临的不确定性上升。"翌日，习近平主席在联合国日内瓦总部演讲时发出了"世界怎么了、我们怎么办"的时代之问。两年多后，习近平主席在中法全球治理论坛闭幕式上再次强调："当今世界正面临百年未有之大变局，和平与发展仍然是时代主题，同时不稳定性、不确定性更加突出，人类面临许多共同挑战。"特别是近年来，核战争、网络战、金融战、生物战、非主权力量等全球性"灰犀牛"与"黑天鹅"事件层出不穷，原子武器、生物武器、化学武器、数字武器等新型威胁日益突出，治理赤字、信任赤字、和平赤字、发展赤字等"赤字危机"亟须解决，这些不断威胁着人类的自然权利、生命安全与未来发展。

建设持久和平、普遍安全、共同繁荣、开放包容、清洁美丽的世界是人类共同的美好愿望。携手共建人类命运共同体，构建"共识、共建、共治、共享"且富有活力、包容、公平、和谐的世界秩序，成为当前应对全球问题和全球挑战的最佳选择，也是突破国际秩序失信、失序、失控困境的最佳路径。人类命运共同体的建设离不开制度设计，也离不开科技支撑。主权区块链是从技术之治到制度之治的治理科技，是基于互联网秩序的共识、共建、共治和共享所建构的智能化制度体系，是科技创新与制度创新"双重叠加"下的治理重器。基于主权区块链的人类命运共同体的本质是治理共同体，其建设对促进多边主义合作、完善全球治理体系、构建平衡的世界秩序具有重要意义。

二

习近平总书记强调："科技创新、制度创新要协同发挥作用，两个轮子一起转。"①科技创新和制度创新是人类社会创新的两大基本形式，两者的结合所发挥的作用和产生的影响将是前所未有的。区块链作为点对点网络、密码学、共识机制、智能合约等多种技术的集成应用，被誉为"21世纪初人类最伟大的科技创新"。区块链重构了整个社会领域的治理模式，提供了一种在不规则、不安全、不稳定的互联网中进行信息与价值传递交换的可信通道，开创了一种在不可信、不可靠、不可控的竞争环境中以低成本建立信任的新型计算范式和协作模式，凭借其独有的信任建立机制，实现了穿透式监管和信任逐级传递。

---

① 习近平：《为建设世界科技强国而奋斗》，人民出版社 2016 年版，第 14 页。

区块链是一种基于密码学的分布式数据库技术。通过这种技术,可实现巨大的分布式计算,以此支撑大数据的数据挖掘和分析这种数据密集型计算。主权区块链是区块链发展的一种高级形态,是下一代区块链的核心,是基于科技创新的制度创新。简单地讲,主权区块链是一种技术之治,将实现一套具创新性的混合技术架构。基于此,主权区块链突出了法律规制,是一套由技术规则和法律规则共同形成的监管与治理"组合拳",兼顾技术规则的可行性和法律规则的权威性,是法律规制下的技术之治。主权区块链要解决的是国家、组织、个人的数据权属问题,由此将会创新一种从共识结构演变为共治结构进而形成共享结构的治理体系。区别于区块链单纯以数据为中心的特点,主权区块链同时强调人的主体性,是治理科技赋能治理现代化的强大助推器。

从区块链到主权区块链,并不仅仅是对区块链的补充,更大的意义在于给网络空间治理带来了新理念、新思想和新规制。互联网是大数据在虚拟空间的复杂互动和开放联系,这种复杂互动和开放联系是无界、无价、无序的。从人人传递信息,到人人交换价值,再到人人共享秩序,互联网也经历着从信息互联网到价值互联网再到秩序互联网的演进过程。这种从低级到高级、从简单到复杂的演进,正是把不可拷贝变成可拷贝的一种数据形态,本质上是以人为中心的数据流在虚拟空间中的表现状态。这种表现状态的无边界性和可扩展性,让数据流变得不可确权、不可定价、不可交易、不可追溯,也不可监管。从某种意义上讲,互联网让我们处于无序和混沌之中。区块链的诞生为互联网带来了新的曙光。区块链技术的应用打破了互联网无序、混沌、不安全的状态,并试图构建一个更加有序、安全、稳定的新世界。特别是主权区块链的发明,又为区块链技术的应用插上法律翅膀,使区块链从技术之治走向制度之治,把互联网状态下不可拷贝的数据流控制在可监管和可共享的框架内,从而加速区块链的制度和治理体系的构建。

三

数据主权论、社会信任论、智能合约论是主权区块链的理论起点。从数据到数权,是人类社会迈向数字文明的必然。像人权、物权一样,我们还拥有数权。数权是人人共享数据以实现价值最大化的权利,是主权区块链的制度约束力。信任是社会良性循环的重要基石,是基于共识机制在熟人社会、生人社会、网络社会中构建的"自信＋他信＋信他"的治理逻辑,是主权区块链的文化约束力。智能合约是合约代码化带来的技术之治,是打造可信数字经济、可编程社会、可追溯政府的监管框架,是主权区块链的技术约束力。

数据主权论。数据已成为国家基础性战略资源,对经济发展、社会治理、国家管理、人民生活等产生越来越重要的影响。因此,任何主体对数据的非法干预都可能构成对一国核心利益的侵害。基于国家安全、公民隐私、政府执法和产业发展等需要,数据主权应运而生,并且成为个人、企业和国家关注的中心。数据主权的核心是归属认定,从数据的归属上划分,数据主权可分为个人数据主权、企业数据主权和国家数据主权。实践中,各主体间数据主权的激烈博弈形成了数据安全困境的无秩序状态,同时数据主权成为利益重叠交错的领域,存在数据权属不清晰、数据流通和利用混乱等诸多问题。为保障数据安全、维护数据主权,各主体应当构建总体国家安全观下的数据主权,处理好主权和人权的关系,推动数据主权与数字人权协调发展,增进人类的数据福祉。

社会信任论。信任是个体安全感的基本屏障,更是人际关系、社会系统运行的内在基础。随着"人"的历史性生成和变化,建构秩序需要转变信任类型。区块链以技术保证建立了一套去中心化的、公开透明的信任系统,信任主体与信任客体只需要相信由算法驱动的分布式网络就可以建立互信。既不需要知道对方的信用度,更不需要第三方信用背书即可建立一种不需要信任积累的体系，推动自信用社会的形成，实现"数据即信用"。"数字货币—数字生活—数字生命—数字经济—数字社会"是未来发展的一条主线，数字信任共同体则是未来发展的基石。在未来理想的数字社会中，物质财富充裕，信任与秩序问题将逐渐被解决，"人"达到了自由自觉的存在状态，整个社会将是一个数字公民的联合体。

智能合约论。从身份到契约，从农耕文明到工业文明再到如今的数字文明，人类从"人权时代""物权时代"迈向"数权时代"，法律将实现从"人法"到"物法"再到"数法"的巨大转型。智能合约是一套能够自动执行某些需要手动才能完成的任务的协议，可植入现行的法律体系，为法律能够尽快适应新技术的快速发展提供有效方案。区块链具有去中心化、透明可信、不可篡改等特质，又为智能合约提供可信的执行环境，保障了智能合约的公平、公正执行。随着大数据、人工智能、区块链等新一代信息技术深度融合发展，整个世界将基于物理世界生成一个数字化的孪生虚拟世界，物理世界的人和人、人和物、物和物之间可通过数字化世界来传递信息与智能，人类将进入一个万物智联的时代，开启智慧社会。通过区块链特别是智能合约所建立的社会关系，将是一种全新的智慧社会关系，将成为构建数字文明新秩序的重要"基石"。

四

全球问题的应对之道是全球治理,人类命运共同体是中国着眼于世界前途、人类发展和全球治理提出的"中国方案"。作为一种全球治理机制,人类命运共同体强调人类的平等和共同价值,即求同存异、和平相处。各国遵循共同的规则,彼此信任,从而大幅度降低人类社会的治理成本,使人类消费最少的资源,创造最大的价值。人类命运共同体已成为国际关系和全球治理领域的"热搜词",不仅被中国国家领导人在国内外各种讲话中反复提及、不断阐释,还被相继写入联合国相关机构的多个决议,在很大程度上成为国际共识。2018年3月,十三届全国人大一次会议表决通过《中华人民共和国宪法修正案》,"推动构建人类命运共同体"写入宪法序言,使得"人类命运共同体"理念上升到宪法层面,纳入我国法律制度体系,这标志着人类命运共同体成为"中国之治"的重要内容。

人类命运共同体的提出,既是基于现实的,也是面向未来的。建设人类命运共同体的目标之所以难以很快实现,是因为各个地域、各个国家、各个民族人群仍秉持一定的本位主义和保护主义,尚缺乏足够的共识基础和信任机制。人类在"囚徒困境"中,自然不会选择全局最优,而会选择局部最优。迄今为止，人类社会始终运行在局部最优的状态，而中国主张的人类命运共同体是整个人类社会全局最优的运行模式，兼具了中国"协和万邦，和衷共济"的天下观和"和而不同，美美与共"的治理观。故而，建立一个基于共识的低成本、高可信度、极致安全的信任机制和治理模式，是实现人类命运共同体的基础。

历史告诉我们，仅仅靠制度设计是难以解决信任问题的，信任的建立还需要有可靠的信任保障技术作为基础。区块链恰恰在这一点上解决了人类社会的信任机制问题。但是，区块链无法替代社会组织行使制度功能。它无法体现一种社会制度的属性，无法体现一个国家的主权意志，也无法体现一个社会的价值观、伦理偏好和文化特质。也就是说，区块链面临人类社会制度功能的巨大挑战，除非能够将原来由社会组织承担的社会制度功能，转由技术方式来实现。而这种技术方式就是主权区块链。主权区块链是在坚持国家主权原则的前提下，加强法律监管，以分布式账本为基础，以规则和共识为核心，根据不同的数据权属、功能定位、应用场景和开放权限构建不同层级的智能化制度体系。基于主权区块链的人类命运共同体的价值导向是建设人人有责、人人尽责、人人享有的全球治理共同体，进而形成人类社会的共同行为准则和价值规范，推动全球秩序互联网时代的真正到来。

第一章　秩序互联网

我们站在一个美丽新世界的入口,而这是一个令人兴奋的,同时充满了不确定性的世界。

——英国著名物理学家　霍金

互联网是人类创造的第一个人类自己所不理解的东西,是我们所进行的最大规模的无政府状态试验。

——谷歌前董事长兼首席执行官　埃里克·施密特

不必太懂区块链技术,就像当初不用太懂互联网技术一样。

——阿里巴巴集团创始人　马云

第一节 互联网进化

互联网[①]的出现及其带来的技术迭代,带来了一种新的人类语言、一种新的思维理念、一种新的人类文明,人类进入一个崭新的时代。从信息互联网到价值互联网再到秩序互联网是互联网从低级向高级演进的基本规律。信息互联网解决了信息不对称问题,让人们获得了沟通便利、信息成本降低的红利。随着电子商务的发展,互联网使人们能够在互联网上像传递信息一样方便、快捷、低成本地传递价值的功能初见端倪,特别是随着区块链的发展,人们逐步看到数据资产增值、价值体系重构的潜力。而秩序互联网,让人们看到主权区块链创新组织方式、治理体系、运行规则的前景。互联网发展的三个阶段,实质上就是从传统互联网走向智慧互联网、从信息科技走向数字科技的过程。未来,区块链和互联网的融合将重构新一代网络空间,给人类带来无可估量的影响。

---

① 中国古代先贤老子的《道德经》深刻阐述了万事万物互动连接、相生相克、共生共荣的发展规律。我们可以借用老子"道生一,一生二,二生三,三生万物"的思想框架来解读互联网。互联网之道就是自由,对自由的追求催生了自我与他人自由相连的渴望,这就是互联网的"一"。互联网去中心化的结构在连接每个人时保证了独立性。因为去中心,每一个人都成了中心,人人为我;同时,每个人又以他人为中心,我为人人。这个对立统一的"人人为我,我为人人"构成了互联网太极结构的"二"。二元互动催生了互联网的"三"要素:人、信息和交易。三要素的动态组合催生了千姿百态的互联网奇迹。(唐彬:《互联网是一群人的浪漫》,《中国商界》2015年第5期,第122—123页。)

一、信息互联网

从语言到文字,从印刷术的发明到互联网的繁荣,每一次信息革命都给人类社会带来革命性影响。1969年,有两件事足以让这一年在历史的长河中闪耀:人类首次登上月球和互联网的诞生。登陆月球意味着人类迈出了星际探索的第一步,而互联网实现了不同计算机之间的连接,两者都意味着从单点的存在向多点的存在进行网络拓展,也都意味深长地延伸了人类自身。[①]1993年,万维网的出现让互联网逐渐走向民主化。1995年,《数字化生存》的问世宣告人类社会开始了一场数字化迁徙。如果说上一次地理大发现拓展的是人类的物理空间,那么这一次地理大发现拓展的是人类的数字空间。如果从进化论的角度看,五十岁的互联网还很年轻,但"互联网已成为我们脑海里习以为常的一个固定配置,我们甚至更容易想象生命的结束而无法想象互联网时代之后的"[②]生活。凯文·凯利甚至认为,如果真有地外生命的话,他们也会发明电,还有电灯,以及汽车,最终也会发明互联网。正如埃里克·施密特所言:"互联网是人类创造的第一个人类自己所不理解的

---

① 余晨:《看见未来——改变互联网世界的人们》,浙江大学出版社2015年版,第22页。
② 〔美〕珍妮弗·温特、〔日〕良太小野:《未来互联网》,郑常青译,电子工业出版社2018年版,第74页。

东西,是我们所进行的最大规模的无政府状态试验。"它将人类带入一种无穷、无界、无远弗届的境地,以免费、跨界、开放、民主、长尾效应、多元价值等的特性渗透到现代文明的各个角落,由此催生的互联网世界创造的惊喜和意外超过了当年铁路、电报等发明带给人类的所有惊喜和意外。

信息的跃迁。随着媒介的延伸和承载方式的进步,信息传递的速度、广度、维度都在发生前所未有的变化。麦特卡尔夫定律认为,随着设备和用户的加入,网络的价值和重要性将不断呈几何级数增长。[1]电话的发明是第一个节点,1对1的信息传播更加便捷;广播电视的发明是第二个节点,1对 N 的传播得以实现;互联网的发明则是信息传递效率通向 N^2 的重要节点。互联网通过TCP/IP协议实现了信息互联,开启了一个信息大爆炸的时代,全世界的网民都可以通过互联网无差别地实现信息的传播和接收,信息从"1到 N 的传递效率"延伸到" N^2 传递效率"。借助互联网,每个人都拥有"麦克风"和"朋友圈",可以自主进行议题设置和话语传播,形成了现实制度与物理空间所无法赋予的自我赋权能力和自治取向。[2]互联网打破了时空限

---

[1] 网络必须拥有巨大的数量:第一部电话毫无用处;第二部电话稍微有点用处,但只限于与第一部电话通话;在有了上千部电话后,自己购买一部电话才有意义;在有了几百万部电话后,一部电话才会真正成为必不可少的工具。

[2] 马长山:《"互联网+时代"法治秩序的解组与重建》,《探索与争鸣》2016年第10期,第40页。

制,虚拟与现实、数字与物质的边界正日渐消失,人类逐渐走向无边界社会。互联网为人类社会提供了一种非正式、虚拟化的社会空间结构,任何政府、组织和个人等多元主体都可以参与其中,把我们塑造成新的物种——"数据人",如同古典经济学中的"经济人"。正如纪录片《互联网时代》所描述的那样:"不管是世界还是中国,人类生活的大迁移已经开始,这是从传统社会向互联网数字化时代全面的迁徙,这是一个时代性的课题和不可阻挡的人类命运。无论你是不是网民,无论你远离互联网还是沉浸其中,你的身影都在这场伟大的迁徙洪流中。"互联网实现了信息互联,移动互联网实现了人人互联,第五代移动通信技术(5G)出现以后,物联网将搭乘5G的"快车道"实现从万物互联到万物智联。互联网消除了信息传递的障碍,让我们进入了信息自由传递的信息互联网时代。信息互联网是指以信息记录、传递为主的互联网,这些信息具有可复制性且复制成本极低。信息互联网的革命性意义,在于不仅冲击了传统的游戏逻辑与规则,还创造了无限延展的价值基础与空间。

　　信息互联网的互信难题。人类在享受信息大爆炸一切好处的同时,也经受互联网带来的苦痛,忍受网络世界的混沌和无序,甚至感受网络带来的风险和恐惧。因为"在互联网上没有统一的、预先设定的节拍,每个人都是率性地按照自己的心灵起舞"①,互联网成为新型暴力的工具、新型武器的构件、新型权力的基础。②我们在BAT③缔造的信息互联网商业帝国享受着便利与快捷,依靠着这些庞大的中心机构传递我们的聊天信息、购物信息和交易信息,同时也无可奈何地接受着这柄双刃剑带来的弊端,包括信任缺失、隐私泄露、信息瘟疫、商业垄断、网络极化、网络诈骗、黑客入侵等问题。互联网呈现出的失序程度和不确定性不断提升,互联网治理作为一个时代命题的提出正是"失序"的一种反映。混沌理论认为,"一切事物的原始状态,都是一堆看似毫不关联的碎片,但是这种混沌状态结束后,这些无机的碎片会有机地汇集成一个整体"。互联网放大了信息与噪声之间的对立,信息互联网的混沌状态带来了信息无效、信息泛滥和信息扭曲等问题。信息无效主要表现为围绕特定问题或多方问题的信息获取不足,进而引发社群集体的无意识行为,导致决策依赖事后结果等问题。信息泛滥是信息互联网时代面临的最突出的问

---

① 段永朝、姜奇平:《新物种起源:互联网的思想基石》,商务印书馆2012年版,第128页。

② 随意搜索一下便可以找到很多相关名词或案例,如数字强制(digital coercion)、数字暴力(digital violence)、虚拟霸凌(cyber-bullying)、虚拟暴力(cyber-violence)、被迫数字参与(coerced digital participation)等,数字盗窃(digital burglary)、数字诈骗(digital fraud)、数字勒索(digital extortion)、数字抢劫(digital robbery)往往比传统盗窃、诈骗、勒索、抢劫更严重。

③ 中国三大互联网公司——百度(Baidu)、阿里巴巴(Alibaba)、腾讯(Tencent)——名称首字母的缩写。

题，如果说信息不足可能带来监管和决策的风险，信息过多则会增加甄选监管和决策信息的成本。海量信息带来信息量激增的同时，其分析的不确定性也在提升。不确定性与社会失序程度呈正相关关系，不确定性越高，社会失序就会越严重。信息扭曲是指互联网与传统媒体不同，它缺乏有效的信息质量控制机制，因此，互联网上的真实信息往往容易脱离原创者和拥有者的控制，在传播过程中被扭曲。互联网实现了信息的"去中心化"传播，但却存在两个致命的问题：一是一致性问题，二是正确性问题。这就是"拜占庭将军问题"，即去中心化信息传播中的"同步"和"互信"问题。"指向自由的秩序并不必然是自由的家园，反而异化为自由的枷锁。"①从某种程度上说，信息互联网处于一种混沌、无序状态，互联网空间存在着不确定性与失序风险。

信息互联网：无界、无价、无序。当互联网冲破不可拷贝的禁锢，人们在沉浸于信息自由传递的美好之中时，又不得不面临互联网无界、无价、无序带来的困扰，这是信息互联网的本质特征。第一是无界，互联网没有边界，是无限的。第二是无价，互联网有价值，但没有价格——就像空气一样，有使用价值，但没有价值，所以不能体现为价格。第三是无序，互联网是没有秩序的，是混沌的。"正如

---

① 白淑英：《论虚拟秩序》，《学习与探索》2009年第4期，第28页。

深受嬉皮士精神影响的乔布斯所说,'电脑是人类所创造的最非同凡响的工具,它就好比是我们思想的自行车',自行车是流浪和叛逆的工具,它让人自由地抵达没有轨道的目的地。在电脑的胚胎里成长起来的互联网,是一个四处飘扬着自由旗帜的混沌世界。"①互联网的无序是与生俱来的,与无界、无价有直接关系,这是互联网带给我们的最大麻烦。互联网就像一匹野马一样快速地奔跑在没有边界的原野,如果再没有缰绳,后果不堪设想。野马变良驹,要更加强调有序,强调用规则解决互联网的联系、运行和转化等问题。人类可以通过互联网将信息快速生成并传递到全世界每一个有网络的角落,但其始终无法解决价值转移②和信用转移的问题。简单地说,互联网解决了信息不对称的问题,但并没有解决价值不对称的问题,也因此无法解决信用储存的问题。网络的进化遵循"增长→断点→平衡"的发展路径:首先,网络会呈指数式增长;接着,网络会达到断点,这时它的增长已经超过负荷,其容量必须有所减小(轻微或显著);最后,网络会达到平衡状态,会理智

---

① 吴晓波:《腾讯传(1998—2016):中国互联网公司进化论》,浙江大学出版社 2017 年版,第 16 页。

② 所谓的价值转移,简言之,我们要将一部分价值从 A 那里转移给 B,那么就需要 A 明确地失去这部分价值,B 明确地获得这部分价值。这个操作必须同时得到 A 和 B 的认可,结果还不能受到 A 和 B 任何一方的操控,目前的互联网协议是不能支持这种做法的,因此,价值转移需要第三方背书。例如,A 的钱通过互联网转移给 B,往往需要第三方机构的信用背书。

地在质量上(而不是数量上)增长。[①]"马斯洛需求层次理论"将人的需求分成五个层次,我们将其类推到互联网需求层面,建立一个层次化的互联网需求模型(图1-1)。[②]当前,人类社会的需求不断扩展,人类本性中暗含的对秩序的需求越来越迫切。一方面,信息互联网、价值互联网的边界仍将随着技术的变革不断延伸;另一方面,人类对更高层次的需求如对信任和秩序的需求与日俱增。

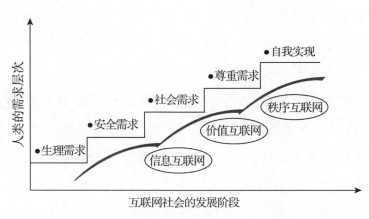

图1-1　互联网马斯洛需求模型

二、价值互联网

随着技术的不断进步,互联网的发展进入价值大发现、

---

① [美]杰夫·斯蒂贝尔:《断点——互联网进化启示录》,师蓉译,中国人民大学出版社2015年版,第20页。

② 从满足人们的需求属性而言,信息互联网满足人类不断拓展社交范围的社会需求,价值互联网满足人类获得价值认可的尊重需求,而秩序互联网满足人类自我实现的最高需求。

价值大创造、价值大创新的阶段。区块链是构建价值互联网的基石,天生具有传递信任与价值、重构规则与秩序的能力。世界经济论坛发布的《释放区块链潜力》白皮书称,区块链即将开创更具颠覆性与变革性的互联网时代,能够催生新的机会,促进社会价值的创造与交易,使互联网从信息互联网向价值互联网转变。互联网的出现与普及,使人们在网络上建立点对点的连接变得异常容易。相较于互联网使信息传输变得简易,区块链以一种完全开放的数据区块信息链条的形式出现,实现点与点之间的价值传递和交换,由此成为互联网的新引擎,开启价值互联网时代。

价值的互联互通。信息互联网实现了信息传递由原来的封闭、滞后、烦琐到快速、自由、便捷等方面的变革,但信息的交换已难以满足人们日益增长的价值需求。区块链的诞生为信息互联网的进化带来了新的曙光,通过基于区块链协议的价值互联网,可以实现价值的传递和交换。所谓价值互联网,就是人们能够在互联网上,像传递信息一样传递价值,尤其是资产,而不需要任何第三方中介或媒介(图1-2)。价值互联网是互联网价值基于区块链协议,形成价值互联链、实现互联网价值的真实体现与透明转移,其核心特征是实现资金、合约、数据、可信身份等价值的互联互通(表1-1)。资金、合约等的转移虽然已经能够在互联网上实现,但均需依靠中心化的机构传递信息给相应的中心化机构,这带来的是:交易费用高,信息不对称,以及被动接受和隐私安全问题。区块链将引领价值互联网的原因在于:区块链能够解决以上交换、交易和转移的难题,使人们能够在互联网上像传递信息一样方便快捷、安全可靠、以极低成本来传递价值。在区块链的世界里,人们可以像发微信、微博一样把资金、数据资产等转移到世界的各个角落。价值互联网与信息互联网之间并非替代关系,两者是针对不同的应用场景解决不同的问题。价值互联网在信息互联网基础上叠加价值属性,从而逐渐形成实现信息传输与价值传递的新型互联网。

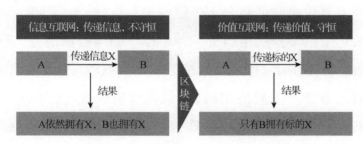

图1-2　信息互联网与价值互联网

表1-1　信息互联网与价值互联网的比较

项目	信息互联网	价值互联网
功能	信息传递	价值转移
方式	复制	记录
表示	链接	通证
协议	万维网协议	区块链信用层

区块链:价值互联网的重要基石。区块链的出现,为互联网带来了新的发展空间,触发了新的发展阶段。区块链就是从信息网络到价值网络的跃迁过程,将促进基于互信机制的价值传递,颠覆商业模式,打破产业格局,改变分配制度。区块链具有去中心化、不可篡改、全程留痕、可以追溯、集体维护、公开透明等特性,互联网处于无序、垄断、混沌、不安全的状态。在价值互联网中,区块链让网络中的每个人天然互信,杜绝了传统互联网的中心化垄断;区块链的防伪、防篡改特性使每个人在网络中建立自己的诚信节点。在制度和技术的双重监督下,人一旦作恶,将会受到来自法律制度和智能合约的双重惩罚,人们进而在潜移默化中把维护信用当成一种习惯。必须指出的是,无论是信息还是价值的传输,归根结底是数据的传输。数据的可信是价值互联网的基础,数据确权是数据可信的基础。数据只有可信才有进行计算分析进而提供智能服务的价值,从而实现业务契约化、契约数据化、数据可信化。价值互联网可信基础设施是承载价值交换、支撑价值应用、营造产业生态的重中之重。区块链是进行数据确权、价值交换与利益兑付的核心技术,通过确权与交换为价值互联网的形成奠定基础。一是真实唯一的确权,价值的前提是确定资产所有权。通过密码学,利用公钥私钥机制,能够保证对资产的唯一所有权。共识机制保障声明所有权的时间顺序,第一个声明的人才是资产的真正唯一拥有者。分布式账本保障历史的所有权长期存在,不可更改。二是安全可靠的交换,价值在供需中体现出来,没有交换就没有价值。借助密码学,所有者通过提供签名验证才能释放自己的资产,转移给另外的人。共识机制给交易确定顺序,解决资产的"双花问题"①,确认后的交易记录在案。智能合约保障交易只有在符合条件的情况下,才能真正发生,自动化进行。②

治理:区块链面临的最大挑战。互联网不仅是国家治理的新对象,更是治理的新手段、新工具、新平台。中共十九届四中全会强调,"加强和创新社会治理,完善党委领导、政府负责、民主协商、社会协同、公众参与、法治保障、科技支撑的社会治理体系",首次在"社会治理体系"前加上"科技支撑",强调了治理中的技术因素,充分体现了发展、运用、治理互联网等技术的高度自觉和充分自信。当

---

① "数字经济之父"唐·塔斯考特曾在演讲中提到,"过去的几十年里,我们迎来了互联网的信息时代。当我向你发送一封电子邮件、一份PPT文件或其他的时候,实际上我发送的并不是原始文件,而是拷贝的副本。但是如果牵涉到资产的话,比如说金钱、股票及债权等金融资产,会员积分、知识产权、音乐、艺术、选票、碳信用额等其他资产,发送副本可不是个好主意。如果我给了你100美元,对我来说重要的是,我就不再拥有这笔钱了,并且我不能再次发送给你。这被密码专家叫作'双重消费'问题",即"双花问题"。中本聪通过创建比特币解决了数字通证的双花问题,更进一步,价值互联网需要解决互联网上所有数字资产的双花问题。

② 易欢欢:《价值互联网与区块链:四位一体的新型网络》,搜狐网,2018年,https://www.sohu.com/a/249565405_100112552。

价值互联网像信息互联网那样成为遍布全球的基础设施后，智能合约作为自动执行、开放透明的去中心化网络协议，将确保价值互联网的规则被可信地执行，并带来一个新型契约时代。治理价值互联网比治理信息互联网要复杂得多，因为信息互联网的构成网络是基于全球统一平台建构的，而区块链是由不同账户有时甚至是对立账户构成的一个账户。其困境在于"三元悖论"，即可扩展性、分布式和安全性三者不可兼得。区块链利用全球对等网络资源来实现利益相关方之间的价值交换，需要一套合理有序的治理框架，才能确保其技术潜能的有效发挥。世界经济论坛在《释放区块链潜力》白皮书中指出，区块链生态治理面临的挑战包括：缺乏合理的法律治理结构，不成熟的立法或规范将有可能阻碍区块链发展，区块链应用速度超过技术成熟速度，缺乏多元化思想，存在当权者控制整个网络的风险等。此外，还存在一些未知的挑战，例如：资源浪费、创新集成引起的多症并发、可能加强的监管，以及恐怖主义事件、量子计算的打击和技术失败等。比如，虽然区块链技术的目的在于推进交易能力的提升，但其一旦以开源形式在网上公开，恐怖分子将有可能用这些优秀的技术来制造更多、更大的混乱。又如，量子计算作为一项超越电子计算的密码算法，将有可能使区块链的技术优势受到致命打击。更有甚者，如果区块链技术最终被证明漏洞百出,将有可能导致整个价值互联网的崩溃。①

三、秩序互联网

在互联网的发展过程中,许多发展趋势和途径受到了质疑,但是其核心思想——互联网的必要性——没有被质疑过。互联网最佳的未来不是不朽的或者一成不变的,而是去质疑人们目前所拥有的互联网是否是我们所能设计的最好的,并且思考互联网时代结束后人们生活的替代选择。②当前,开展一场广泛而深刻的互联网变革比过去任何时候都显得更加必要和迫切。区块链的特性恰好能呼应这种需求,维护网络世界的生态秩序,进而建立更加良性的治理架构,有效赋能国家治理体系和治理能力现代化建设。互联网已成为各种力量博弈的场所,而这个场所对秩序的呼唤,以及由此折射的现实世界中秩序与责任的缺失愈发凸显。秩序是互联网发展的生命,没有规则和秩序,互联网将在无序中毁灭。互联网治理正在形成某种秩序,只是在秩序形成的过程中,难免会存在政府、企业、社会、个人之间以无国界的互联网场域为战场的博弈。面对解构与重构并存的秩序震荡,在博弈过程中强弱优劣的力

---

① 世界经济论坛:《释放区块链潜力》,《赛迪智库译丛》2017年第47期,第1—19页。
② [美]珍妮弗·温特、[日]良太小野:《未来互联网》,郑常青译,电子工业出版社2018年版,第39页。

量转换是动态的，数据主权论、社会信任论和智能合约论构成了互联网秩序的核心要素与治理逻辑。美国著名建筑学家路易斯·康说过一句话："这个世界永远不会需要贝多芬第五交响曲，直到贝多芬创作了它。现在我们离开它无法生活。"进入秩序互联网时代，我们面临更多的未知，如果只有一件事情是已知的话，那就是我们会创造出更多的、人们离开了它就无法生活的东西。

基于未来的三个推论。第一个基本推论是，人类社会正由二元世界体系迈向三元世界体系。过去，人类生活在一个由物理空间（physical space，简称P）和人类社会空间（human social space，简称H）构成的世界，其活动秩序是由人与人、人与物之间的相互作用和相互影响形成的，人是人类社会秩序的制定者和主导者。网络化、数字化和智能化技术突破了物理时空并对其进行数字化重建，信息空间（cyber space，简称C）成为世界空间的新一极。[①]在这个新的空间里，数据是滋生万物的土壤。世界正从传统的二元世界（P、H）变成三元世界（C、P、H），人类活动的秩序必然也随之发生重构，基于原有二元世界而形成和运行的生产生活规律、社会组织形式、社会治理体系、法律制度规范等，必将面临三元世界发展逻辑带来的挑战与重塑，急需理论和实践的回应。第二个基本推论是，时代发展由石油

① 潘云鹤：《世界的三元化和新一代人工智能》，《现代城市》2018年第1期，第1页。

驱动变成数据驱动。在经济社会发展到较高阶段后,以要素驱动、投资驱动为主的发展道路已难以为继。"大数据之父"维克托·迈尔-舍恩伯格认为,"有时候不一定是理念驱动世界的变化,可能是实实在在的数据,在数据的基础上产生理念,新的理念是创造性破坏的核心,而数据则是创新的驱动力"。创新驱动发展,数据驱动创新。数据是氧气,是变革世界的关键资源和秩序建构的核心要素,给人类带来新的平衡。第三个基本推论是,秩序互联网是互联网的未来。秩序互联网将是人类一切活动的中心,秩序互联网把技术规则与法律规则结合起来,实现信用和秩序的共享,是互联网发展的高级形态。互联网是20世纪最具革命性的技术,秩序互联网可能是未来的创新驱动发展的先导力量,对完善互联网全球治理体系、推动构建网络空间命运共同体具有重要意义。

改变未来的三个力量。当今世界有三大力量正以前所未有的方式影响着世界:一是数权。"信息是权力的中心"[1],秩序互联网下的社会权力成为一种体系化的力量。未来学家阿尔文·托夫勒认为,权力作为一种支配他人的力量,自古以来就通过暴力、财富和知识这三条途径来获得。数据赋权,使得社会力量由暴力、财富、知识向数权转移。数权

---

[1] 〔美〕安德雷斯·韦思岸:《大数据和我们——如何更好地从后隐私经济中获益?》,胡小锐、李凯平译,中信出版社2016年版,第12页。

是人类迈向数字文明的时代产物和必然趋势，是推动秩序重构的重要力量。这种力量标志着传统权力的衰退、新型权力的扩展和个人主权的让渡。二是利他。"人类正从IT（internet technology）时代走向DT（data technology）时代"，DT时代的关系结构决定了其内在机制是去中心、扁平化、无边界，基本精神是开放、共享、合作、互利。这些特征确定了这个社会"以人为本"的人文底色，也决定了这个时代"利他主义"的核心价值。利他与共享是新一轮科技革命和产业变革的关键力量，基于利他与共享，人类文明必将走向更高阶段，进入一个由共享权建构的秩序之中。三是重混。重混是对已有事物的重新排列和再利用，融合内外部资源，创造新价值。增长来源于重混，包括文明的增长、经济的增长、数据的增长……重混是至关重要的颠覆性方式，是一股必然而然的改变力量。数权的价值主张、利他的价值取向、重混的价值创新是秩序互联网的核心要素，正是这三大力量之间的互动塑造着这个世界。

面向未来的三个判断。第一个基本判断是，中国的崛起是大势所趋。没有任何力量能够阻挡中国人民和中华民族的前进步伐，中国崛起的根本动力在于两个"全面"，即全面深化改革和全面扩大开放。新兴国家由大而强，无不经历一个风险和挑战增大的特殊历史阶段。中国制度的独特优势，是我们应对风险与挑战的最大底气。站在更长的时间轴上,大国崛起必然经历沟坎,关键要保持战略定力和战略耐力,集中精力办好自己的事。"风会熄灭蜡烛,却能使火越烧越旺。"第二个基本判断是,中国崛起的真正标志是国家治理现代化,以及在全球治理体系中确立国际话语权。中国正站在"两个一百年"的历史交汇点上,新一轮科技革命和产业变革成为影响世界变局与大国兴衰的主要力量,全球经济治理体系重塑为我国争取更加有利的国际地位创造了条件,国际政治格局不稳定性上升特别是美国对我国的战略遏制将成为外部环境最大的不确定性因素。中国未来所面对的,不仅是经济、科技、军事实力等硬实力的较量,更为重要的、更具标志意义的是国家治理体系和治理能力的综合性软实力的竞争。中国的崛起将带来世界治理格局和全球治理方式的巨变。第三个基本判断是,治理科技是国家治理现代化的核心力量。以人工智能、量子信息、移动通信、物联网、区块链等为标志的治理科技,对国际格局的影响至少可以概括为以下三个方面:一是可以显著增加全球财富;二是加剧经济和军事变化,以至直接影响和改变国家间力量对比;三是非国家行为体的权力迅猛增长,甚至带来意识形态、安全和全球战略稳定的新挑战。秩序互联网将成为国家治理现代化的关键因素,抓住此关键战略机遇期,推动基于秩序互联网的基础设施、法律体系、标准体系构建,将助力中国抢占在全球治理中的制度性话语权。

　　未来将更加扑朔迷离，却也更加让人期待。"互联网的进化，在微观上是无序杂乱的，但在宏观上表现出令人诧异的方向性，如同经济学里那只'看不见的手'，商业活动在微观上是无序的，但在宏观视野里，却出现了平衡力量。互联网的进化比经济学更神奇，因为它不是平衡控制而是向单调递增方向进化。"①互联网是一条通往未来的高速公路，大数据是行驶在这条高速公路上的车辆，区块链则是让车辆在高速公路上合法、有序行驶的制度和规则。互联网是一个不规则、不安全、不稳定的世界，区块链则让这个世界变得更有秩序、更加安全和更趋稳定。如果说信息互联网解决了无界问题，价值互联网解决了无价问题，那么，秩序互联网则解决了互联网的无序问题。基于秩序互联网，我们将迎来一个全新的数字星球，在这个新的世界里，无论是个人、企业还是国家，都必须从旧的经验中觉醒以跟上时代的变化，让自己成功"移民"到新的星球。

第二节　数据力与数据关系

　　随着互联网的不断进化，数据呈现爆发式增长。而区

---

① 刘锋：《互联网进化论》，清华大学出版社2012年版，第196页。

块链以其信任性、安全性和不可篡改性,让更多数据被解放和真正流通起来。数化万物,"在数据构成的世界,一切社会关系都可以用数据表示,人是相关数据的总和"①。生产力与生产关系是人类社会中最为重要的一对概念,毫无疑问,大数据时代也存在数据力与数据关系的问题。从普遍意义上说,数据力是推动大数据时代发展的根本力量,这种力量使生产关系被打上数据关系的烙印。人与技术、人与经济、人与社会的关系因而面临前所未有的解构和重构,人类社会正处于历史性的关键拐点:旧平衡、旧秩序逐渐瓦解,新制度、新秩序呼之欲出。在三元世界中,从"三边博弈"到"三位一体"的融合,需要重新认识人与技术、人与经济、人与社会的新型关系问题,进而重新构建人与世界的关系。人类必将迎来一场革命,"虽然目前我们还无法命名这场革命,但只要其目的是使世界进入最终安定平衡的状态,那么它就必须是一场为了实现人类与自然、社会与社会、人类与人类的和谐共存,创造社会体系、价值观和人类的生存方式的革命"②。在秩序互联网时代,基于数据进化论、数据资本论、数据博弈论的以人为原点的数据哲学,预示了文明的增长与秩序的重构。

---

① [英]维克托·迈尔-舍恩伯格、[英]肯尼思·库克耶:《大数据时代:生活、工作与思维的大变革》,盛杨燕、周涛译,浙江人民出版社2013年版,第1页。

② [日]见田宗介:《人类与社会的未来》,朱伟珏译,《社会科学》2007年第12期,第64页。

一、数据进化论

进化论是一种生物学理论,是对物种起源和发展的科学证明。"数据进化论"以数据为核心要素,从历史唯物主义和辩证唯物主义的视角审视、研究人与技术的关系及其本质规律。最能决定未来趋势的是技术,"数据化"的核心意义在于:"它是一种完全不同于工业化技术、无须消耗大量有限资源就能创造出无限价值的技术,一个可以保持无限幸福、可以不断创造新的感动的技术领域。"①从这一意义上讲,数据化是一个能够在现有条件下,使作为更高层次的"稳定平衡体系"的社会成为可能的技术领域。人的存在从一定意义上也可以说是一种技术性存在,由此出现一个以新的技术结构支撑新的社会结构的人类新时代,人类社会逐渐演变为"技术的社会"。美国学者维贝·E.比杰克在谈到堤坝技术之于荷兰人的重要性时指出:"技术和海岸工程学使得大约一千万的荷兰人能够生存在堤坝背后低于海平面的土地上,如果没有这种技术就没有荷兰人。"②把视域放大,可以说,没有技术就没有人类的今天。人在技术活动中产生、形成、生

---

① [日]见田宗介:《人类与社会的未来》,朱伟珏译,《社会科学》2007年第12期,第68页。
② [美]维贝·E.比杰克:《技术的社会历史研究》,[美]希拉·贾撒诺夫等:《科学技术论手册》,盛晓明等译,北京理工大学出版社2004年版,第175页。

存和进化。如果说，人是相关数据的总和，那么，人与技术的关系就是技术的本质。

改变未来世界的关键技术。人类社会正处在以"集成式"革命为重大标志的新技术革命进程之中，这次技术革命的本质是"重混"，核心是通过多种数据技术的"集成"，创造出前所未有的"超级机器"（表1-2）。"历史已经向我们表明，重大的技术变迁会导致社会和经济的范式转换。"[1]凯文·凯利的畅销书《科技想要什么》的中心思想只有一个：技术独立于人，技术发展的趋势决定天下大势。后半句从某种程度来看确实正确，就像人类在农业的出现、工业和资本主义的发展之后，即将面临的也许是最后一次的升级——彻底的技术化。近年备受关注的一系列技术，如5G、基因编辑、区块链、边缘计算、量子信息等，都带来了颠覆时代甚至颠覆文明的猜测和想象。"技术作为一种社会活动，是人类自我表达的一种形式，负载着人的目的、价值，技术的人性化发展要坚持以人为本的原则，始终围绕人的生存和自由发展。"[2]技术为人类提供了大量积极的意义，人类已经在技术的"集置"（ge-stell）力量中难以脱身，却又看到技术时代里自身物种的岌岌可危，"技术困境"和"价值虚无"是人类难

---

[1] ［英］乔治·扎卡达基斯：《人类的终极命运——从旧石器时代到人工智能的未来》，陈朝译，中信出版社2017年版，第296页。

[2] 吴宁、章书俊：《论互联网与共产主义》，《长沙理工大学学报（社会科学版）》2018年第2期，第37页。

以回避的命运。①连海德格尔也圆滑地对技术既说"是"又说"不"，不过，他引用了一句荷尔德林的诗来表达信念："哪里有危险，哪里便有救。"人类文明最根本的驱动力是信息的存储能力、传输能力和计算能力。同时，人类文明也面临一条不可逾越的鸿沟，这就是制约信息存储能力、传输能力和计算能力快速提升的通道，也就是从有线到无线的移动通信技术和关键信息基础设施，其中最根本的就是5G技术。5G技术将带来一场影响未来人类社会的革命性变革，这场变革至少有以下方面：高速度、泛在网、低功耗、低时延、万物互联、重构安全体系。其本质是极大提升人类信息的存储能力、传输能力和计算能力，推动人类从工业文明迈向数字文明。4G改变生活，5G改变社会，6G创新世界。按照移动通信产业"使用一代、建设一代、研发一代"的发展节奏，业界预期6G将于2030年前后实现商用。目前，芬兰政府已在世界范围内率先启动6G大型研究计划，美国联邦通信委员会已为6G研究开放太赫兹频谱，我国也于2018年着手研究6G。6G将进一步通过全新架构、全新能力，结合社会发展的新需求和新场景，打造全新技术生态，推动人类社会走向虚拟与现实结合的数字孪生世界。②

---

① 南风窗编辑部：《技术想要什么》，《南风窗》2019年第26期，第43页。

② 中国移动研究院：《2030＋愿景与需求报告》，中国移动研究院官网，2019年，http://cmri.chinamobile.com/news/5985.html。

表1-2　改变未来的技术

新技术	影响维度	产生的影响	落地可行性	影响力评分
人工智能	人类日常生活	众多工作岗位将被替代,传统行业迎来新的业态和发展模式	高	5
物联网		家居生活智能化;社会安防体系智能化;工业互联网发展	高	5
虚拟现实、增强现实		真实环境与设备的融合体验;大型医疗手术成功率提高	高	4
4D打印		定制化家庭创新工厂;癌症疫苗	中	3
机器人	人类生产方式	电商平台在订单履行、仓储和配送方面部署机器人;智能家庭管家;机器人抢险救灾;等等	高	5
区块链		金融行业数据安全和隐私保护;保险业务的监督和保障	高	5
新能源		环境问题改善;能源利用多样化	高	5
脑机接口	人类自身能力	为盲人重新带来光明;行动障碍人士的行动力恢复;人类智商提升	中	4
基因测序		基因层面体检;预防及治疗癌症;治疗遗传病	中	4
量子技术	科学技术本身	绝对安全性的通信技术;效率极高的量子计算	中	5
太赫兹技术		移动宽带通信、反隐身雷达、反恐、无损工业检测、食品安全检测、医疗和生物成像等众多领域的新应用	中	5

　　人与技术关系的多维审视。人类的进化与技术的发展密不可分。技术是人的发展的驱动力,增加了人的可能

性。麦克卢汉曾断言:"任何技术都倾向于创造一个新的人类环境。"①以网络化、数字化、智能化为特征的数字化浪潮对社会的支配性、扩张性已渗透到人类社会的各个角落,尼葛洛庞帝在《数字化生存》中有句名言:"计算不再只和计算有关,它决定我们的生存。"②技术构成了人的基本处境,为人类的生存设置了全新的框架,人与技术的关系也在不断演变。在手工技术阶段,人与技术相结合,技术对人的依赖突显。作为原始技术的手工技能属于人体的、人内在的东西,手工技能与人融为一体,不能脱离人体而独立存在。在机器技术阶段,人与技术相分离。机器使人与技术的关系发生了根本性变化,人的价值被机器价值所取代。技术从人体性技术发展为工具性技术,从生理性技术发展为机械性技术,从与人不可分离的技术发展为可以同人分离的技术。③这推动人从自然生存发展到人工生存,即提升了人的技术化程度,导致了技术与人之间关系的错位,也导致了人性技术化的异化状态,使技术开始偏离甚或挑战人性。在智能技术阶段,人与技术相博弈。智能技术不是近代技术的延续,而是技术发展的新阶段,使技术出现了新的本质。如果说机械性技术是压抑人性的

---

① [美]里查德·A.斯皮内洛:《世纪道德——信息技术的伦理方面》,刘钢译,中央编译出版社1999年版,第1页。

② [美]尼葛洛庞帝:《数字化生存》,胡泳、范海燕译,海南出版社1996年版,第15页。

③ 林德宏:《科技哲学十五讲》,北京大学出版社2004年版,第236页。

技术,智能技术则是呼唤人性的技术。①正在到来的智能文明,将以人类所发明之物反噬、反控人类为特征,这预示着人脑可能被云脑、超脑超越与征服。凯文·凯利把技术称为生命体的第七种存在,他坚信人类与技术可以共存,技术的进化方向也有益于人类,人类与技术、生命体与人造物,是在一场"无限博弈"中不断协同进化,而不是在一场"零和博弈"中分出胜负。

自然人、机器人与基因人。人类的发展已经来到了巨变的前夜。尤瓦尔·赫拉利在《未来简史》中指出,以大数据、人工智能为代表的科学技术发展日益成熟,人类将面临进化到智人以来最大的一次改变。②数据化不只是一种技术体系,不只是万物的比特化,而且是人类生产与生活方式的重组,是一种更新中的社会体系;更重要的是,这种更新甚或重构人类的社会生活。③数据日益成为我们生活甚至生命的一部分,这深刻改变着"人"的形象、内涵与外延。伴随技术革命的推进,"自然人"的整体功能慢慢在退化。应当说,"自然人的体力功能已经退化得差不多了,正在进行智力功能向机器人的交付。自然人交付多少,自我

---

① 林德宏:《人与技术关系的演变》,《科学技术与辩证法》2003年第6期,第36页。
② 从四十亿年前地球上诞生生命直到今天,生命的演化都遵循着最基本的自然进化法则,所有的生命形态都在有机领域内变动。但是现在,人类第一次有可能改变这一生命模式。
③ 邱泽奇:《迈向数据化社会》,信息社会50人论坛编著:《未来已来:"互联网+"的重构与创新》,上海远东出版社2016年版,第184页。

就退化多少。在这一进一退之中,机器人替代自然人成为人类社会的主角不是不可能的"①。如果说,机器人还只是"集成"人的功能而超过人,那么,通过基因编辑技术在可存活胚胎上精准操纵人类基因组,就可能创造出人为设计的"基因人"。基因人不存在"先天不足",其体力、智力的基础都大幅优于自然人。随着生物技术的发展,人类很容易赋予基因人以历史、道德、文化等方面的信息"集成",加上"天生而来"的强大能力,基因人无疑全面地优于自然人。《自私的基因》一书中,作者这样描述:"我们都是生存机器——作为运载工具的机器人,其程序是盲目编制的,为的是永久保存所谓基因这种禀性自私的因子。"言下之意是,人类机体作为一部机器,可改良的地方太多了。单维的技术进步并不足以为人类创造更多福利,信息传播乃至整个社会发展的逻辑,在于人与技术的互动。②技术的发展没有尽头,进化的链条没有终结。在不久的未来,人类社会很可能会由自然人、机器人和基因人共同构成,他们之间的冲突很可能超过当下的民族、宗教、文明等的冲突,未来也许是有机世界和合成世界的联姻。

数十年来,接连不断的技术浪潮以及随之而来的颠覆

---

① 陈彩虹:《在无知中迎来第四次工业革命》,《读书》2016年第11期,第16页。

② 正如卡斯泰所言,拥有一部计算机并不一定能改变世界,关键在于人的使用。信息网络也不一定总是好事,网络没有感情,它既可以服务于人类,也能摧毁人类,一切取决于人们为之设定的程序,这是一个社会和文化的过程。

性变革让既有标准一次次成为历史。技术进步推动了人类文明的进步和社会生产力的发展,也造成了自然和技术之间的长期对立与分离。目前,智能技术、生物技术等又促使人类由自然人向机器人、基因人进化,使人类进入一个新的"后达尔文的进化阶段"或"后人类"阶段。如果取消伦理约束,基因人也许已经诞生。目前,人工智能仍然只是在计算能力等特定方面超过了人类,并不比汽车跑得比人快更可怕。真正值得警惕的"奇点"应该是在机器产生自我意识,甚至是具有了一定的自我复制能力时才出现。[1]但是,面对空前发展的科技,哪些新技术会推动人类发生重大改变? 世界将会怎样? 恐怕每个人都想知道这些问题的答案。

二、数据资本论

如果说十八九世纪的社会主题是"机器",反映的是人类对自然界各物质的认识、利用,那么 21 世纪的我们正在步入一个数据时代。数据正在成为这个时代的核心资产,它们是生产、创造、消费的主要因素,并影响、改变着社会的各个方面,尤其是公司的组织形态与价值创造。[2]克里斯托

---

① [美]史蒂芬·科特勒:《未来世界:改变人类社会的新技术》,宋丽珏译,机械工业出版社 2016 年版,推荐序四。

② 田溯宁:《沿着知识道路继续前行》,[奥]维克托·迈尔-舍恩伯格、[德]托马斯·拉姆什:《数据资本时代》,李晓霞、周涛译,中信出版社 2018 年版,推荐序 1。

弗·苏达克在《数据新常态》一书中把数据资本主义界定为资本主义历史的"奇点"，他指出："我们将从一个以资本为财富和权力基础的世界，步入一个以数据为财富和权力基础的世界……未来十五年，世界焦点将发生从资本到数据的大迁移。"[①]数据增长带来经济增长，数据正在瓦解旧的经济秩序。"数据资本论"的提出为世界经济提供了一种全新理论解释与多元动力选择，其研究的是新时代人与经济的本质关系和内在规律。

数据价值的变迁。大数据时代的标志是数据成为社会基础资源、经济活动要素，数据资源化、数据资产化、数据资本化是大数据发展的必然趋势。数据是新的生产要素，中共十九届四中全会提出"健全劳动、资本、土地、知识、技术、管理、数据等生产要素由市场评价贡献、按贡献决定报酬的机制"，这是中央层面首次提出数据可作为生产要素按贡献参与分配。数据作为生产要素参与分配，某种角度上可以看作技术参与分配在逻辑与发展趋势上的一个延续，具有深远意义。"我们正在进入数据资本的时代。"英国帝国理工学院数据科学研究所所长郭毅可将数据经济的发展总结为四个阶段：数据的"前天"，即数据资料阶段，数据在过去仅仅是记录、度量物理世界的资料；数据的"昨天"，即数据产品阶段，当数据被用来提供服务时

---

① 李三虎：《数据社会主义》，《山东科技大学学报（社会科学版）》2017年第6期，第1页。

就成为资源,就会成为产品,于是就诞生了一系列的数据产品和服务;数据的"今天",即数据资产阶段,人们已经意识到对数据的所有权界定使其成为资产,是产生财富的基础,数据开始成为个人总资产的重要组成部分;数据的"明天",即数据资本阶段,是使数据资产连接其价值的时代,数据资产通过流通和交易实现其价值,最终变为资本。技术进步表现为与数据资本积累相伴的数据处理、分析和运用能力的提高,这种提高是数据成为资本的前提。"这一过程也使得数据资产转化成了可以直接推动生产力发展的数据资本,进而创造了迥异于前几次工业革命的生产函数:生产力=(具有数据处理能力的)劳动力+数据资本+数据资本表现型技术进步。"[1]

从所有权到使用权。在工业经济中,所有权内部的支配权与使用权是一体化的。[2]在数字化时代,所有权(实际是所有权中的支配权)与使用权正在分离。[3]在未来,使用权比拥有权更重要,与其占有不如使用,其本质就是要开

---

[1]　殷剑峰:《数字革命、数据资产和数据资本》,《第一财经日报》2014年12月23日,第A9版。

[2]　姜奇平:《数字所有权要求支配权与使用权分离》,《互联网周刊》2012年第5期,第70页。

[3]　早在2000年,杰里米·里夫金就写道:"摒弃市场和产权交易,从观念上推动人际关系以实现结构性转变,这就是从产权观念向共享观念的转变。对今天的许多人来说,这种转变是难以置信的,就如五百年前人们难以相信圈地运动、土地私有化以及劳动会成为人与人之间的财产关系一样。二十五年之后,对于越来越多的企业和消费者来说,所有权的概念将呈现出明显的局限性,甚至有些不合时宜。"([美]杰里米·里夫金:《零边际成本社会》,赛迪研究院专家组译,中信出版社2017年版,第241页。)

放自己的资源与他人进行交换和连接。"全球经济都在远离物质世界,向非实体的比特世界靠拢。同时,它也在远离所有权,向使用权靠拢;也在远离复制价值,向网络价值靠拢;同时奔向一个必定会到来的世界,那里持续不断发生着日益增多的重混。"①当前已存在所有权与使用权分离的广泛实践,尽管大家还在研究数据所有权的法律结构,但是事实表明:数据所有权并不重要,重要的是谁有权使用数据,以及数据能够产生怎样的价值。数据产权的关键就是所有权与使用权的分离,这正在变革旧有的经济秩序。数据具有非消耗性、可复制性、可共享性、可分割性、非排他性、零边际成本等特点,数据一方面是一种特殊的商品,具有价值与使用价值,另一方面更是一种资本,具有扩张的特性。正是基于这种特性,数字劳动成为大数据时代涌现的价值源泉与价值载体。数据运动的基本规律提升了全球价值链重构的深度和广度,带来新的竞争方式和增长方式。数据力带来数据关系的深刻变革,而这种数据关系的变革正在引爆一场更广泛的经济运动和社会运动,推动竞争经济转向共享经济。共享是一股不可阻挡的变革性力量,未来将有越来越多的社会资源开始共享化,共享经济的本质是"弱化所有权,释放使用权"。共享权使数据所有权和使用权的分离成为可能,形成一种"不求所有,

① [美]凯文·凯利:《必然》,周峰等译,电子工业出版社2016年版,第242页。

但求所用"的共享发展格局,共享价值理论也必将成为继剩余价值理论之后颇具革命性的重大理论。

从效率到公平。法国经济学家托马斯·皮凯蒂的《21世纪资本论》问世后,全球财富分配不均衡问题引起了广泛关注。人类历史上的每一次技术革命都不同程度地推动了人类社会前进的步伐,与此同时,也带来人类不同群体之间的力量失衡和财富失衡。①数据资本时代,事实上意味着一场技术革命与商业模式革命,但与历史上其他革命不同的是,这场革命让世界财富的鸿沟逐步被填平。在数据力与数据关系的相互作用下,世界从"分工时代"走向"合工时代",实现跨组织边界的大规模社会化协同。在重混世界里,跨界随时发生,一个领域的资源跨界与另一个领域的资源重新组合,从而产生新的创新。资源数据化必然带来资源再配置和再分配,数据化的分配方式将加速效率与公平的高度统一。这种再配置和再分配是一种更新中的社会体系,将形成新的社会经济模式,弥合数字鸿沟。

---

① 18世纪下半叶,蒸汽机的发明使欧洲开始进入工业文明时代,而此时全球许多地区还处在农耕文明时代,两者之间的财富鸿沟日渐明显。从此时开始,全球财富中心开始向西方转移。20世纪初,随着股票交易等相关制度的完善,纽约开始成为全球第一大金融中心,纽约证券交易所、华尔街、摩根大通开始成为当代金融业的标志。这一轮的金融业革命也同样拉大了美国和欧洲的财富鸿沟。20世纪下半叶,随着电子、通信、半导体、软件等方面创新的大量涌现,硅谷开始成为全球信息产业的圣地。这一轮信息技术革命后,美国与亚洲等其他地区的财富鸿沟进一步拉大,随着美国技术源源不断地出口到全球其他地区,财富和权力进一步集中到西方。

在合理配置资源和追求效率的同时,这种再配置和再分配将有效抑制数字剥削带来的财富鸿沟,改善社会公平状况,促进公平与效率的动态均衡。未来世界应该是"平"的,正在崛起的数字货币是未来资金向贫困人群转移的重要通道,正在形成的数字身份为全球弱势群体创造发展机会,正在构建的数字治理引领全球治理体系变革,从而跨越财富鸿沟,促进机会、身份、地位更趋平等,不同群体将公平地获取信息,平等地实现协作,自由地进行交流。

三、数据博弈论

海量数据的悖论。随着数据量的指数式增长,人类对数据价值的认识日趋一致,数据被大量发现、启封和挖掘。如果说,科学的社会化和社会的科学化是科学的世纪里两个基本的标志,那么,未来的世纪就是要完成社会的数据化和数据的社会化的。在人类欣喜地看到数据价值的同时,无数垃圾数据将更加突出地呈现在社会面前,成为影响人类数据采集能力、存储能力、分析能力、激活能力和预测能力的"数据困惑"。由此引发的数据供给与数据需求之间的结构性矛盾、数据保护与数据利用之间的社会性矛盾、数据公权与数据私权之间的对抗性矛盾、数据强国与数据弱国之间的竞争性矛盾长期存在。人类对数据价值的认识可大致分为三个阶段:一是以经验科学为基础判断数据价值的小数据时代;二是以数据资源为要素挖掘数据关系的大数据时代;三是以数据爆炸为标志治理数据拥堵的超数据时代。小数据时代,数据越大,价值越高;超数据时代,数据越大,价值越低。在数据匮乏的小数据时代,落后的数据采集、存储、传输、处理技术导致人类只能获取有限的数据,难以通过数据的多维融合和关联分析对事物做出快速、全面、精准、有效的研判与预测。在数据过剩的超数据时代,数据爆炸带来信息过剩和数据泛滥,使得人类被数据垃圾层层包裹。我们把这种问题和困境称为"数据拥堵"。维克托·迈尔-舍恩伯格所说的规模大、类型多、速度快等大数据特征都将成为其致命的弱点,数据垃圾给人类带来认知障碍,数据拥堵可能是未来全球治理的重要议题。

博弈即治理。在区块链的世界里,有句话比较流行:"算力即权力,代码即法律。"其实可以再加上一句,"博弈即治理",即博弈的过程就是去中心化自组织的治理过程。一是在博弈中强化社会善治能力。随着技术的进步,网络社会的治理更多地体现为一种包括政府、互联网企业、网络组织、网民等在内的多主体参与的分布式、多元合作的共治模式。同时,国际网络空间治理也更多地体现多边参与、多方参与的形态,各个主体是在相互博弈之中实现某种平衡和效用的。非合作博弈状态是在技术条件下社会运行的一种基本形态,突出反映了社会数据化所带来的社

会共享发展的内在要求。二是在博弈中提升社会自治能力。按照熊彼特的创新理论,创新就是要"建立一种新的生产函数",就是要把一种从来没有的关于生产要素和生产条件的新组合引进生产体系,这就是平台化的作用。另外,纳什均衡有一个很重要的特点,就是信念和选择之间的一致性。也就是说,基于信念的选择是合理的,同时支持这个选择的信念也是正确的。所以,纳什均衡具有预测的自我实现特征:如果所有人都认为这个结果会出现,那么这个结果就真的会出现。中本聪说,比特币就是一个自我实现的预言。信念和选择之间的这种一致性和自我实现特征,使社会可以像永动机一样稳定运行。三是在博弈中提升社会共治能力。在单一的政府强控制之下,网络社会表面上呈现出有秩序的状态,但随着政府管治的进一步加强,网络社会的创新活力开始减弱。这时,社会和企业等治理力量的加入,有助于解决政府强控制带来的负面问题,通过形成互联网的社会共治模式,网络活力重新焕发,网络社会治理趋于有序和高效,治理水平迈向一个新的台阶。未来的网络社会治理呼唤更多企业、社会组织等加入,它们将成为网络社会多元共治、共享的最佳实践者。而政府则应该成为多利益相关方的总协调人和总主持人,以及总监督者和公共利益的总托管人。政府的职能将更多地表现为顶层设计能力、统筹能力、协同能力、规则制定能力、安全保障能力、社会动员能力等。

三元世界的平衡。大数据时代的本质是世界从二元走向三元,核心是三元平衡寻优问题,这种再平衡的关键是更加重视利用外部资源巩固自身战略地位和进行可持续发展。古代"天地人"之说是对世界组成的基本认识,可以说是三元世界的雏形。事实上,"三元"的关系就是平衡与稳定、合作与共享的关系。世界动力具有"三元"的特征,即自主的动力、平衡的动力、共处的动力这"三元动力"合为一体,共同维持、平衡、恒定着世界。正是三元动力的共同作用驱动着宇宙世界,推动着人类社会生存、生长、生生不息。从平衡到不平衡再到新的平衡是事物发展的规律,任何事物经过"平衡—失衡—再平衡"的螺旋式反复,也就不断地得到发展。宇宙正是始终处在这样一个相对平衡运动之中,才体现出无穷的魅力和超完美的规律性。这种平衡运动是相对的,是动态的,一旦某个平衡被打破,就会产生新的条件与之相平衡。"离圆心越近,离失败越远。"在秩序互联网时代,更具有动态平衡的眼光才更有利于社会的发展。凯文·凯利总结的大自然用以无中生有的九条规律强调,要从"无中生有"到"变自生变"。也就是说,任何大型复杂系统都是协同变化的,只有在对称和均衡中才能形成一个安全的圆心,世界要平衡就要围绕这个圆心运转,在变化中实现动态平衡,从而远离风险。只有在动态的平衡中才能打破生命周期的魔咒,实现可持续和再平衡,从而建立未来全球治理的全新生命周期。

美国学者塞萨尔·伊达尔戈的《增长的本质》的出版被誉为"21世纪经济增长理论的重要里程碑",其提出了一个重要观点:经济增长的本质是信息的增长,或者说秩序的增长。他认为,善于促进信息增长的国家会更昌盛。数据进化论、数据资本论和数据博弈论(新"三论")正是在重构数字文明时代人与技术、人与经济、人与社会的新秩序。在数字文明时代,增长的本质不是GDP的增长,而是文明的增长和秩序的增长。新"三论"的提出,对社会结构、经济机能、组织形态、价值世界进行了再塑造,对以自然人、机器人、基因人为主体的未来人类社会构成进行了再定义,对以数据为关键要素的新型权利范式和权力叙事进行了再分配。简而言之,数据运动规律重构了人与技术、人与经济、人与社会之间的秩序,这既是研究未来生活的宏大构想,也是研究数字文明发展和秩序进化的重大发现。

第三节　主权区块链

人类社会正处于新理论、新技术再一次爆发的前夜。伟大的科学家尼古拉·特斯拉曾说,"新技术的出现,是为了服务未来,而不是现在"。区块链①是一种集成技术、一次数据革命、一次秩序重建,更是一个时代的拐点。在这个秩序多变、规则弥散、理性缺失的时代,区块链已成为人类构建秩序的前沿力量。区块链是对技术、组织、行为模式的变革,是一种在技术基础之上对治理方式、监管模式和法律规则的重构。区块链通过广泛共识和价值分享,推动人类社会在数字文明时代形成新的价值度量衡,催生新的诚信体系、价值体系、规则体系。区块链与互联网的结合,将在技术上把可拷贝变成不可拷贝,或者说是有条件的可拷贝,这个条件就是从无界、无价、无序走向有界、有价、有序。主权区块链为从信息互联网、价值互联网到秩序互联网的发展提供了可选路径和无限遐想。如果说区块链具有共识的技术属性,那么主权区块链就是一个包括共识、共治、共享在内的统一体。从区块链到主权区块链,其意义并不仅仅在于对区块链的发展,更大的意义在于给网络空间治理带来新理念、新思想和新规制。

一、从区块链到主权区块链

2008 年,一个身份不明的人或群体以"中本聪·纳卡莫

---

① 麦肯锡咨询公司认为,区块链是继蒸汽机、电力、信息技术和互联网之后,目前最有潜力触发第五轮颠覆式革命浪潮的核心技术。就同蒸汽机释放了人们的生产力,电力解决了人们最基本的生活需求,信息技术和互联网彻底改变了传统产业(如音乐和出版业)的商业模式一样,区块链技术将有可能实现去中心化的数字资产安全转移。

托"(Satoshi Nakamoto)的名义,向加密邮件列表中的人介绍了"比特币"这一概念,并在2009年创立了比特币社会网络,开发出第一个区块,即"创世区块"①。但也有人认为,区块链概念作为一种技术创新,在1991年就曾被斯图尔特·哈伯和斯科特·斯托内塔作为"分布式记账"体系提出。为提升数字文档的精确性,他们认为如果不去信任某个人或者机构,"那就去信任每一个人,也就是说,让世界上的每一个人都成为数字文档记录的见证者"。就理念而言,这一思想确实与比特币区块链的思路相通:去中心化的本质就是多中心化——既然没有了权威中心,那么大家都成了中心,但各个中心既需自律亦需他律,彼此之间相互验证,相互制衡,以构造严丝合缝的信任机器。②

重新认识区块链。区块链的本质是信任网络,其构建了一种低成本互信机制,实现了网络的价值传递和用机器语言而非法律语言记录的智能合约(表1-3)。"从数据的角度看,区块链是一种几乎不可能被更改的分布式数据库或分布式账本,它通过去中心化形式使所有参与者能够对其进行共同维护。从技术的角度看,区块链并不是一种单一

---

① 其奠基性论文《比特币:一种点对点电子现金系统》提出了一种全新的去中心化的电子现金系统,核心思想之一就是通过对等网络方式消除单个中心化依赖,实现点对点交易,同时将已花费的数字货币序列号数据库转变成未花费的数字货币序列号数据库,控制数据规模,并利用哈希算法,打上时间标记,纵贯相连。

② 姚前主编:《区块链蓝皮书:中国区块链发展报告(2019)》,社会科学文献出版社2019年版,第7页。

的技术，而是多种技术的集合及其结果。这些技术以新的方式组合在一起，形成了一种新的数据记录、存储和表达方式。"①区块链拥有点对点、时间戳、博弈论、共识机制、数据存储、加密算法、隐私保护和智能合约等核心关键技术，天然地具备多方维护、交叉验证、全网一致、不易篡改等特性。与以往的技术相比，其核心特点可以归结为：一是"自治"，区块链的"自治"是对目前互联网组织与体系架构的一种挑战；二是"可信"，区块链的"可信"是对目前互联网乃至整个人类社会信任架构的一种挑战。迄今为止，其发展大体上可以分为三个阶段：区块链1.0，即以比特币为代表，以分布式记账为典型应用；区块链2.0，即以以太坊为代表，引入智能合约技术；区块链3.0，即"区块链＋"，区块链全面融入信息生活的方方面面。②如果历史重演，我们正站在人类历史上第六轮康德拉季耶夫周期③的起点（图1-3）。互联网是工业革命以来五轮康波的核心技术构建，它深刻改变了人类的生产生活生存方式，终端几乎成为人类身体功能的延伸。当前，第四轮康波已经进入尾声，第五轮康波出现了转折，第六轮康波可能已经开始。第六轮

---

① 张小猛、叶书建编著：《破冰区块链：原理、搭建与案例》，机械工业出版社2018年版，第42-43页。

② 何申等：《区块链：未来已来》，《人民邮电》2019年11月15日，第7版。

③ 康德拉季耶夫长波（简称"康波"），即康德拉季耶夫长周期，被用来描述经济增长的长期波动现象，周期一般是四十年至六十年。

康波中的基础性创新可能包括新材料、人工智能、物联网、基因工程、量子计算和区块链等。日本经济学家赤松要认为,世界体系有一种"中心-外围"结构。因为后发优势的存在,外围国与中心国之间的综合国力的差距呈现出一种"收敛-发散"的周期特征,时间长度为二十至六十年,其长边正好与康波的长边对应。区块链将是第六轮康波的核心基础设施之一,谁能掌握区块链的核心技术,谁就能主导未来的世界体系。如果说互联网、大数据、人工智能是人类进入数字空间的船,区块链就是那船上的帆。区块链将是人类社会治理数字世界的底层技术协议,没有区块链,也许我们驶向未来的帆船将会失去方向。"如果没有互联网,美国也许还是今天的美国,但是中国肯定不是今天的中国。"①区块链亦是如此,未来没有人会拒绝区块链,没有人可以离开区块链而存在。

表1-3　国内外有关组织机构对"区块链"的定义

机构(组织)	定义
英国政府办公室(《分布式账本技术:超越区块链》)	区块链是一种数据库,它将一些记录存放到一个区块里(而不是将它们收集到单一的表格或者纸张上)。每一个区块是使用密码学签名与下一个区块"链接"起来的,可以在任何有足够权限的人之间进行共享和协作

---

① 吴晓波:《腾讯传(1998-2016):中国互联网公司进化论》,浙江大学出版社2017年版,第19页。

机构（组织）	定义
中国工信部（《中国区块链技术和应用发展白皮书》）	区块链是一种按照时间顺序将数据区块以顺序相连的方式组合而成的一种链式数据结构，并以密码学方式保证的不可篡改和不可伪造的分布式账本
中国区块链技术和产业发展论坛（中国首个区块链标准《区块链　参考框架》）	区块链是一种在对等网络环境下，基于透明和可信规则构建的不可伪造、不可篡改和可追溯的块链式数据结构，是实现和管理事务的模式
世界经济论坛	区块链（分布式账本技术）是集密码学、数学、软件工程等技术与行为经济学理论于一体的新兴技术，是采用全球对等网络多个节点共同记录数据的方式，在不需要可信第三方背书的情景下，可以确保数十亿台设备之间价值交换的公正性
国际商业机器公司	区块链是一种共享账本技术，商业网络中的任何参与方都可以查看交易系统记录（账本）
毕马威	区块链是比特币的核心技术，是一个去中心化的数据库账本
麦肯锡	区块链本质上是一个去中心化的分布式账本
埃森哲	在比特币交易中，区块链技术被用作一种公开分布式总账，用于记录交易信息；多个区块以点对点的方式共享交易数据及记录，形成了一种分布式数据库
戴德梁行	区块链是分布式的数据库系统，它支持并提供了连续的交易记录，即区块，这些记录是不可以变更和修改的。每一区块都拥有其对应的时间标记，并能连接到记录着前一次交易信息的区块。区块链是比特币的重要核心技术
投资百科	区块链是一个公共分类账本，所有比特币交易都需要以此为支撑

续表

机构(组织)	定义
维基百科	区块链是一个基于比特币协议的不需要许可的分布式数据库,它维护了一个持续增长的不可被篡改和修改的数据记录列表,即使对于数据库节点的运营者也是如此

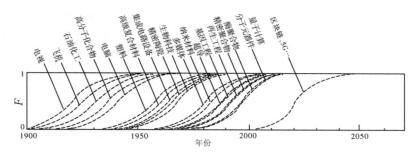

(a)技术发展轨道

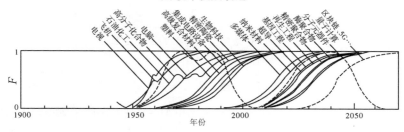

(b)技术传播轨道

图1-3 第六轮康波基础性创新的演化路径

资料来源:东方证券。

　　主权区块链:下一代区块链的核心。在全球互联网发展进程中,人类社会将构建网络空间命运共同体,这是以尊重网络主权背后的国家主权为前提的。主权的互联网需要配套主权的区块链来共同进行归置。区块链在法律与监管下,以分布式账本为基础,以规则与共识为核心,实现不同参与者的相互认同,进而形成公有价值的交付,建立主权区块链。未来,在主权区块链发展的基础上,不同经济体和各节点之间可以实现跨主权、跨中心、跨领域的共识价值的流通、分享和增值,进而形成互联网社会的共同行为准则和价值规范。[1]主权区块链的基础是区块链,它是一种技术之治,将创新一套混合技术架构。基于此,主权区块链突出了法律规制,它将技术创新和制度重构融为一体,可以说是法律规制下的技术之治(图1-4)。主权区块链不是标新立异、刻意求奇,也不是叠床架屋、画蛇添足,主权区块链的发展符合内外因相互作用的基本规律。第一,主权区块链将全面创新现代治理模式。对于国家治理主体来说,主权区块链既可以实现治理手段的迭代更新,也必然加快治理机制的演进创新,最终推动现代治理的新的范式革命,即从封闭走向开放,从垄断走向共享,从集中走向分散,从单维走向多维。就政府治理来说,主权区块链下的政府治理升级将打造出一个全新的共享政府、开放政府、协同政府和数字政府,基于数字技术构建一个从共识结构演变为共治结构进而形成共享结构的治理体系。第二,主权区块链将促成人、技术与社会的有机融合。区块链与块数据的有机

---

[1] 贵阳市人民政府新闻办公室:《贵阳区块链发展和应用》,贵州人民出版社2016年版。

融合是最重要的突破口,不是简单的技术融合,而是以人为中心,实现人类与技术、技术与制度、线上与线下的交融,进而实现人、技术与社会的全面融合,这将成为人类首次大规模协作互相认证的开始。第三,主权区块链将推动互联网从低级跃升为高级。在区块链的支撑和推动下,互联网的发展将完成"三部曲",即信息互联网、价值互联网和秩序互联网。这一重大提升和演进过程是由区块链技术自身具有的特性所决定的。尽管从目前来看,区块链技术应用还需要一段时间的探索、发展和完善,但是这一趋势已经变得不可阻挡。

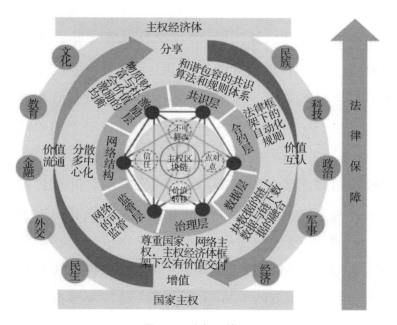

图1-4　主权区块链

区块链与主权区块链。主权区块链为区块链技术的应用插上法律翅膀,使区块链从技术之治走向制度之治,把互联网状态下不可拷贝的数据流建立在可监管和可共享的框架内,从而加速区块链的制度安排和治理体系构建。主权区块链通过算法建立规则,参与方只要信任算法就可以建立互信:既不需要知道别人的信用度,更不需要第三方背书和担保,建立一种不需要信任积累的体系,推动自信用社会的形成,实现数据即信用。主权区块链将政府纳入网络,实现参与主体多元化,发挥政府有形的手和技术无形的手的作用。《贵阳区块链发展和应用》白皮书从治理、监管、网络结构、共识、合约、激励、数据、应用等八个方面对主权区块链进行了辨析(表1-4)。在治理方面,主权区块链强调网络空间命运共同体之间相互尊重网络主权,即在主权经济体框架下进行公有价值交付,而不是超主权或无主权的价值交付。在监管方面,主权区块链强调网络与账户的可监管,即在技术上提供监管节点的控制和干预能力,而不是无监管。在网络结构方面,主权区块链强调网络的分散多中心化,即在技术上提供网络主权下各节点的身份认证和账户管理能力,而不是绝对的"去中心化"或形成"超级中心"。在共识方面,主权区块链强调和谐包容的共识算法与规则体系,形成各节点意愿与要求的最大公约数,在技术上提供对多种共识算法的整合能力,而不是单纯强调效率优先的共识算法和规则体系。在合约方面,主权区块链强调在主权经济体法律框架下的自动化规则生成机制,即"代码+法律",而不仅仅是"代码即法律"。在激励方面,主权区块链提供基于网络主权的价值度量衡,实现物质财富激励与社会价值激励的均衡,而不是单纯强调物质财富激励。在数据方面,主权区块链强调与物联网、大数据、云计算等技术并行发展,实现链上数据与链下数据的融合应用,而不是仅限于链上数据。在应用方面,主权区块链强调经济社会各个领域的广泛应用,即基于共识机制的多领域应用的集成和融合,而不仅限于金融应用领域。主权区块链是基于互联网秩序的共识、共享和共治的智能化制度体系。可以预见,未来在主权区块链构架下,互联网将形成一种全新的生态,改变互联网世界的既定游戏规则,为互联网全球治理提出解决方案,这必将成为数字化、网络化、智能化时代的重要拐点。

表1-4 主权区块链与其他区块链的比较

方面	主权区块链(代码+法律)	区块链(代码即法律)
治理	网络空间命运共同体间尊重网络主权和国家主权,在主权经济体框架下进行公有价值交付	无主权或超主权,网络社群共同认同的价值交付
监管	可监管	无监管
网络结构	分散多中心化	去中心化
共识	和谐包容的共识算法和规则体系	效率优先的共识算法和规则体系

方面	主权区块链(代码＋法律)	区块链(代码即法律)
合约	在主权经济体法律框架下的自动化规则生成机制,即"代码＋法律"	"代码即法律"
激励	物质财富激励与社会价值激励的均衡	物质财富激励
数据	基于链上数据与链下数据的融合	仅限于链上数据
应用	经济社会各个领域的广泛应用	仅限于金融应用领域

资料来源:贵阳市人民政府新闻办公室:《贵阳区块链发展和应用》,贵州人民出版社2016年版。

二、从一元主导到分权共治

人类正在经历从旧时代向新时代转型的重大历史时期,这不仅表现在技术革命上,还表现在整个世界的组织形态与秩序体系的构建上。工业文明的世界体系集中表现为人类的分治竞合的特点,而新的时代将呈现出分权共治的特点。[①]

组织结构的演化趋势。美国未来学家、经济学家杰里米·里夫金在《第三次工业革命》中说:"当今世界正在实现由集中型第二次工业革命向扁平式第三次工业革命的转变。在接下来的半个世纪,第一次、第二次工业革命时期传统的、集中式的经营活动将逐渐被第三次工业革命的分散经营方式取代,传统的、等级化的经济和政治权力将让

[①] 何哲:《人类未来世界治理体系形态与展望》,《甘肃行政学院学报》2018年第4期,第4页。

位于以社会节点组织的扁平化权力。"人类社会的组织结构经历了长期演化并日渐多元，包括科层制组织、扁平化组织和网络状组织，从简单到复杂，从垂直到水平，从封闭到开放，从有形到无形……当组织规模较小、价值创造活动较为简单时，权力集中在不同层级的管理者手中，科层制组织是一种有效率的组织结构。随着规模的扩大，为应对价值需求的变化以及解决金字塔式组织结构僵化的问题，组织逐渐朝着横向的运行秩序发展，开始重视组织价值的创造能力。组织朝着灵活性转变，从而出现了扁平化组织。实现了扁平化之后，组织变得更加开放。纵横交错的价值创造链条构成了网络状的组织结构，组织结构更加复杂，组织形态也更加灵活，组织从而更能够应对环境的变化和不确定性，更具有开放性。以互联网为中心的数据革命使得传统公共机构不再是主导数据的唯一机构，而是治理变革的真正动力。

块数据组织正在崛起。科技变革特别是新一代信息技术，将推动数字货币和数字身份的广泛普及与应用。不论是数字货币还是数字身份，其普及和应用必然突破"信息孤岛"，把分散的点数据和分割的条数据汇聚到一个特定的平台上，并使之发生持续的聚合效应。这种聚合效应通过数据的多维融合、关联分析和数据挖掘，揭示事物的本质规律，从而对事物做出更加全面、更加快捷、更加精准和更加有效的研判与预测。我们把这种聚合效应称为"块数据"。块数据的持续聚合又形成块数据组织,这种新的组织将解构和重构组织模式,引发新的范式革命。块数据组织所引发的范式革命究竟是什么,究竟会带来什么样的革命性变化？如果用一句话来概括,那就是一场改变未来世界的治理革命。因为,在数字货币和数字身份推动下形成的块数据组织,本质上是一个在公正算法控制下的去中心化、分布式组织模式,我们称之为"分权共治组织"。这个组织通过三大核心技术,即超级账本、智能合约和跨链技术建立起一套可信且不可篡改的共识和共治机制。这套机制通过编程和代码把时间、空间、瞬间多维叠加所形成的数据流加以固化,形成可记录、可追溯、可确权、可定价、可交易、可监管的技术约束力。随着区块链的发展,智能合约变得极其复杂与自治。本质上,Dapp(去中心化应用)、DAO(去中心化自治组织)、DAC(去中心化自治公司)、DAS(去中心化自治社会)等借助日益复杂和自动化执行的智能合约而成为能够自我管理的实体,通过自编程操作连接到区块链。当数字货币、数字身份遇到区块链并与之珠联璧合时,就标志着我们已经跨入一个新的世界。在这个新的世界里,网络就是我们的计算机。区块链借助于数字网络与终端,重构国家、政府、市场、公民的共治格局,由此形成一个多元共治的全球治理模式。

共享型组织的新范式。共享是互联网给人类带来的最大红利，它所开启的并非只是一种全新的商业模式，同时也是一场共享社会的变革，激荡着共生、协同的共享组织新范式。人与组织的关系从交换关系转变为共享关系。杰里米·里夫金认为："未来社会可能不再是简单地交换价值，而是实现价值共享。过去所有的东西如果不交换就没有价值，但在未来不是交换而是共享。"人类的进化脱离不了万物共生的定律，生物是共生的，人类是共生的，组织亦如是。块数据组织突破了内外边界和传统竞争的线性思维方式，从竞争逻辑转向共生逻辑，人与组织的关系是价值共鸣、相互依赖、同创共享的共生关系，成员间的关系实现了互为主体、资源共通、价值共创、利润共享。此外，块数据组织实现了协同的转变。互联网、区块链给组织管理带来了三个最根本的变化，第一个根本变化是效率不再来源于分工，而是来源于协同。第二个根本变化是绩效的核心在于激励创新，而不是简单的绩效考核。第三个根本变化是创立全新的组织文化，其本质是互为主体、共创共生。这些变化背后的逻辑我们称之为"协同的效率"。块数据组织强调的是数据人的利他主义，是对经济人假设的超越。意大利政治哲学家尼可罗·马基亚维利曾说，如果不能使参与这件事情的所有人都获利，那么这件事情就不会成功，即使成功也不能持久。

三、从物的依赖到数的依赖

我们无法否定数据化时代的存在，也无法阻止数据化时代的前进，就像我们无法对抗大自然的力量一样。数据世界如同浩瀚星河，人类对数据世界进行不懈的探索，而探索的成果又推动人类不断进化。人类社会从农耕时代发展到数据时代，数据经历了从数到大数据、从点数据到块数据、从数据到数权的演化。这不仅是数据科学维度的进化，更是人类思维范式的升级。进入大数据时代，个人既是数据的生产者也是数据的消费者，当数据化生产、数据化生活和数据化生命成为现实，人类智能与人工智能相融合，"自然人"进而发展为"数据人"。数据已覆盖和记录了一个人从摇篮到坟墓的全部生活，人类对数据已经形成了难以摆脱的依赖性。人类的行为模式将发生巨大变革，在人对人的依赖、人对物的依赖[①]尚未完全消除的情况下，

[①] 人的发展问题是马克思主义哲学关于人的学说的重要组成部分。马克思在《1857—1858年经济学手稿》中将人的发展过程分为人的依赖阶段、物的依赖阶段和人的自由全面发展阶段。"人的依赖关系（起初完全是自然发展的）是最初的社会形态，在这种形态下，人的生产能力只是在狭隘的范围内和孤立的地点上发展着。以对物的依赖为基础的人的独立性，是第二大形态，在这种形态下，才形成普遍的社会物质交换、全面的关系、多方面的需求以及全面的能力的体系。建立在个人全面发展和他们共同的社会生产能力成为他们的社会财富这一基础上的自由个性，是第三个阶段。第二个阶段为第三个阶段创造条件。"（［德］马克思、［德］恩格斯：《马克思恩格斯全集（第46卷·上）》，中共中央马克思恩格斯列宁斯大林著作编译局译，人民出版社1979年版，第104页。）

出现了人对"数"的依赖。秩序互联网与主权区块链为把人从其对现代社会"物"的依赖和"数"的依赖中解放出来提供了新的现实可能性,进而促逼新制度模式的建构与形成。

人的依赖。马克思在《1857—1858年经济学手稿》中把人类社会的发展过程分成三个阶段:第一阶段为前资本主义时期,其特点是"人的生产能力只是在狭隘的范围内和孤立的地点上发展着",由此形成的社会形态是"人的依附性社会"。在这种社会形态中,人与人之间的关系"或者以个人尚未成熟、尚未脱掉同其他人的自然血缘关系为基础,或者以直接的统治和服从的关系为基础"。这种社会形态之下,人的生存与发展只是在共同体内画地为牢的空间中的生存与发展,人是须臾不可离开共同体的人。在手工技术占主导地位的时代即人类以"人的依赖关系"生存的时代,人的发展的最基本的特征是在对自然的直接依附基础上的人身归属。这种依赖关系表明,人的联系是局部的和单一的,因而是原始的或贫乏的。"无论个人还是社会,都不能想象会有自由而充分的发展,因为这样的发展是同个人和社会之间的原始关系相矛盾的。"[1]人的个性的发展尚处于萌芽状态。

---

[1] [德]马克思、[德]恩格斯:《马克思恩格斯全集(第46卷·上)》,中共中央马克思恩格斯列宁斯大林著作编译局译,人民出版社1979年版,第485页。

物的依赖。随着生产力和社会分工的发展,人的依赖关系被物的依赖关系所取代。"在这种形态下,才形成普遍的社会物质交换、全面的关系、多方面的需求以及全面的能力体系。"①个体摆脱共同体的束缚,一方面为个体心理摆脱低层次、依附性和谐而走向高层次、自主性和谐提供了可能,另一方面使个体需要面对一个充满不确定性的世界,处理各种日益复杂的关系,其心里充满了冲突与不安,同时陷入了对"物的依赖"。对技术、资本等物的依赖成为人类从事社会生产的基本前提,具体表现为劳动依赖资本、机器。这一阶段,技术就像一个引擎,推动着人与世界的交融。技术深度嵌入并重塑人类日常的生活实践和意义生成,已成为人类行为方式、生存方式、创造方式和社会生活的一种决定性力量。人的异化是人类社会向前发展的必然,人类每向前进一步都会伴随着深刻的异化感。因此可以说,人是一种凭借着技术不断异化的动物。

数的依赖。大数据是一种生产要素、一种创新资源、一种组织方式、一种权利类型。数据的利用成为财富增长的重要方式,数权的主张成为数字文明的重要象征。在《未来简史》中,尤瓦尔·赫拉利对21世纪的新宗教(数据主义)进行了定义:"宇宙由数据流组成,任何现象或实体的

---

① 〔德〕马克思、〔德〕恩格斯:《马克思恩格斯全集(第46卷·上)》,中共中央马克思恩格斯列宁斯大林著作编译局译,人民出版社1979年版,第104页。

价值就在于对数据处理的贡献。"虽然数据主义的观点正确与否还有待商榷,但我们确实已经身处大数据的海洋中,形成了对大数据难以摆脱的依赖性,大数据正在以难以想象的速度和深度介入与改变人类的生产、生活、生存方式。通过强调和推崇数据生产力,大数据建立了数据与数据之间的组合、整合、聚合的新型社会关系。扬弃普遍物化的依赖关系,把人从对物的依附和隶属关系中解放出来,使人成为依靠数据自主存在、自由发展的新人。在这个阶段,人的发展的基本特征是:在对数据依赖基础上的相对个性化和自由发展。按照资产阶级和无产阶级的本来含义,即有资产的阶级和没有资产的阶级的划分,掌握大数据的人将成为数据资产阶级,而交出数据的人则成为数据无产阶级,由此又造成人的发展的分化。面对日益高涨的数据化浪潮,需要建构一个以数权为基点的权利保障体系,这个体系称为"数权制度"。基于数权制度而形成的法律规范,称为"数权法"。当数权法与区块链走到一起时,区块链就从技术之治走向制度之治。这种基于制度安排和治理体系的区块链,就叫"主权区块链"。可以预见,治理科技最终将把人类带入新的阶段:这个阶段关键的不同是,对几千年不变的生老病死的"人类规律"发起了冲击,并由此引发广泛而深刻的技术革命、治理革命和行为革命。

第二章　数据主权论

随着以数字科技为代表的第四次科技革命和经济社会的急剧变革，新兴人权大量涌现，"数字人权"是其中最显赫、最重要的新兴权利。

——中国法学会副会长、学术委员会主任　张文显

数字主权将成为继边防、海防、空防之后另一个大国博弈的空间。谁掌握了数据的主动权和主导权，谁就能赢得未来。

——中华人民共和国工业和信息化部部长　苗圩

我们必须共同努力，确保大数据及其生成的技术，被用于提升人类福祉，并将其对发展、和平安全和人权的风险降到最低。

——联合国秘书长　安东尼奥·古特雷斯

第一节　数权

随着数据不断朝着资源化、资产化和资本化方向演变,世界将从原有的物权、债权体制转向数权体制。数权的主张是文明跃迁的产物,也是人类从工业文明迈向数字文明的新秩序。数权是相对独立于物权的一项新的权利,与人权、物权共同构成人类未来生活的三项基本权利。数据权、共享权、数据主权形成数权的核心权益,其中,共享权是数权的本质。数权的主张是推动秩序重构的重要力量,对人类共同生活具有特殊意义。

一、人权、物权与数权

大数据时代,一个新的既有别于传统又超越了传统的人的东西开始进入法律关系的视野,这就是"数"。从"数"到"数据"再到"数权",是人类迈向数字文明的时代产物和必然趋势。数权是人类在数字文明时代的基本人权,在释放数据价值的同时,保障人类在数字世界的基本权利。数权与人权、物权有本质的不同,权利主体、权利客体、权利内容等的差异决定了数权内容不能简单按照物权来规范。

(一)从数到数权

数并不是天然存在的,而是人类社会实践的产物。在长期的实践活动中,人类通过比较不同事物在数量上拥有的共同特性时,创造性地领悟到抽象的数与具象实体之间一一对应的逻辑关系——数。[①]在中国古代,人们对"数"有着特别的关注,以老子为代表的道家用数来阐释宇宙产生的模式及事物变化的规律。在古希腊,人们对"数"的关注在不同学派中广泛存在,特别是毕达哥拉斯学派对数表现出一种非同一般的崇拜,他们将数上升为具有本体论意义的万物始基,提出了"数是万物的本源"的观点,认为数决定一切事物的形式和内容。"数是万物的本源"并不是像原子是世界的本源、水是世界的本源那样,是物理性的,而是说世界的一切都可以用数来表征。这种试图将万物概念以数的形式归于人脑,以及以数的思想认识世界的大胆假设,正是现在大数据技术所逐步实现的。由此可见,数不仅是现实世界的本源,也是现代科技创造的虚拟世界的本源,或者说是人类精神世界的本源。

从某种程度上来说,"数据是数的概念的延伸和扩展,是现代自然科学,特别是信息科学发展的产物"[②]。英语中"data"(数据)一词最早出现在 13 世纪,来源于拉丁语"datum",含义为授予的物品。在计算机普及和广泛使用的今天,数字化已成为现实,数据的形式也各式各样,数、

---

① 王耀德、谭长国、何燕珍:《"数"和相关科技发展的历史分期考察》,《开封教育学院学报》2017年第12期,第11页。

② 贺天平、宋文婷:《"数-数据-大数据"的历史沿革》,《自然辩证法研究》2016年第6期,第36页。

语言、文字、表格和图形都成为数据的构成部分。"数据不仅限于表征事物特定属性,更为重要的是成为推演事物运动、变化规律的依据和基础。"①随着物联网、云计算、移动互联网等新兴信息技术的发展,越来越多的"事物"被数字化并存储起来,形成庞大的数据规模。"大数据的出现,再次摆脱了数据时代人类对自然界认知的有限性,通过海量数据的获得,人类对自然界的每一分钟、每一秒钟的变化更加能够捕捉并及时记录。"②作为一种新型的表征世界的方式,大数据正在深刻变革人类社会的沟通方式、组织方式、生产方式、生活方式,驱动着人类迈入数字文明时代。

在数字文明时代,人类开始重新认识人与数据的关系,考量"数据人"的权利问题。大数据是一种生产要素、一种创新资源、一种组织方式、一种权利类型。数据的利用成为财富增长的重要方式,数权的主张成为数字文明的重要象征。数据赋权,社会力量构成由暴力、财富、知识向数据转移。在数据的全生命周期治理过程中会产生诸多权利义务问题,涉及个人隐私、数据产权、数据主权等权益。数据权、共享权、数据主权等成为大数据时代的新权益。数权是共享数据以实现价值的最大公约数。目前,学界已出现大量关于数权及其权属的讨论,主要有人格权

---

① 刘红、胡新和:《数据革命:从数到大数据的历史考察》,《自然辩证法通信》2013年第12期,第35页。

② 贺天平、宋文婷:《"数—数据—大数据"的历史沿革》,《自然辩证法研究》2016年第6期,第38页。

说、财产权说、隐私权说等主流观点（表2-1）。此外，还有商业秘密说、知识产权说等主张。但传统权利类型均不足以覆盖数据的所有权利形态，其主张影响数权权能的完整性。数字时代是多维而动态的，数权设计不应仅体现原始数据单向的财产权分配，更应反映动态结构和多元主体的权利问题。因此，一种涵盖全部数据形态、积极利用并许可他人利用的新型权利呼之欲出——数权。

表2-1　几种数权学说[①]

学说	主张、理由及缺陷
人格权说	主张：个人数据权是一项人格权，并且是一项具体的新型人格权
	理由：首先，从权利内涵的特性出发，个人数据权以人格利益为保护对象，数据主体对于自身数据具有控制与支配的权利属性，具有特定的权利内涵；其次，从权利客体的丰富性出发，公民个人数据包括一般个人数据、隐私个人数据和敏感个人数据，其中有些数据，比如姓名、肖像、隐私等，已经上升为具体人格权，不再需要依靠个人数据权进行保护，而其他数据则必须要通过个人数据保护权的机制进行保护；再次，从保护机制的有效性出发，如果将个人数据权界定为财产权，则可能没有保护的必要，反之，如果将其视为人格权，则一方面能够保证不会因为个人身份的差异而在计算方式上有所区别，从而维护了人格平等这一宗旨，另一方面公民还能依据《侵权责任法》第22条主张精神损害赔偿；最后，从比较法的角度出发，世界上个人数据保护法所保护的主要是公民的人格利益

[①] 于志刚：《"公民个人信息"的权利属性与刑法保护思路》，《浙江社会科学》2017年第10期，第8-9页；阿里研究院：《中央财经大学吴韬：法学界四大主流"数据权利与权属"观点》，搜狐网，2016年，http://www.sohu.com/a/117048454_481893。

续表

学说	主张、理由及缺陷
人格权说	缺陷:自然人的人格权具有专属性、不可交易性,即便能产生经济价值,也不能作为财产予以对待,否则便会贬损自然人的人格意义
财产权说	主张:公民对其个人数据的商业价值所拥有的权利是一种新型财产权,即"数据财产权"
	理由:随着数字时代的到来,个人数据事实上已经发挥出维护主体财产利益的功能,此时,法律和理论要做的就是承认主体对于这些个人数据享有财产权。另有学者将公民个人数据的权利性质理解为所有权的一种,即公民对于自身数据享有占有、使用、收益、处分的权利
	缺陷:如果单纯把个人数据权作为一种财产权,则会过于强调它的商业价值,反倒忽略了对于公民个人数据的保护,而后者才是个人数据相关的法律制度的首先目标,也是公民最现实的需要。此外,如果忽略了"个人数据"中"人"的因素,则必然"在商言商",妨害人格的平等性,"因为每个人的经济状况不同,其信息资料的价值也不同,但人格应当是受到平等保护的,不应区别对待"
隐私权说	主张:公民个人数据权应当属于隐私权,受到侵犯时应当通过隐私权的相关途径寻求救济
	理由:第一,之所以保护个人数据是因为侵犯公民个人数据可能侵犯到公民的人格尊严,破坏公民的私生活安宁。而如果该数据不属于隐私,则他人即便获取也不会影响到数据主体,不会对其产生冒犯。第二,我国《侵权责任法》第2条已正式确立了对隐私权的保护,而通过对隐私权的扩张解释,足以将个人数据所要保护的各种数据囊括进隐私的概念,因此无须再创设独立的个人数据权

续表

学说	主张、理由及缺陷
隐私权说	缺陷:一是隐私权强调的是对于公民个人隐私的保护,侧重于消极防御,而这难以涵盖现代社会中大量存在的公民积极地使用个人数据参与各种活动的现实。二是隐私权难以与数字社会相兼容。隐私权对于数据提供的保护是一种"绝对性"的保护,而在数字社会,对于信息的收集、处理、存储和利用不仅必要而且必需,不仅国家从单纯的保护者姿态变为了最大的数据收集、处理、存储和利用者,而且公司、社会组织等第三方数据从业者也逐渐产生。三是隐私权的概念具有模糊性。利用"隐私"的主观性做文章的办法会使得对于隐私的判断也随之主观化,即数据主体认为是隐私就是,认为不是就不是。实际上,本质问题在于"授权",关键在于是否经过了数据主体的同意

资料来源:龙荣远、杨官华:《数权、数权制度与数权法研究》,《科技与法律》2018年第5期。

(二)数权的界定

数权的主体是特定权利人,客体是特定数据集(表2-2)。在具体的数权法律关系中,权利人是指特定的权利人。数权拥有不同的权利形态,如数据采集权、数据可携权、数据使用权、数据收益权、数据修改权等。因此,需要结合具体的数权形态和规定内容确定具体的数权人。对于数权的客体而言,单一独立存在的数据不具有任何价值,只有按一定的规则组合成的具有独立价值的数据集才有特定的价值,不能将数据集中的单个数据作为分别的数权客体对待。因此,数权的客体是特定的数据集。

表2-2 数权的特征

特征	概略
权利主体	数据所指向的特定对象以及数据的收集、存储、传输、处理者等
权利客体	有规律和价值的特定数据集
权利类型	集人格权和财产权于一体的综合性权利
权利属性	具有私权属性、公权属性和主权属性
权利权能	一种不具排他性的共享权，往往表现为"一数多权"

数权具有私权属性、公权属性和主权属性。与传统的权属类型不同，数权作为一种新型权属类型，体现出权属的多元性。不同类型的数据有不同的权属，处于数据生命周期不同阶段的数据也有不同的权属。数权同时具有私权属性、公权属性和主权属性，包括体现国家尊严的主权、体现公共利益的公权和凸显个人福祉的数据权利。在私权属性范畴，数权根据数据掌握主体分为个人数据权与企业数据权，个人数据资源与企业数据资源被视为数权客体。数权的公权属性具有丰富的公共性和集体性意涵，是以国家和政府为实施主体、以公共利益最大化为价值取向、强力维护公共事务参与秩序的一种集体性权力，具有自我扩张性。数权的主权属性体现为数据主权是国家主权的重要组成部分。作为国家主权的必要补充，数据主权丰富和扩展了传统国家主权的内涵与外延，是国家适应现代化虚拟空间治理、维护自身主权独立的必然选择。

数权是人格权和财产权的综合体。数据既具有人格属性,又具有财产属性,但同时又与人格权、财产权有所不同。数据人格权的核心价值是维护数据主体之为人的尊严。大数据时代,个人会在各式各样的数据系统中留下"数据脚印"。通过关联分析可以还原一个人的特征,形成"数据人"。承认数据人格权就是强调数据主体依法享有自由不受剥夺、名誉不受侮辱、隐私不被窥探、信息不被滥用等权利。同时,"数据有价"已成为全社会的共识,因而有必要赋予数据财产权并依法保护。数据财产作为新的财产客体,应当具备确定性、可控制性、独立性、价值性和稀缺性这五个法律特征。

(三)人权、物权与数权的区分

人权是全人类唯一相同的标志,是全世界人民的最大公约数。所谓人权,就是"人依其自然属性和社会本质所享有与应当享有的权利"[①]。人权所指的人不是经济人、道德人、政治人[②],而是具有生物学特征、抽象掉一切附加因素后的自然人,一个人仅仅因为是人就应当享有人权。人权是如何产生的?这涉及人权的哲学基础问题。有关人权来源的学说,主要有习惯权利说、自然权利说、法定人权

---

① 李步云:《法理探索》,湖南人民出版社2003年版,第169页。

② 人权所指的人首先不是经济人,经济人以逐利为目的,如果人人都是经济人,人权则会缺乏保障;其次不是道德人,人权无关道德之有无与高低;再次不是政治人,尽管人权具有政治性,但把人权作为政治斗争的工具必然会限制人权。

论与功利人权论、人性来源说以及道德权利说等。①人权本质上是权利,"权利、人权、法律权利、公民基本权利是一些依次相包容、具有属种关系的概念"②。人权的概念和内涵较为宽泛,其保障范围远比法律权利或基本权利广泛。随着经济社会的纵深发展,人权的维度和种类会不断增多,内涵和外延也会不断延伸。

物权的提出是社会文明的新起点。物权是对物的支配,其表面上体现为人对物的支配,实际上是人与人的关系的反映。其一,就本质而言,物权虽然是权利人直接支配"特定的物"的权利,但本质上不是人对物的关系,而是人与人之间的法律关系。其二,物权是权利人对"特定的物"所享有的财产权利,其在性质上虽然是一种财产权,但只是财产权中的对物权,区别于其中的对人权即债权。其三,物权主要是一种对有体物的支配权,即物权人可以完全依靠自己的意思,而不需要他人的介入或辅助就可实现自己的权利。对物权的承认,归根到底是承认个体创造的

---

① 习惯权利说是以英国《大宪章》为代表的经验主义的人权推定说,即"习惯权利→法定权利"的人权推定。自然权利说是由法国《人权宣言》所发扬的先验主义的人权推定说,即"自然权利→法定权利"的人权推定,是关于人权来源的经典学说。法定人权论和功利人权论认为,正式或非正式的法律规章制度产生人权,自由、平等地追求人的幸福和福利是最大的价值与善。人性来源学说认为,人性包括自然属性和社会属性,自然属性是人权产生的内因和根据,社会属性是人权产生的外因和条件。道德权利说认为人权属于道德体系,要靠道德原理来维系,其正当性来源于人的道德心。
② 林喆:《何谓人权?》,《学习时报》2004年3月1日,第T00版。

价值及个体自治的权利。因此,物权是与物相关的人权,是一种特殊、基本的人权。对物权的承认保护,意味着人们开始以"人"为新起点,构建社会文明的新坐标。

数据并不同于过往民法中的物,对比物之支配的排他性,数据之支配在客观上不具有排他性,这是由数据的非物质化形态决定的,这一特点与智力成果极度相似。但数据既不是物(动产和不动产),也非智力成果或权利。数据是一种不同于具有物质形态之"物"的客体,对数据的支配具有非排他、非损耗的特点。①数据所承载的财产权的具体权利之归属和支配不同于有形物的占有与支配模式,适用于有形物的物权制度无法被沿用在数据上。可以认为,数权不属于任何一种传统的权利,虽然其有部分特点与其他的权利相似,但不应通过扩张物权法或知识产权法来吸收,而应当延续一贯以来的立法习惯对其进行特别立法(表2-3)。

表2-3　人权、物权与数权的区分

项目	人权	物权	数权
主体	个人、集体	特定的人	特定权利人,包含数据所指向的特定对象以及该数据的收集、存储、传输、处理者(包含自然人、法人、非法人组织等)

---

① 李爱君:《数据权利属性与法律特征》,《东方法学》2018年第3期,第72页。

续表

项目	人权	物权	数权
客体	包括对物、行为、精神产品、信息等享有的权利	为人所支配的特定物;法律规定的权利	有一定规律或价值的数据集合;法律可规定例外
内容	人身人格权;政治权利与自由;经济、社会和文化权利;弱势群体和特殊群体权利;国际集体(或群体)权利等	所有权;他物权(用益物权和担保物权)	所有权;用益数权;公益数权;共享权

资料来源:大数据战略重点实验室:《数权法1.0:数权的理论基础》,社会科学文献出版社2018年版。

二、私权、公权与主权

(一)私权利

权利概念来源于西方,但"直至中世纪结束前夕,任何古代或中世纪的语言里都不曾有过可以准确地译成我们所谓'权利'的词句"①。"在中世纪,神学家托马斯·阿奎那首次解析性地把'jus'理解为正当要求,并从自然法理念的角度把人的某些正当要求称为'天然权利'。"②"中世纪末期,资本主义商品经济的发展使各种利益独立化、个量化,权利观念逐渐成为普遍的社会意识。于是'jus'作为'权利'明确地

---

① 转引自[英]A.J.M.米尔恩:《人的权利与人的多样性——人权哲学》,夏勇、张志铭译,中国大百科全书出版社1995年版,第5页。

② 张文显:《法理学(第四版)》,高等教育出版社、北京大学出版社2011年版,第89页。

区别于'jus'作为'正当'和'jus'作为'法律'。"①汉字"权利"作为术语使用,始于日本。日语的"权利"一语,是从拉丁语"jus"、法语"droit"、德语"recht"和英语"right"继受而来,起初译为"权理",后来译为"权利"。②但是,"问一位法学家'什么是权利'就像问一位逻辑学家一个众所周知的问题'什么是真理'同样使他感到为难"③。虽然康德的为难显得夸张了些,却可以说明,权利的本质确实是众说纷纭而又各有千秋的,以至于美国的范伯格主张把权利当作"简单的、不可定义的、不可分析的原始概念"④。

目前,学术界关于权利本质有不同学说。其中,具有代表性也更能接近权利本质的学说有国外学者主张的资格说、自由说、意志说、利益说、法力说和选择说,以及国内学者所持的可能说和财产说。然而,由于历史语境和各自立场不同乃至截然对立,迄今为止,关于权利本质的学说尚未形成统一的范式。权利具有历史性、主体限定性、正当性、物质性、互惠性和法定性等属性。权利在现实生活中体现或设定为法律上的权利,意味着法律体系对于权利具有相当的重要性。从法律体系的角度而言,权利可以划

---

① 张文显:《二十世纪西方法哲学思潮研究》,法律出版社 2006 年版,第 413 页。

② 段凡:《权力与权利:共置和构建》,人民出版社 2016 年版,第 15 页。

③ [德]康德:《法的形而上学原理——权利的科学》,沈叔平译,商务印书馆 1991 年版,第 39 页。

④ [美]J.范伯格:《自由、权利与社会正义》,王守昌等译,贵州人民出版社 1998 年版,第 91 页。

分为根本法权利、公法权利、私法权利、社会法权利和混合法权利。但无论是何种权利,权利都是以体现和维护个人①利益为主,是个人的权利。②这种"个人"在根本上是私人性质的,也就是说,权利的本质是私权利,简称"私权"。

古罗马后期的法学家把私权利定义为法人、非法人组织和自然人所享有的涉及个人利益的权利。③在我国,对于私权利尚无统一的定义,不同学者从不同的角度对其有着不同的理解和阐释。有人认为私权利是指以满足个人需要为目的的个人权利,而有人则认为私权利是私法上的权利,是作为市民社会的私法术语使用的概念。私权利是由私法所确认,与法人、非法人组织和自然人切身相关,为实现个人目的而存在的权利。私权利的主体包括公民、法人及其他社会组织,甚至国家在不以公权力名义行使职权、履行职责时,也成为私权利的主体。私权利比较复杂,有些私权利没有或暂时没有上升为法定权利,完全属于一种个人行为或个人自由,而有些私权利则受到宪法或其他法律确认而成为法定权利。这就使私权利分为两大类:非法定私权和法定私权。作为法定形式的私权利,是私权利的主干部分和重要内容,并且受到宪法和法律的明确保

---

① 这里的个人,是法律上拟制的个人,也就是法律上的"人",其包括自然人、法人和其他非法人组织。

② 段凡:《权力与权利:共置和构建》,人民出版社2016年版,第28页。

③ 陈秀平、陈继雄:《法治视角下公权力与私权利的平衡》,《求索》2013年第10期,第191页。

护①,禁止任何人以任何形式予以破坏。

(二)公权力

"权力"问题一直困扰着古今中外的哲学家和社会学家们,他们从来就没有停止过对这个问题的思考。关于权力的概念,不同的学者有着不同的认识和理解,正如美国著名社会学家丹尼斯·朗所说:"权力本质上是一个有争议的概念……持不同价值观、不同信仰的人们肯定对它的性质和定义意见不一致。"②英国哲学家罗伯特·罗素是最早对权力下明确定义的,他认为权力是某些人对他人产生预期或预见效果的一种能力。德国社会学家马克斯·韦伯在《经济与社会》中将权力定义为"一个人或一些人在社会行为中,甚至不顾参与该行为的其他人的反抗而实现自己意志的能力"。美国学者克特·W·巴克把权力看作是一种"在个人或集团的双方或各方之间发生利益冲突或价值冲突的形势下执行强制性的控制"③。诸如此类的定义不可胜数,这些定义尽管有各自的道理,然而都无法完全概括权力尤其是国家权力的属性和特征。④

① 蒋广宁:《法治国家中的公权力和私权利》,《知识经济》2010年第24期,第20页。
② [美]丹尼斯·朗:《权力论》,陆震纶、郑明哲译,中国社会科学出版社2001年版,第2页。
③ [美]克特·W·巴克:《社会心理学》,南开大学社会学系译,南开大学出版社1984年版,第420页。
④ 郭道晖:《权力的特性及其要义》,《山东科技大学学报(社会科学版)》2006年第2期,第66页。

权力的本质是公权力。"权力与公权力这两个概念在很多情况下存在混用的情形,因为权力本身就具有公共性。"[①]"从一般意义上看,一切权力都属于公权力。"[②]一方面,从权力主体来说,权力的行使者必须是公共机关或准公共机关(社会组织)。另一方面,考虑到行使权力的目的,权力的直接作用内容是法律所维护的公共利益。因此,权力更准确地说是公权力。所谓公权力,是指社会共同体(国家、社会团体等)管理公共事务和维护国家与社会公共利益以及调整各方主体利益分配所拥有的权力。"它以公共利益为目的,以合法的强制力为手段。公权力是一个社会正常运转的必要条件,是建立、维护公共秩序,保障社会稳定的基础。"[③]公权力包括国家权力和社会权力,一般可以具体分解为立法权、司法权、行政权和监督权等。

"公权力作为社会生活秩序的权杖,历来被视为社会生活的主导者。"[④]特别是在东方社会,由于长期受"社会本位"观念的影响,公权力一直被理解为是第一性的、对民众具有支配性和决定作用的力量。一般认为,公权力产生的根据是民众对权力的赋予以及民众对权力行使的认可。"国家权力无不是以民众的权利让渡与公众认可作为前提

---

① 潘爱国:《论公权力的边界》,《金陵法律评论》2011年第1期,第46页。

② 刘晓纯、吴穹:《公权力的异化及其控制》,《改革与开放》2012年第10期,第23页。

③ 蒋广宁:《法治国家中的公权力和私权利》,《知识经济》2010年第24期,第20页。

④ 窦炎国:《公共权力与公民权利》,《毛泽东邓小平理论研究》2006年第5期,第20页。

的。"①"在终极意义上,权利是权力的基础。"②卢梭在《社会契约论》中也指出,国家权力是每个公民让渡自己一部分的私人权利而产生的。也正是从这个意义上而言,"私权利是公权力的本源,公权力是私权利的附属"③。失去了私权利,公权力也就没有了存在和发展的必要。但与此同时,公权力与私权利是一对矛盾体,既相互统一又相互对立,既相依共生又此消彼长,两者相互作用,构成了社会各种利益团体之间的相互联系。

(三)主权观

早在古希腊和古罗马时期,柏拉图等先哲们就意识到了主权的存在,并对主权的内涵进行了相关研究。尽管他们并未明确提出主权这一重要政治概念,但围绕着国家的产生、功能和政体的类型及国家治理的研究,本质上已经和我们今天所认知的主权研究十分相似,并为启蒙时期主权概念的明确提出奠定了基础。④古希腊哲学家亚里士多德被认为是最早阐释主权思想的先哲,他在《政治学》中虽未明确使用主权概念,但已经涉及主权的两大属性,即对

---

① 卓泽渊:《法治国家论》,中国方正出版社2001年版,第62页。

② 卓泽渊:《法治国家论》,中国方正出版社2001年版,第69页。

③ 谢桃:《公权力与私权利的博弈》,《知识经济》2011年第21期,第27页。

④ [古希腊]柏拉图:《理想国》,郭斌、张竹明译,商务印书馆1986年版,第145-176页;[古希腊]亚里士多德:《政治学》,吴寿彭译,商务印书馆1965年版,第132-145页;[古罗马]西塞罗:《国家篇 法律篇》,沈叔平、苏力译,商务印书馆1999年版,第11-23页。

外独立权和对内最高权。现代意义上的主权概念起源于近代欧洲,是15、16世纪欧洲经济和文化发展的产物。法国启蒙思想家博丹在《论共和国六书》中首次明确地把主权表述为:"主权是一个国家进行指挥的绝对的和永久的权力",是"对公民和臣民不受任何法律限制的最高权力"。他认为,主权是一个国家不可分割的、统一的、永久的、凌驾于法律之上的权力,是一种绝对的权力、永恒的权力。

自博丹之后,著名的荷兰国际法学家、近代国际法学奠基者格劳修斯在部分接受博丹思想的基础上对主权内容做了进一步完善,揭示出了主权的两重性,即对内最高和对外独立的权力。后来,经过霍布斯、洛克、卢梭、黑格尔和奥斯丁等近代政治学家的论证与发展,主权理论的内容越来越丰富。然而,主权理论是一个历史范畴,在不同的时期有着不同的内涵。尽管许多思想家提出了其各自的主权理论,并就主权的基本思想达成了一定的共识,但是对主权的定义却一直未能形成定论。《奥本海国际法》将主权定义为最高权威,"含有全面独立的意思,无论是在国土以内还是国土以外都是独立的"①。我国国际法学界对主权的定义一般采用周鲠生先生的观点:"主权是国家所具有的独立自主地处理其对内和对外事务的最高权力。主权具有两个基本属

① [英]詹宁斯、[英]瓦茨修订:《奥本海国际法(第一卷第一分册)》,王铁崖等译,中国大百科全书出版社1995年版,第92页。

性,在国内是最高的,对国外是独立的。"①

主权既可以作为国家的权利,体现为国家在国际社会的独立权,也可以作为国家的权力,体现为国家管理国内事务的最高权。一方面,主权作为国家权利并不必然意味着某种实际能力、权力的掌握、拥有或要求他方为一定行为的正当性主张。同时,由于受到各种主观或客观因素的影响和制约,其所蕴含的行为自由在国家之间明显存在实际差异,而且这种自由的范围和程度处于不断的变化发展之中,尤其是随着国际法规范和国际法治秩序的发展,主权所蕴含的自由日益受到规范与约束。②因此,在现代国际社会里,主权作为国家权利的稳定明确和根本的内涵是独立自主与地位平等。另一方面,主权作为国家权力,遵循着权力演化发展的基本规律。它是"通过人民转让自己的一部分权利所共同建构起来的","具有来源的公共性和行使的代表性(间接性)"③,是一个国家公权力的集合。进入大数据时代,主权表现出明显的合作性和让渡性。

三、共享权:数权的本质

共享是对数据的有效使用,是数据所有权的最终体

---

① 周鲠生:《国际法(上册)》,武汉大学出版社2009年版,第64页。
② 赵洲:《主权责任论》,法律出版社2010年版,第8页。
③ 陈志英:《主权的现代性反思与公共性回归》,《现代法学》2007年第5期,第27页。

现。数权不同于物权,不再表现为一种占有权,而是一种
不具有排他性的共享权,往往表现为"一数多权"。数权一
旦从自然权利上升为一种公共和公意,就必然超越其本身
的形态,而让渡为一种社会权利。共享权是数权的本质,
其实现方式是公益数权与用益数权,数据所有权和使用权
的分离因此成为可能。共享权的提出,将成为一种超越物
权法的具有数字文明标志意义的新的法理规则。可以预
见的是,基于共享,人类文明必将走向更高阶段,进入一个
由共享权建构的秩序之中。

(一)共享权与占有权

共享和占有是数权与物权的本质区别。物权包括占
有权、使用权、收益权和处分权。占有权就是对所有物事
实上的控制权,事实上的控制(占有权)是所有权的基本。
没有占有权,其他三项权能的行使都会受到影响,只有真
正拥有占有权,使用权、收益权和处分权才能更好地行使。
人类社会出现的私有制和个人所有制都是以占有为最终
目的。但随着共享经济的兴起,人们意识到占有权并不重
要,重要的是其他人能否使用它。共享的本质就是将使用
权和收益权进行分享,从而获得相应的利益。[①]使用权的

---

① 何哲:《网络文明时代的人类社会形态与秩序构建》,《南京社会科学》2017年第4期,
第72页。

让渡使闲置资源得以充分利用,但其前提是拥有占有权的权利主体具有让渡使用权的意愿,其本质还是对"占有权"的拥有。因为物权的本质是占有,其根源在于物的排他性,它决定了物不能同时具有多个权利主体,占有成为掌握物权的唯一途径。

在物权的让渡过程中,占有权的存在让其权利主体的利益不会受到损害,权利主体仍旧对该物享有控制权。与物权不同,由于数据可以被无限复制,且成本极低,不产生损耗,数据可以同时拥有多个权利主体。在这样的情况下,对数据是否拥有占有权并不影响人们对数据的控制和使用。在不具备占有权的时候,人们一样可以行使数据的使用权、收益权和处分权。一旦数据的使用权被让渡,获取数据的一方就完整地拥有数据本身,数据就会脱离初始权利人的控制,此时对数据享有占有权就失去了意义。数据要产生价值或实现价值最大化,就必须将数据共享给他人使用,这必然与占有权产生冲突。因此,强调数权的共享权与强调物权的占有权同样重要,这是"数尽其用"发展的必然结果。此外,数据的真正价值在于低成本的无限复制,这是数字文明得以发展的根本,决定了共享成为大数据时代的本质需求,以及共享权成为数权的本质权利。脱离了这一根本,将物权的占有权强行套用在数权之上,将会极大地束缚数据的应用和发展,违背甚至破坏数权对数据进行保护与发展的本意。①

(二)从"一物一权"到"一数多权"

"一物一权"是物权支配性的本质表征。物的形态随着科技的进步逐渐丰富,伴随物权类型的不断增加,所有权的权能分离日趋复杂,人类对物的利用形式也在不断发生变化。"一物一权"在现实中受到了"一物多权""多物一权"的冲击。人类对物的利用程度和形式不断变化,"一物多权""多物一权"在审判实践中也取得了法律上的一些间接默认与模糊许可,这突破了"一物一权"的原有之义。与"一物一权"的主张不同,数据的无形属性和可复制性使得数据可以存在多种利益形态。共享权的创设使数据可以存在多个主体,各主体之间并非是对一个数权进行共享,而是各自拥有独立而又完整的数权,形成了一种"不求所有,但求所用"的共享格局。

数据具有可复制性、非消耗性和特殊公共性等特点,可以存在"一数多权"。这决定了赋予任何主体对数据的绝对支配权,都会背离共享的发展理念。随着时代的发展、科技的进步,当物的成本下降甚至接近零成本时,对物的占有将变得不再必要。对于富足而零边际成本的数据

---

① 大数据战略重点实验室:《数权法 1.0:数权的理论基础》,社会科学文献出版社 2018 年版,第 159 页。

资源来说更是如此,倡导"一数多权"的共享则成为一种必然的趋势。从长远看,稀缺的资源也会变得富足,传统意义上的资源稀缺问题将被共享解决。"当我们从技术的视角来看待问题时,真正短缺的资源是很少的,真正的问题主要是如何利用资源。"①

(三)共享权的内涵

共享权为数字文明时代提供一种公益和私利相平衡的数权观,有助于激发民众参与数字文明建设的创造力。共享权的核心是数据利益的平衡,无论是数据的公共利益大于其私人利益,还是数据的私人利益大于其公共利益,都违背了自由平等的基本精神。因此,数据利益分配的不平衡将会从根本上打击人们创造数据财富的积极性和主动性。创设共享权的意义在于,它对传统的"重私利、轻公益"的权利观和数据观进行了修正,倡导了一种公益与私利相平衡的数权观。共享权是数据利用的前提,这既是建设数字文明的根本要求,也是构建社会新秩序的本质要义。②

共享权是数字文明基本制度的重要组成部分,它将利

---

① 〔美〕彼得·戴曼迪斯、〔美〕史蒂芬·科特勒:《富足:改变人类未来的4大力量》,贾拥民译,浙江人民出版社2014年版,第8页。

② 龙荣远、杨官华:《数权、数权制度与数权法研究》,《科技与法律》2018年第5期,第26页。

他主义作为根本依据。从公平的视角看,数据公益和私利分配是数字文明的核心问题。首先,共享权必须保证数据公益和私利分配的平衡,体现其公平性,如此才能理顺数据主体公益与私利之间的关系。其次,数据的公益和私利分配是绝对的、客观的、普遍的,任何人都不能凭主观意志随意约定,任何对数据的公益和私利分配进行的主观的、相对的、过度的诠释,都有悖于其公平性。因此,共享权对数字文明新秩序的构建具有非常重要的现实意义。①

共享权有助于协调不同数据主体之间的矛盾冲突,为化解数据利益矛盾提供了价值依据。共享权坚持数据公益和私利的平衡,为数字文明制度体系的构建提供了价值导向基础,让公平成为数字文明基本制度的首要价值。根据数据公益和私利平衡分配的原则,可建立化解数据主体之间矛盾冲突的法律规范,健全数据主体之间的数据利益协调机制,畅通数据主体表达自身数据利益诉求的渠道,化解由数据利益冲突引发的各类社会危机,使数据主体能够"各尽所能,各得其所"。同时,共享权有助于化解数据垄断带来的资源分配不均、机会不等、社会不公等矛盾,解决社会公平正义的问题,实现数据资源的最优化配置与零边际成本,增长数据财富,促进数字文明时代经济社会的协调发展。

---

① 大数据战略重点实验室:《数权法1.0:数权的理论基础》,社会科学文献出版社2018年版,第225页。

第二节　数据主权与数字人权

数据主权是数权的制高点。近年来,数据主权成为越来越重要和紧迫的议题,成为国家、企业和个人关注的中心。数据主权的核心是归属认定,从数据的归属上划分,数据主权可以分为个人数据主权、企业数据主权和国家数据主权。实践中,数据主权与数字人权的关系问题成为大数据时代数据主权领域中争论激烈的一个重大的理论和现实问题,同时数据主权成为利益重叠交错的领域,存在数据权属不清晰、数据流通和利用混乱、个人信息泄露等诸多挑战。在此背景下,区块链为数据主权保护提供了一个可行的技术解决方案,其与生俱来的去中心化、防篡改、可追溯、高可靠性等特点,有效解决了数据主权界定和数据主权归属的问题,从而打破了数据主权的垄断,以其最大化的功能价值造福全人类。

一、主权与人权的分歧

主权与人权关系问题不仅关涉理论上相关难题的解决,在实践层面上也依赖于一定程度的共识的达成。在主权与人权观念形成的早期,它们之间就已经存在张力。随着人类社会的不断发展,两者间的张力开始扩散,并造成主权与人权更进一步的对立和冲突。但是,基于人类对有尊严生活的追求,主权与人权间的张力需要消解,对立需要统一。因此,无论在理论上还是在实践中,主权与人权最终都应走向契合之路。

(一)主权与人权间的张力与冲突

主权与人权的关系问题是现代国际关系和国际政治领域普遍关注的焦点问题,也是冷战结束以来国际人权领域中争论激烈的一个重大问题。"两者的关系问题不仅关系到我们每个活在地球上的单元人的权益,而且还涉及国内政治、国际问题等多层的利益分配点。"[①]就目前的国际政治格局而言,主权与人权的关系呈现出纵横交错的"集丛"状态,既有国内主权和国内人权的冲突,又存在国际人权与对外主权的矛盾。以美国为首的西方发达国家打着"人权高于主权"的幌子,或对外大肆推销其价值观念,或无端指责某些发展中国家侵犯人权,并以此为由对这些国家展开人权外交或进行人道主义干预。与此同时,许多发展中国家也纷纷表示愿意通过对话来消除与西方国家在人权问题上的分歧。这样,在长期的发展中,就形成了两种针锋相对的观点:"人权高于主权"论与"主权高于人权"论。之所以会产生上述分歧,是因为主权与人权之间本身

---

① 曾欢:《试论人权与国家主权的辩证统一关系》,《法制与社会》2015年第5期,第130页。

就存在着张力,包括内在张力和外在张力。

就内在张力而言,首先,从主权与人权享有的主体来看,主权往往是由代表国家行事的统治集团所享有,而人权的享有者在绝大多数情况下是占社会大多数的普通民众,包括各种弱势群体。由于统治集团有其自身的思维方式、价值定位、运作逻辑和利益取向,其态度往往并不同于普通民众。由此,两者间便总是因主体地位的不同而存在紧张关系。其次,从主权与人权内容的角度看,主权既包含权利又包含权力,而人权从内容上看则仅包含权利。正是主权与人权具有上述不同的内容,决定了主权与人权的价值取向是有所不同的。由于其价值取向的不同,在控制与反控制之间必然存在内在的张力。

就外在张力来说,从国内层面来看,政府是否允许公民有反抗权或者不服从权以及进而对公民反抗权或者不服从权的态度是主权与人权张力的主要表现。在20世纪60年代美国出现的反越战运动中,公民反抗权与维护法律秩序之间的两难选择得到充分的体现。从国际层面来看,发展中国家和发达国家在对待主权与人权性质、优先性等方面所体现出来的天差地别是主权与人权外在张力的具体体现。在涉及主权与人权的性质和内容方面,西方发达国家认为人权的哲学基础是"天赋人权"。与之不同,在许多发展中国家的政治理念中,基本的人权与自由往往被视为是国家赋予人民的,而且国家也从法律上决定了人民享有自由和权利的程度。在涉及主权与人权的优先性问题上,西方国家按照其"主权在民"思想和人权哲学基础势必主张"人权高于主权",而发展中国家则站在历史和现实的维度上,坚持"主权高于人权"。

(二)主权与人权的沟通与契合

主权与人权之间既然存在着内在和外在的巨大张力,那就只有通过寻求两者间的沟通,化解其中的张力,才能保证主权与人权持续有效和谐发展。而主权与人权的和谐并存不仅是人类所向往和不懈追求的理想目标,亦是制度建构与完善的重要标杆。欲实现主权与人权的和谐并存,应当探寻两者间的共同哲学基础。而全面地认识和理解主权与人权的哲学基础,需要从不同的维度进行考察,这些不同的维度包括不同国家的文化状况、历史发展和经济社会发展水平等。通过广泛而全面的考察,可以发现,"人本主义"是主权与人权得以并存的哲学基础。从这一哲学理念出发,我们很容易就可以看到,无论是主权还是人权都是为人的自由、幸福和利益服务的,它们本身都并非目的。此外,相对于人类的终极目标即人的自由、幸福和利益,主权与人权不仅是平位的,而且在本原上还是同质的。

　　虽然主权与人权之间有着"人本主义"的共同哲学基础,也存在着同质性观点,但由于现实利益考量和历史认识差异,主权与人权间自始至终都存在着张力,这需要主权与人权的代表者在平等基础上进行商谈和沟通。德国著名哲学家、社会学家哈贝马斯的交往行为理论为化解两者间的张力提供了一种更加现实的可行路径。在主权林立的国际社会中,倘若没有一套普遍适合的主权与人权规范可以遵循,那么主权壁垒和人权工具就不可避免。哈贝马斯认为,"这种困境的一条出路是对策略性互动的规范性调节,对此行动者们自己要达成理解"[①]。对每个成员都具有约束力的规范不能通过单一主体而形成,唯有在充分考虑并协调各相关主体利益的前提下,通过理性审察与公共辩论,达成主体间的共识,才能形成具有普遍约束力的规范。主权与人权间张力的消解,普遍依赖主权与人权规范的形成,需要保证"每个人都有平等机会行使对具有可批判性和有效性主张表示态度的交往自由"[②]。

　　在主权与人权的实践中,特别是在国际实践中逐步形成的主权与人权间的外在张力,也需要采取在相互尊重和

---

① ［德］哈贝马斯:《在事实与规范之间:关于法律和民主法治国的商谈理论》,童世骏译,生活·读书·新知三联书店2003年版,第32页。

② ［德］哈贝马斯:《在事实与规范之间:关于法律和民主法治国的商谈理论》,童世骏译,生活·读书·新知三联书店2003年版,第155页。

相互平等的前提下,通过主体间商谈和沟通来达成理性共识的方式予以弱化与消释,即以主权合作代替主权壁垒,以人权对话代替人权对抗。①一方面,发达国家要充分尊重和考虑广大发展中国家的严重关切,停止将人权作为推行强权政治和霸权主义的工具的做法;另一方面,发展中国家在保证国家主权独立、领土完整、民族尊严不受侵犯和政治权力坚实稳固,以及提防发达国家利益不断"扩张"的同时,也要完善能够实现国家长治久安和经济社会持续健康发展的政治法律制度保障,促进人权事业的发展。主权与人权的关系是相互促进、相互依赖与对立统一的动态平衡关系,两者的优先性要根据世界各国的不同情况,综合考虑国家的政治利益、经济与社会发展水平、民族与文化传统等多种因素进行权衡,以确定一个较为良好的平衡点。

二、第四代人权

根据学术界通常的说法,全球范围内的人权形态迄今为止已经实现了三次历史性飞跃,先后出现过三代人权(第一代人权、第二代人权和第三代人权),目前正在迎来第四代人权,即以"数字人权"为引领的新一代人权。数字人权与前三代人权之间不是覆盖性关系,更不是否定性关

---

① 陶林:《人权与主权之间的张力与契合》,《哲学研究》2013年第5期,第105页。

系,它们之间是递进拓展性关系、转型升级性关系,四代人权共同构成新时代的人权体系(表2-4)。

表2-4　四代人权比较

项目	第一代人权	第二代人权	第三代人权	第四代人权（数字人权）
诞生背景	诞生于1789年的法国大革命时期,其诞生的背后是反封建、反专制的资产阶级革命	诞生于20世纪初俄国十月革命之后,其诞生的背后是反对资本剥削、消灭贫富分化的社会主义革命	诞生于20世纪五六十年代殖民地和被压迫人民的解放运动时期,其诞生的背后是争取国家独立、民族解放和政治民主的民族革命	伴随以数字科技为代表的第四次科技革命和经济社会的急剧变革而生,其诞生的背后是一场信息革命
人权主张	主张生命权、人身自由权、信仰自由、宗教自由、言论和出版自由、集会结社自由、迁徙与居住自由、不受任意羁押和通信不受干扰的权利以及选举权等政治上的权利,尤其强调财产权不得侵犯	主张劳动权、生存权,除保留第一代人权的内容外,还进一步提出工作权、休息权、医疗健康权、受教育权、维持适度生活水平权、劳动者团结权等	主张和平权、发展权、环境权、民族自决权、人类共同遗产权等	主张数据信息自主权、数据信息知情权、数据信息表达权、数据信息公平利用权、数据信息隐私权、数据信息财产权等

续表

项目	第一代人权	第二代人权	第三代人权	第四代人权（数字人权）
核心要旨	在于从法律形式上维护个人自由,反对政府以政治权力不当干涉个人的自由与权利,要求国家负担消极不作为的义务	在于要求国家提供基本的社会与经济条件以促进个人自由的实现,强调国家对人权的实现负有积极作为的义务	在于其连带性,可称之为"连带权"或"连属权",带有集体性质,着力于争取国家和民族的自决与发展	旨在消除算法歧视、数据鸿沟、社会监控、算法霸权等人权威胁,提升数字时代的人的自主性,强化对"数字人类"的人权保护

资料来源:王广辉:《人权法学》,清华大学出版社2015年版;齐延平:《人权观念的演进》,山东大学出版社2015年版;马长山:《智慧社会背景下的"第四代人权"及其保障》,《中国法学》2019年第5期。

(一)第一代人权

第一代人权形成于1789年的法国大革命时期,由于它的主要内容是自由,根本目的是个人自主,思想基础是古典自由主义,所以又被人们习惯性地称为"自由权利"[①]。第一代人权的人权观念倾向于自由放任的经济与社会学说,其兼容个人主义的自由主义哲学,是英国、美国和法国对于人权历史与发展革命主张的继承。[②]就思想流派而言,第一代人权观主要包括目的人权观[③]、天赋人权观[④]、意

---

① 王广辉:《人权法学》,清华大学出版社2015年版,第121页。

② 王广辉:《人权法学》,清华大学出版社2015年版,第123页。

③ 目的人权观认为人本身就是目的,所有人有权利,其代表人物是康德以及新康德主义学派的部分人权论者。

④ 天赋人权观是自古代以来东西方社会许多思想家主张的一种具有持续影响的人权理论,在美国《独立宣言》和法国《人权宣言》等文献中得到了确认。

志人权观①、自然人权观②、宗教人权观③和功利人权观④等。从社会基础看,第一代人权的形成是多种因素共同作用的结果,它是在同专制国家的抗衡过程中产生的人权理论,目的是保障个人的自由和权利,反对国家借政治权力问题进行的不当干涉,要求国家承担消极不作为的义务,因而被称为"消极人权"。换句话说,人权的确立仅仅是为了支撑社会的基本运转,而其方法则是通过肯定个人权利来制约政府权力运作的程序与范围。国家的主要任务是创造自由竞争的宽松环境、维护社会治安秩序,而不能过多地干预社会生产和经济生活。美国著名思想家托马斯·潘恩认为:"管得最少的政府就是管得最好的政府。政府本身不拥有权利,只负责义务。"第一代人权的人权主张包括生命权、人身自由权、信仰自由、宗教自由、言论和出版自由、集会结社自由等,以及通信不受干扰、不受任意和非法的

---

① 意志人权观也称人权的内在驱动说,它主张人有内在价值,即人格的尊严来自人的自由意志和理性,其代表人物有黑格尔、费希特等。

② 自然人权观也称自然权利说、人权本能说,该理论认为人权是人的自然权利,是人在自然状态下就因人的本能而具有的不言自明的权利,主要代表人物有亚里士多德、西塞罗等。

③ 宗教人权观是从罗马时代以来基督教、天主教和其他各大宗教的人权论发展而来,持宗教人权观者基本上认为人作为神之子而有权利,奥勒留、拉辛格是宗教人权观的主要代表。

④ 功利人权观也称人权的利益驱动论,认为人因有利益从而产生权利,人权是在利益驱动下产生的,该学说在功利主义理论创始人边沁的学说中得到了系统阐述。但功利人权观受到意志人权观者的反对,黑格尔就不赞成从人的利益需要角度认识权利的性质。

逮捕与羁押的权利,特别强调财产权神圣不可侵犯。[①]第一代人权的重点在于从法律形式上维护个人自由,体现了17、18世纪盛行的个人自由主义思想,这为政治权利及公民权利的产生建立了良好的基础。[②]然而,随着历史的飞跃和时代的变迁,尤其是个人与社会各个领域受到的资本主义的强烈影响,人民对政府的期盼和政府的职能都有了巨大的转变,从而使得近现代人权的概念又增添了新的内涵与意义。[③]

(二)第二代人权

第二代人权产生于俄国十月革命[④]后,第二代人权被人们习惯性地称为"社会权利"。所谓社会权利,即通过国家对整个经济社会的积极介入来保障所有人的社会或经济生活的权利。[⑤]作为第二代人权的社会权肇始于社会主义对资本主义的针砭修正。第一代人权经历一百多年的发展,到了19世纪下半叶,尤其是在19世纪末与20世纪初,资本主义挟着工业革命的力量席卷全球,改变了整个

---

① 王广辉:《人权法学》,清华大学出版社2015年版,第123页。

② 齐延平:《人权观念的演进》,山东大学出版社2015年版,第64页。

③ 王广辉:《人权法学》,清华大学出版社2015年版,第123页。

④ 俄国十月革命是俄国工人阶级在布尔什维克党领导下联合贫农所完成的伟大的社会主义革命。十月革命的胜利开创了人类历史的新纪元,为世界各国无产阶级革命、殖民地和半殖民地的民族解放运动开辟了胜利的道路。

⑤ 许崇德:《宪法》,中国人民大学出版社2009年版,第196页。

人类的文明及生活方式。随着资本主义的高度发达和垄断企业的不断发展,失业、贫困、通货膨胀和粮食危机等资本主义的弊病给社会投下了巨大的阴影,作为资本主义社会的法律支柱并构筑起自由人权基础的财产权和契约自由,压倒性地有利于有产者,而完全不利于无产者。[①]这样,一切自由与权利就很有可能变成望梅止渴般的存在,而没有任何实际意义。但失业和贫困并不是个人懒惰所致,而是资本主义社会经济构造带来的必然结果。失业和贫困的问题,应该由社会甚至是国家来解决。[②]于是,一股改革资本主义弊病,并改造当前不公不义社会的社会主义思潮应运而生。该思潮的权利主张,便是要求国家保障和改善劳动者的生活,干预资本家的剥削,以确保劳动者公平参与价值的生产和分配。[③]第二代人权的重点是要求国家提供基本的社会与经济条件以促进个人自由的实现,强调国家对人权的实现负有积极作为的义务,被称为"积极人权"[④]。第二代人权是以人的生存权和劳动权等社会人权为核心的理论主张,其特征是由追求个人的权利转向要求集体的和阶级的权利,内容上则更侧重于经济、社会和文化权利,除保留第一代人权的内容外,还进一步提出工

[①] 王广辉:《人权法学》,清华大学出版社2015年版,第124页。

[②] [日]大须贺明:《生存权论》,林浩译,法律出版社2001年版,第12-13页。

[③] 王广辉:《人权法学》,清华大学出版社2015年版,第124页。

[④] 齐延平:《人权观念的演进》,山东大学出版社2015年版,第64页。

作权、休息权、医疗健康权、受教育权、维持适度生活水平权和劳动者团结权等。[1]

（三）第三代人权

第三代人权诞生于20世纪五六十年代殖民地和被压迫人民的解放运动时期，第三代人权被习惯性地称为"社会连带权利"，它着力于争取国家和民族的自决与发展，反映了第二次世界大战后第三世界国家重新分配全球资源的要求和面对危及人类生存重大问题时的选择。[2]第三代人权探讨关涉人类生存条件的集体"连带关系权利"，其主要内容包括和平权、发展权、环境权、民族自决权和人类共同遗产权等。鉴于这些权利的实现只能依靠所有参与者（包括个人、国家、公共机构和私营机构、国际社会等）共同努力，所以又被视为"集体人权"[3]。第三代人权在主体范围方面与前两代人权之间存在巨大差别。如果说前两代人权是基于一个国家内部个人与国家、群体与国家之间关系而产生的权利要求，那么第三代人权在权利指向上发生了变化，权利不再是个人向国家提出的要求，而是一个民族对另一个民族，一个国家对另一个国家，甚至是一个国

---

① 王广辉：《人权法学》，清华大学出版社2015年版，第124页。
② 齐延平：《人权观念的演进》，山东大学出版社2015年版，第64页。
③ 王广辉：《比较宪法学》，武汉大学出版社2010年版，第89页。

家对其他所有国家或国际社会提出的要求。①第三代人权
的要旨在于其连带性,可称之为"连带权"或"连属权",其
带有集体性质,超越了之前形成的"个人的人权"的概念,
作为集体乃至社会正义而被认知。第三代人权观主要包
括人权绝对观②、人权相对观③、儒家人权观④、自由主义人
权观⑤、集体主义人权观⑥、亚洲价值人权观⑦和批判性多文
化人权观⑧等。此外,第三代人权也特别强调不同的传统
文化中人权的内涵可能有所差异,比如说20世纪80年代
李光耀、马哈蒂尔等人主张的"亚洲价值人权观"即非西方
人权的观点。第三代人权同时强调在不同的社会经济条
件下,人权概念的重点亦不同,第三世界国家普遍认为发

---

① 王广辉:《人权法学》,清华大学出版社2015年版,第131页。

② 人权绝对观主张人权是天赋的、自然的、不可让渡的、无条件的和不变的权利,代表
人物有布赖克、道格拉斯、麦克勒琼、罗斯托、布莱克等。

③ 人权相对观主张人权是社会的、道德的、可以让渡的、有条件的和可变的权利,其代
表人物有布兰代斯、杜威、胡克、博登海默、施瓦茨等。

④ 儒家人权观是在传统儒家哲学和道德观的基础上建立的人权理论,代表人物有成中
英、杜刚建等。

⑤ 自由主义人权观立足于个人权利,其代表人物有罗尔斯、德沃金、诺西克等。

⑥ 集体主义人权观与自由主义人权观相反,它关注人权的集体性,认为人权的集体性比个
人性重要,其代表人物有麦克英泰尔、沃尔什、艾特希奥尼、赛尔尼克、格兰顿、拜雷等。

⑦ 亚洲价值人权观强调亚洲传统文化的人权价值对于人权发展的意义,它是在反思西
方文化在人权领域的话语权垄断现象并试图从亚洲传统文化中寻找解释的基础上
形成的。其代表人物有新加坡的李光耀,马来西亚的马哈蒂尔,韩国的崔钟库,日本
的孝忠延夫、安田信之、铃木敬夫等。

⑧ 批判性多文化人权观是在20世纪70年代出现的"多文化主义"概念的基础上形成
的,注重在人权研究中的文化资源利用、人权的价值前提、人权的实体性基础和程序
性基础等问题,其代表人物有苏皮欧、哈贝马斯、大沼保昭、市原靖久等。

展乃是各种人权的基础,没有发展就没有人权可言。虽然在理论层面,第三世界国家并不否认公民政治权利与经济社会权利的同等重要性,但在实践层面上,受到资源有限、医疗落后、教育不普及与过往受到殖民剥削的现实因素限制,这些国家只能将人民的经济社会权利优先于公民政治权利,否则对于无法维持基本生存条件的人民来说,再完备的公民政治权利都将是多余的。[①]

(四)数字人权

伴随着以数字科技为代表的第四次科技革命和经济社会的急剧变革,人权形态正在经历着深刻的数字化重塑,从而打破了既有的"三代"人权发展格局,由此便产生了第四代人权——数字人权。数字人权"以双重空间的生产生活关系为社会基础,以人的数字信息面向和相关权益为表达形式,以智慧社会中人的全面发展为核心诉求"[②],旨在消除算法歧视、社会监控、数据鸿沟和算法霸权等人权威胁,提高数字时代的人的自主性,深化对"数字人类"的人权保护。数字人权的内涵非常丰富,"既包括'通过数字科技实现人权''数字生活或数字空间中的人权',也包

[①] 王广辉:《人权法学》,清华大学出版社2015年版,第131页。

[②] 马长山:《智慧社会背景下的"第四代人权"及其保障》,《中国法学》2019年第5期,第16页。

括'数字科技的人权标准''数字人权的法理依据'等"①。

数字人权起始于信息革命,其在内涵逻辑上发生了根本转向。从第一代人权到第三代人权,每一代人权产生的背后都是一场革命。第一代人权产生的背后是反封建、反专制的资产阶级革命,第二代人权产生的背后是反对资本剥削、消灭贫富分化的社会主义革命,第三代人权产生的背后是争取国家独立、民族解放和政治民主的民族革命。而今的数字人权产生的背后是一场信息革命,其给人类带来的同样是一次思想解放与制度革新,不过信息革命是以技术革命的方式,而不是通过武装斗争的形式来颠覆传统工商业时代的生产生活关系。在内涵逻辑上,数字人权与前三代人权发展的内涵逻辑不同。前三代人权不管是在经济保障还是生存发展和政治参与方面,基本都有两个共同特性:一是根据人的生物属性来表达诉求,二是在物理空间的逻辑框架内展开。但数字人权的变革诉求和客观发展既不是对传统工商业时代的人权的拓展,也不是要求权利数量与种类的增长,而是数字时代人权的根本性转向。

数字人权实现了人权的品质升级。人权是作为人依其本性所应该享有的权利,且任何人都理当受到符合人权的对待,这既是人权的道义性与普适性的关键所在,也是

---

① 张文显:《新时代的人权法理》,《人权》2019年第3期,第22页。

人权的核心价值。而所有阶段的人权的发展和变革,都会产生对既有人权核心价值的升级与超越。第二代人权就超越了第一代人权,走向了更具实质意义的社会、文化、经济权利观,第三代人权又超越了第二代人权,走向了关注生存和发展的集体权利观,现在的"数字人权"也同样如此。[①]与传统人权相比,数字人权并非是对传统人权的扩展,而是智慧社会与信息革命带来的人权品质升级。它面对的是一个既孕育机遇又充满挑战的技术革命,需要对"数字化、网络化和智能化"发展的负面风险进行有效的抑制,极大地将其进步成果转化成人的自由发展能力,突破人自身的生物界限及上帝给人类规定的物理时空,从而更接近人的价值与尊严。

三、区块链重塑数据主权

数据主权包括个人数据主权、企业数据主权和国家数据主权。实践中,数据主权存在界定不清晰、归属不明确等诸多挑战。在此背景下,区块链技术为数据主权保护提供了一个可行的技术解决方案,凭借与生俱来的去中心化、防篡改、可追溯、高可靠性等特点,有望解决数据主权问题。

---

① 马长山:《智慧社会背景下的"第四代人权"及其保障》,《中国法学》2019年第5期,第18页。

（一）重新认识数据主权

数据已成为国家基础性战略资源，任何主体对数据的非法干预都可能构成对一国核心利益的侵害。基于个人隐私、产业发展、国家安全及政府执法的需要，数据主权应运而生。[①]数据主权"涉及数据的生成、收集、存储、分析、应用等各环节，直接反映了数据在信息经济中的价值"[②]。目前，理论界对于数据主权的概念尚未达成共识，但总体上对数据主权可以有广义和狭义两种理解。根据美国塔夫茨大学教授乔尔·荃齐曼的观点，广义的数据主权包括国家数据主权和个人数据主权，狭义的数据主权则仅指国家数据主权。出于研究需要以及对数据与个人、企业和国家关系重要意义的理解，我们采用广义的数据主权概念，并从数据的归属上将数据主权重新划分为：个人数据主权、企业数据主权和国家数据主权。

个人数据主权。个人数据主权又称个人数据权，它是指数据主体依法对其个人数据所享有的支配与控制，并排除他人侵害的权利。[③]个人数据主权不仅包括个人隐私数据不被他人侵犯的权利，还包括个人财产权和人格权不受

---

① 何波：《数据主权法律实践与对策建议研究》，《信息安全与通信保密》2017年第5期，第7页。

② 冯伟、梅越：《大数据时代，数据主权主沉浮》，《信息安全与通信保密》2015年第6期，第49页。

③ 齐爱民：《个人资料保护法原理及跨国流通法律问题研究》，武汉大学出版社2004年版，第110页；刘品新：《网络法》，中国人民大学出版社2009年版，第93页。

侵犯以及个人自由意志不受束缚的权利。依据个人数据
的法律界定及其权利客体的特殊性,与知识产权和一般物
权相比,个人数据权具有普遍性、分离性、无形性、双重性
和可扩展性的特征。个人数据主权是大数据时代背景下
产生的一项独立新型的权利,它在客体、内容和形式方式
等方面不同于传统的人格权、财产权与隐私权,发挥着不
可替代的作用。[①]从权利内容上来看,个人数据主权大体
上包括数据更正权、数据删除权、数据封存权、数据知情
权、数据保密权和数据报酬请求权。[②]

　　企业数据主权。企业数据是企业实际控制和使用的
且能够以符号或代码形式表现出来的数据,它既包括反映
企业基本状况的财务数据、运营数据以及人力资源数据,
也包括企业合法收集和利用的用户数据。[③]各界对企业数
据及其相关权益保护的呼声越来越强烈,企业数据主权的
概念随之被提出。企业数据主权亦称为企业数据权,它是
指企业对其所有经营管理过程中产生的各种有价值数据
资源的占有、使用、解释、自我管理、自我保护,并且不受任
何组织、单位和个人侵犯的权利。从法律属性上看,企业

---

① 齐爱民:《个人资料保护法原理及跨国流通法律问题研究》,武汉大学出版社2004年
　　版,第109页。
② 王秀秀:《个人数据权:社会利益视域下的法律保护模式》,华东政法大学博士学位论
　　文,2016年,第61页。
③ 石丹:《企业数据财产权利的法律保护与制度构建》,《电子知识产权》2019年第6期,
　　第60页。

数据主权既不是物权,也不单纯只是一种知识产权或财产性权利,它是由不同权益集合而成的权利束。目前,国内对于企业数据主权的主张主要有两类:"一类是主张企业对其收集的用户数据广泛地享有权利;另一类是对企业持有的数据做分类,然后主张企业对部分类型的数据享有权利。"①

国家数据主权。随着新一代信息技术的快速发展和广泛应用,数据空间成为人类生存的第五空间,跨境数据流动与存储逐渐日常化和便捷化,对国家数据安全形成严峻的威胁,并逐渐被纳入国家的核心权力之中。国家数据主权是指一国独立自主占有、处理和管理本国数据并排除他国和其他组织干预的国家最高权力,它是"各国在大数据时代维护国家主权和独立、反对数据垄断和霸权主义的必然要求"②。国家数据主权具有时代性、相对性、合作性和平等性等属性,其内容主要包括数据管辖权、数据独立权、数据自卫权、数据平等权。作为国家主权在大数据时代的产物,国家数据主权基于数据空间的存在而出现,它是国家主权在数据空间的体现和自然延伸。在边界模糊的数据空间,国家数据主权的主张不仅是对大国滥用权力

---

① 徐伟:《企业数据获取"三重授权原则"反思及类型化构建》,《交大法学》2019年第4期,第35页。

② 赵刚、王帅、王碰:《面向数据主权的大数据治理技术方案探究》,《网络空间安全》2017年第2期,第37页。

的有效限制，也是国际安全利益的重要体现，更是和平共处观念的反映。

（二）区块链下的主权问题

区块链的诞生标志着人类社会从信息互联网时代进入价值互联网时代，区块链在带来信用创造和价值流通的高效体制的同时，也将主权问题提升到重要位置。当前，区块链下的主权问题不仅成为个人、企业和国家三者间开展竞争的新领域，而且已经孕育了全球经济增长与社会发展的新瓶颈和新风险。区块链下的主权问题主要是指在大数据时代，数据生成、传输、存储、分析、处理和应用等环节涉及诸多不同主体，从而导致的数据主权界定与归属问题。例如，社交网站上的数据主权涉及多方利益主体，包括用户群体、互联网通信服务提供商、互联网接入服务提供商、数据中心服务商和社交网站服务商等，而根据我国有关法律法规，国家可能拥有限制这些数据出境的权力。那么，这些数据的使用权及所有权到底是归个人还是企业抑或是国家，各方的界限究竟应如何确定？

清晰的数据权属是解决上述问题的基础，通过数据确权，可以厘清数据全生命周期参与主体之间的权利义务关系和责任边界，使数据收集、存储、传输、使用、公开和交易等各类行为可被预期，数据产业可持续发展将得到有力保障。"数据确权一般是确定数据的权利人,即谁拥有对数据的所有权、占有权、使用权、收益权,以及对个人隐私权的保护责任等"[1],其主要是为了均衡数据各方的利益,使各方利益诉求得到保护,从而使数据得到最广泛应用,并被挖掘出最大的价值。从数据确权的目标出发,目前数据确权主要是为了解决数据的权利主体、权利属性和权利内容三方面的问题。具体而言,包括谁应该享有数据上附着的利益、给予数据何种权利保护和数据主体享有哪些具体的权能。

数据确权已成为保护个人隐私、促进产业发展和保障国家安全的关键。然而,目前数据确权问题看似简单却特别复杂。一方面,数据的来源具有广泛性,无论是个人、企业还是国家,对数据权属的认识与关注重点都有着显著的不同;另一方面,数据分析能力、数据技术水平和数据控制能力等因素都对数据确权有一定的影响。[2]从这个角度看,实现对数据主权的清晰界定需要厘清三个层次的边界,即"国家数据的公开边界、企业数据的商业应用边界和个人数据的隐私保护边界"[3]。

---

[1] 王海龙、田有亮、尹鑫:《基于区块链的大数据确权方案》,《计算机科学》2018年第2期,第16页。

[2] 姜疆:《数据的权属结构与确权》,《新经济导刊》2018年第7期,第40页。

[3] 付伟、于长钺:《数据权属国内外研究述评与发展动态分析》,《现代情报》2017年第7期,第163页。

（三）区块链下的数据主权

大数据时代,以互联网为基础的信息网络虽然便利了数据的共享,但是却不能实现数据确权。与此同时,传统的数据确权手段采用提交权属证明和专家评审的模式,缺乏技术可信度,且存在潜在的篡改等不可控因素。为解决这些问题,迫切需要操作性强的数据确权方案。对此,人们基于区块链技术提出了一种新的数据确权方案。作为近年来快速发展的新兴信息技术,区块链在不完全可信的环境中,实现了一种不需要信任的分布式账本,这种分布式账本与生俱来的可追溯、高可靠性、不可篡改、透明可信和去中心化等特点,使得区块链在数据确权方面具有得天独厚的优势,从而有效解决了"数据确权"问题:一是通过"矿工"为数据打上"时间戳",使前后传播的数据产生异质性;二是通过"智能合约"实现数据在不同主体间传播时的产权流动;三是通过"分布式账本",即多方主体互相监督和互相制约的机制,保证这个过程的实现。

区块链技术作为比特币的底层技术而诞生,实际上是一套数据系统,具有非常高的安全性,其对数据的记录是通过加密算法和链式数据结构来实现的。某个区块数据如果遭到攻击而被篡改,将不可能获取到同篡改前一样的哈希值,且能够被其他网络节点快速识别,从而确保了数据的完整性、防篡改性和唯一性。与传统中心化的数据存储方式相比,区块链技术采用新型的数据存储模式,维护了数据主体的数据主权。首先,区块链技术改变了"当前互联网中数据对象命名、索引与路由模式,去中心化的数字对象管理和路由使得数据与应用解耦,从而支撑高效可信数据共享,释放深度融合应用发展空间"[1]。其次,区块链技术将互联网"以计算存储为辅、以网络通信为中心"的通信和计算模式,变为以基于私有数据中心的通信为辅、以计算存储为中心的模式,赋予了数据主体对数据的控制权,真正实现了"我的数据我做主"[2]。

区块链是伴随信息社会产生的一种新型生产关系,其生来就是要解决多个数据主体间合作记账的问题,这也是区块链的核心价值所在。区块链不仅能做到"我的数据我做主",而且还能做到"我们的历史我们共同见证"。一方面,区块链具有不可篡改的特点,这使得数据难以被私自篡改,从而能在很多的参与者中实现互信;另一方面,区块链叠加密码学技术能够增强对用户数据隐私的保护,实现博弈多方之间的协作,达到共赢。在区块链上,一个数据主体要能够看到另一个数据主体的数据,必须要经过后者的授权,所以区块链帮助我们保护了数据主权。数据主体

---

[1] 徐晓兰:《区块链技术与发展研究》,《电子技术与软件工程》2019年第16期,第2页。

[2] 尹浩、李岩:《大力推动区块链发展,维护互联网数据主权》,中国电子学会,2019年,http://www.btb8.com/blockchain/1906/55993.html。

无论多小,都能够为自己的数据做主,维护自己的数据尊
严。同时,作为一种建立在分布式账本技术之上的记账技
术,区块链可以让许多人共同记账,从而做到"我们的历史
我们共同见证"。

第三节　数据主权博弈

　　数据主权已成为各方博弈的焦点,各国之间争夺数据
主导权的竞争不断加剧。在实践中,数据主权的绝对独立
性导致了多重管辖权冲突现象和国家安全困境,数据主权
的博弈对抗最终导致国际社会在数据空间的无秩序状态。
在此背景下,欲破解无秩序困境,各国应回归到主权的合
作参与性上,让渡和共享部分数据主权,并通过保障数据
安全和加强数据治理来维护数据主权,促使其良性发展,
以保证人类的持久和平、普遍安全和共同发展。

一、数据主权的对抗

　　数据的跨境流动与存储已突破了传统主权绝对独立
性理论,一个独立主权国家既不可能完全自主地对本国数
据行使占有权和管辖权,也不可能完全排除外来干涉。如
果一国以数据主权独立性为由,对数据及相关技术实施绝
对的单边控制,将会引发数据主权的自发博弈对抗,并最

终导致国际社会在数据空间出现无秩序状态。由此可见，过度强调数据主权的独立性是引发国家间数据主权对抗的主要因素。目前，基于数据主权独立性，数据主权的自发博弈主要源于对数据的多重管辖冲突以及国家数据安全困境。

数据多重管辖权的冲突。大数据时代对国际法提出了多重挑战，其中影响最为长久、最为深刻的是根据占有、储存或传输地的不同，数据将受多个不同国家法律所管辖。同时，出于降低成本和满足客户需要的考虑，数据服务提供商经常将其提供的服务部分外包，因此，同一条数据极有可能受到不同国家的多重管辖，尤其是目前各国尚未对数据主权的管辖范围进行界定，国家都是以完全理性的方式在国际社会中行使权利。在没有形成国际统一制度或协调机制之前，为保证国家的绝对安全和实施监控，各国均对所有能够监管的数据主张数据主权，而这也必然导致对部分域外数据进行监控，进而引发多重管辖的情形。另外，鉴于数据在国家间自由流动，数据及其相关各主体存在管辖权重叠的现象也在所难免。倘若各国都主张对本国有利的数据主权，不做出一点牺牲或者是让步的话，那么必然会引发国家间数据主权的冲突与对抗。

国家数据安全的困境。首先，与发达国家相比，无论是发展中国家还是最不发达国家，其对数据的控制能力均明显不足。尽管拥有独立的数据主权,但是由于数据技术水平有限,广大发展中国家与最不发达国家无法有效维护本国的数据安全和国家利益。其次,数据技术革命不仅使某些发达国家利用其技术优势滥用数据主权,还威胁到其他国家的数据安全。以美国为例,该国不仅通过《爱国者法案》等实现对与本国相关的域外数据的控制权,而且还通过国家安全部门的专门项目收集并分析完全受他国管辖的数据。"棱镜门"事件是美国安全部门窃取他国数据信息的强有力证据。2013年斯诺登向媒体爆料,美国政府通过棱镜项目直接从微软、谷歌、雅虎等九家公司的服务器收集信息,窃取了包括苹果手机在内的所有主流智能手机的用户数据,内容覆盖电子邮件、通信信息、网络搜索等。同时,美国利用间谍软件和加密技术进行监控的事件也屡屡见报。类似事件频繁地曝光,反映出作为网络大国的美国对其他国家数据安全所造成的严重威胁。此外,数据主权的自发博弈也使得国家的数据安全难以得到有效的保障。一方面,数据的跨境流动与存储极大地削弱了国家对数据及其相关设备的有效管辖能力,形成了严重安全漏洞。另一方面,发达国家凭借其先进的技术优势,可借助某种隐蔽的方式对其他国家的数据进行收集与监测,侵犯他国的数据主权。因此,强调数据主权的独立性将形成国家间对抗的状态,导致某些发达国家在数据空间中肆意地实施单边主义。①

　　数据主权的自发博弈。数据主权的独立性与数据多重管辖冲突和国家数据安全困境之间存在着紧密的关联性,形成数据主权的自发博弈的对抗状态。首先,强调数据主权的绝对独立性将产生数据多重管辖权冲突。数据流动至少涉及数据生产者、接收者和使用者,数据的传输地、运输地及目的地,数据基础设施的所在地,数据服务提供商的国籍及经营所在地等。由于数据的不可分割性及完整性,无论哪个方面的跨境数据行为都会导致国家管辖权的重叠,并产生数据主权的冲突。同时,在数据多重管辖权的情形下,将会出现服务提供商挑选法律的现象,会导致网络服务商通过数据转移逃避有关数据保护的国内规制,进而影响到一国的数据安全。其次,基于数据安全考量,一国将以数据主权独立性为由,对数据及其相关技术采取绝对的单边控制,特别是对数据中心的选址施加法律限制,要求其建立在国家划定的安全控制范围之内。这实际上禁止了潜在的国外数据服务商向客户提供既有服务,使大数据有了边界,进而也摧毁了数据科技赖以发展的基础即成本优势。最后,以美国为首的网络大国以行使数据主权为由,通过侵犯他国数据主权,获得敏感数据。

①　孙南翔、张晓君:《论数据主权——基于虚拟空间博弈与合作的考察》,《太平洋学报》2015年第2期,第67页。

例如,美国垄断着世界互联网根服务器资源,同时还拥有大量世界最具影响力的通信服务商与网络运营商。因此,其往往能够方便地窃取他国的隐秘数据,威胁全球数据安全。

在数据技术迅猛发展和应用普及的背景下,不同的国家从不同的角度对数据的管辖权进行了不同的界定,尤其是基于数据主权的独立性,各国都持续不断地对域外数据主张管辖权。与此同时,大数据时代极大削弱了一国对本国相关数据的控制力,在数据主权对抗的情形下,广大发展中国家与最不发达国家将不能够确保本国的数据安全,不借助国际协调机制将不能够有效行使数据主权。而发达国家却可以凭借先进技术有效行使数据主权,甚至危害他国数据主权安全。由此看来,数据主权的绝对独立性导致了数据多重管辖冲突现象与国家数据安全困境,自发博弈对抗最终导致国际社会在数据空间的无秩序状态。因此,改变当前数据空间的无秩序状态,应探究基于数据主权的让渡合作,建立起相应的国际协调组织或机制。

二、数据主权的让渡与共享

在主权理论诞生的早期,大多数人认为主权具有绝对性、永久性、不可分割性和不可让渡性,这种观点主要存在于18世纪之前,代表性的人物和观点主要有:第一,博丹提出的近代国家主权学说。博丹认为,主权是作为一种脱离社会并凌驾于社会之上的统治力量而出现的,是不可分割和让渡的永久权力,政府可以更换,而主权永远存在。第二,霍布斯倡导的君主主权论。霍布斯认为,主权应当是绝对的、无限的,而且也是不可分割和不能让渡的。他指出,所谓"主权可以分割的说法,直接地违反了国家的本质。分割国家权利就是使国家解体,因为被分割的主权会互相摧毁"①。第三,洛克的议会主权学说。洛克认为,立法权是社会中的最高权力,立法机关不能让渡立法权,当共同体把立法权交给立法机关时,这种最高权力便是神圣不可变更的。第四,卢梭的人民主权学说。卢梭认为,主权的实质是全体人民的共同意志(公意)。主权不可分割,不可让渡,它是一个整体,任何分割都将使公意变成个别人的意志,从而使主权不复存在。②由以上学者对主权的理解可知,在传统主权观念看来,主权具有某种神圣色彩,即主权必须是不可分割和不可让渡的。

随着数据全球化时代的到来,主权理论面临新的挑战,传统的主权理论强调绝对性、不可分割性和不可让渡性,已经不能适应时代发展的要求。正如美国学者贝特兰·巴蒂在《全球化与开放社会》中所指出的:"全球化毁灭

---

① [英]霍布斯:《利维坦》,黎思复、黎延弼译,商务印书馆1986年版,第254页。
② [法]卢梭:《社会契约论》,何兆武译,商务印书馆2003年版,第35-36页。

主权国家，连通世界版图，滥用自己建立的政治共同体，挑战社会契约，过早地提出了无用的国家保障……从此，主权再也不像过去一样是无可争辩的基本价值。"固守国家主权的绝对性、不可分割性和不可让渡性已与时不符。在新的时代背景下，各国的行为愈来愈多地受到其他行为体的制约和限制，面对受制后的主权现实，主权可以让渡的新思潮开始出现。一般认为，主权让渡是指在全球化发展背景下，基于主权的身份主权和权能主权的划分，主权国家为了最大化国家利益及促进国家间关系良性互动和国际合作，以主权原则为基础自愿地将国家的部分主权权能转让给他国或国际组织等行使，并保留随时收回所让渡部分主权权能的一种主权行使方式。

"主权让渡是全球化与国家主权碰撞的产物，有其合理性和必然性，因此大多数人对主权让渡是持肯定态度的"[①]，但主权让渡这一概念自产生以来一直处于争议之中，争议的直接原因是学者们用国家主权的不同要素来代指国家主权，而其根源是国家主权具有多要素内涵。国家主权含有主权身份、主权权威、主权权力、主权意志和主权利益等不同的要素，这些要素在是否可以让渡的问题上，其答案是不一样的，主权权力和主权利益等要素可以让渡，而主权身份、主权权威和主权意志等要素是不可以转让的。就目前

---

① 杨斐：《试析国家主权让渡概念的界定》，《国际关系学院学报》2009年第2期，第13页。

来说,对"主权让渡"一词尚未形成共识,学者们对"主权让渡"概念的应用比较混乱,如"主权转移""主权转让"等。我国学者多从发展中国家的立场出发,在论证全球化过程中主权国家之间的关系时,认为让渡是一种主动、积极、自主、自愿的行为,是一种法律行为和现实状态,表示所有权的让出、转移。它不意味着让予第三方行使后自身完全丧失所让渡的权力,而是一种积极主动的行为。①

　　大数据时代下的主权让渡理论被越来越多的人接受,并不断地被赋予新的内涵,其不仅仅是国家主权让渡,而且是包括个人主权、企业主权等在内的深层次让渡。作为主权在大数据时代的延伸和拓展,与国家主权一样,数据主权在不危及国家安全、不损害企业和个人合法利益的前提下,可以由某一个数据主体转让到另一个数据主体。换言之,数据主权具有可分割性、可让渡性,不过这种可让渡性并不是完全的而是部分的,不是永久的而是暂时的,可以由数据主体在独立自主决定后全部收回。数据主权让渡是数据主体行使数据主权的结果,其集中体现了数据主权在面对挑战时所做出的必要回应。数据主权让渡具有共享性、自主性和自由性等特征。共享性即成果共享,在某个特定的范围内不允许任何一个数据主体拥有特权;自主性、自由性则是指各数据主体在加入或退出的时候是出

————————————
① 易善武:《主权让渡新论》,《重庆交通大学学报(社会科学版)》2006年第3期,第24–25页。

于自愿的,不受任何强制和制约。数据主权让渡不是放弃数据主权,而是共享数据主权,以实现共同体和个体的利益最大化。[①]在数据主权让渡过程中,"企业层面和个人的数据主权必须无条件地服从于国家的数据主权的需要,国家数据主权是第一位的"[②]。

个人利益、企业利益和国家利益的契合给数据主权让渡提供了空间,它是数据主权让渡的一个必要条件。然而,无论是从理论层面还是从实践层面来讲,个人利益、企业利益和国家利益之间又必然存在着矛盾。在此情况下,数据主权让渡不可避免地会受到诸多因素的影响甚至阻碍。当然,个人利益、企业利益和国家利益的矛盾对于数据主权让渡的影响与阻碍是相对的,否则,大数据时代的数据主权让渡现象就不会这样普遍。究其原因,这其中最大的奥妙就在于数据主权让渡为个人、企业和国家的和谐发展提供了一个较好的选择与路径,其过程既是协调各主体进行收益公平分配和利益实现博弈多赢的过程,也是参与各方进行数据主权合作,"对合作的预期收益反复博弈,经过各方利益碰撞震荡,最后回归利益平衡的结果"[③]。

---

① 伍贻康、张海冰:《论主权的让渡——对"论主权的'不可分割性'"一文的论辩》,《欧洲研究》2003年第6期,第71页。

② 王琳、朱克西:《数据主权立法研究》,《云南农业大学学报(社会科学)》2016年第6期,第63页。

③ 刘凯:《试析全球化时代制约国家主权让渡的困难和问题》,《理论与现代化》2007年第3期,第92页。

在国际社会中,数据主权让渡主要体现为国家层面的数据主权让渡,其必须坚持国家利益原则。美国著名学者汉斯·摩根索在《政治学的困境》中指出:"只要世界在政治上还是由国家构成,那么国际政治中实际上最后的语言就只能是国家利益。"这就说明国家利益设定了一国对外政策的基本目标,决定了一国国际行为的行为规律。在大数据时代,国家是否在数据空间让渡数据主权和怎样让渡数据主权,从根本上说取决于国家利益。唯有在坚持国家利益原则的基础上,国家才能够部分让渡数据主权。数据主权让渡"在某种程度上是牺牲暂时的和局部的利益,以换取长远利益和整体利益"。此外,一国让渡数据主权并不是无限制、无原则的,也不是慑于强权而被动进行的。对数据主权的让渡和自主限制还有一个"度"的问题,即在国家数据主权让渡的过程中,必须要保证国家的独立自主以及国家间的权利对等和地位平等。

三、数据主权、数据安全与数据治理

数据主权的维护对国家安全与发展有重要意义,但在实践中,数据主权面临着数据安全、数据霸权主义、数据保护主义、数据资本主义和数据恐怖主义等诸多新型威胁与挑战。因此,亟须在数据主权原则的基础上,构建适应和满足当前态势发展需求的数据主权法律制度,加快数据安

全立法，完善数据治理体系，以此减少数据主权被滥用的
风险，促其良性发展。

（一）数据主权面临的挑战与应对

伴随着数据全球化的进程，数据主权面临着严峻挑战。
一方面，由于各国对数据管理和保护所采取的立法模式与
策略不同，加上数据的跨境流动、数据处理本身的特征、国
家间的数据主权博弈等因素，各国有效行使数据主权的能
力十分有限，其存储和管控数据的能力相应弱化；另一方
面，由于国际社会对数据主权还未进行清晰的界定，数据主
权在国际法制定方面尚处空白，各国在主张数据主权的过
程中存在大量问题。与此同时，数据主权作为一项新的国
家权利，目前也面临着包括数据安全、数据霸权主义、数据
保护主义、数据资本主义和数据恐怖主义在内的诸多新挑
战与新威胁。因此，尽快确立数据主权基本原则，紧跟国际
立法趋势，构建适应和满足当前态势发展需求的数据主权
制度，将更有利于积极维护各国的主权与稳定。

数据主权的制度构建。现阶段，数据主权的相关法律
政策主要是围绕数据的管理与控制而展开，而各国在数据
主权方面的主张和实践集中表现在跨境数据流动的管理诉
求上。从国际上看，越来越多的国家围绕数据管理，从法律
上开始构建其数据主权相关制度，并呈现出三种发展趋势：

一是为维护本国数据安全,对重要数据的跨境出口施加限制;二是为强化对数据的控制,对个人数据本地化存储进行立法调整;三是延伸对数据的域外管辖权。[①]数据主权的法律制度构建不仅要关注核心数据的安全与保护,而且要重视大数据资源的挖掘和利用,更要小心应对数据霸权造成的经济损失及技术风险,故而需从三个层面进行相关规制与制度的构建,即数据资源的本地化存储、命运共同体维度上的霸权消解和数据分类基础上的跨境流动。[②]

　　数据主权的立法方向。"在数据主权立法时要从综合观的多维角度出发,要从多方面去考量分析,国家数据主权安全是一个多元化、多边的、民主的综合体系。"[③]从国内法层面,应积极完善数据主权相关法律法规,加快从法律上确立数据主权地位,努力规划出数据主权规制体系的具体框架,在法律框架下行使数据主权,保护数据安全和国家利益。与此同时,应充分利用与其他国家在各领域合作中的经验和方法,借鉴欧美国家的先进数据保护经验,在数据主权立法尚未完善的情况下,结合实际国情建立系统的数权法律框架,完善数据审查机制,提高数据领域立法

---

① 何波:《数据主权法律实践与对策建议研究》,《信息安全与通信保密》2017年第5期,第8页。

② 张建文、贾章范:《法经济学视角下数据主权的解释逻辑与制度构建》,《重庆邮电大学学报(社会科学版)》2018年第6期,第27页。

③ 齐爱民、祝高峰:《论国家数据主权制度的确立与完善》,《苏州大学学报(哲学社会科学版)》2016年第1期,第84页。

的技术水平。从国际法层面，各国要本着"求同存异"的原则，积极参与数据安全国际规则的制定，缔结相关的数据安全条约。条约的用意主要是指导国际社会实现数据安全，引导各国加强国际合作，打击滥用数据、侵犯和损害他国数据主权的行为，扫除威胁他国政治、经济和社会数据安全等方面的非安全隐患，保证公平、公正分配数据资源，维护数据安全、稳定、自由运行。①

（二）数据安全的实质：国家的数据主权问题

在数据成为国家基础战略资源和社会基础生产要素的今天，最大的安全问题就是数据安全，以及建立在数据安全前提下的军事安全、政治安全、经济安全、文化安全、科技安全和社会安全等。谁掌握了数据安全，谁就占领了大数据时代的制高点，谁就拥有了"制数据权"。数据安全成为大数据时代国家安全的重中之重，与其他安全要素之间的关系愈发紧密，已上升到直接影响国家政治稳定、社会安定、经济有序发展的全局性战略地位，是国家总体安全的基石。

数据安全问题从本质上来说是一国的数据主权问题，从某种意义上说，没有数据安全就会丧失数据主权。数据安全涉及军事、政治、经济和文化等各个领域，由于大数据

---

① 齐爱民、祝高峰：《论国家数据主权制度的确立与完善》，《苏州大学学报（哲学社会科学版）》2016年第1期，第85页。

的发展在地域分布上极不平衡、不充分,数据强国与数据
弱国之间在战略层面上已经产生了"数据位势差",居于数
据低位势的国家无论是在政治、经济领域还是军事、文化
领域,其安全都将面临史无前例的严重威胁和严峻挑战,
大数据成为数据强国谋求未来战略优势的新工具。"数据
疆域"既不是根据主权国家的领海、领土和领空来划分,也
不是按照地缘特征来划分,而是通过数据辐射空间来划
分,该空间具有某种政治影响力。数据边界的安全、数据
主权的掌握和"数据疆域"的大小,是国家和民族在大数据
时代兴衰存亡的关键。①捍卫数据主权,保障数据安全,成
了当今大数据时代各国政府面临的重大挑战。因此,数据
主权和数据安全是一对不可分割的概念,它们之间有着千
丝万缕的互动和辩证关系。

　　数据安全立法是维护数据主权的盾牌,解决数据安全
问题,立法是根本。只有在法治的轨道上才能实现数据自
由流通与数据跨境管控之间的合理平衡,才能在数据流动
和使用的同时,保证国家、公共利益和个人的安全。然而,
目前中国尚无全国统一的数据安全专项立法,相关规定散
见于各类法律法规中,无法在推动数据共享开放并防止数
据滥用和侵权上提供有效的法律支持,因此,亟须采取有

---

① 倪健民:《信息化发展与我国信息安全》,《清华大学学报(哲学社会科学版)》2020年
　　第4期,第57页。

针对性的法律手段,构建数据安全法律法规体系。由大数据战略重点实验室主任连玉明教授牵头起草的全国首部数据安全领域的地方立法——《贵阳市大数据安全管理条例》,为国家层面的数据安全立法提供了宝贵的可借鉴、可复制的经验。如今,随着国家推进数据安全专项立法工作的条件日渐成熟,社会各界对数据安全立法的呼声亦越来越高。近几年,全国两会期间,有多位人大代表、政协委员强烈呼吁进行国家层面的数据安全立法。其中,连玉明委员于2018年3月针对数据安全立法提交了《关于加快数据安全立法的提案》,并于2019年3月提交了《关于加快<数据安全法>立法进程的提案》。2018年9月,《数据安全法》被正式列入十三届全国人大常委会立法规划,数据安全立法从地方立法上升为国家立法。

(三)数据治理上升为国家战略

数据治理最初形成于企业范围的规程。[①]科恩将数据治理界定为"由公司管理数据的数量、一致性、可用性、安全性和可控性",或是策略、过程、标准、决策和决策权的集合。数据没有意志和自我意图,其被人们塑造成为工具化

---

① Begg C, Caira T. "Exploring the SME quandary: Data governance in practise in the small to medium-sized enterprise sector". *The Electronic Journal Information Systems Evaluation*, 2012, 15(1): 3-13.

的一种手段,并且被告知应该去哪里,所以数据需要受到控制。"同时,治理本身就是一个技术项目。"[①]可以说,在早期的研究中,数据治理就是人与技术之间的治理。[②]随着研究的推进,数据治理的内涵也不断丰富,并开始着重强调识别拥有数据权威的角色或组织,数据治理越来越被应用于国家,越来越多的国家开始将数据治理上升到战略层面。所谓数据治理,是指国家通过法律法规和政策引导,对违规个人、企业适用相关法律法规,达到数据生产流程和使用过程的无害化、规范化与合法化,从整体上实现国家角度的数据可控、可用,有效避免数据产生、流转和使用,特别是数据开发给执政安全、意识形态安全和数据主权安全造成损害。

从互联网实现人与人的连接,到物联网、工业互联网等促进物与物的连接,再到以5G技术为代表的新型信息技术推动万物互联,数据量的爆炸式增长为科技创新提供了重要依托。然而,数据治理在数据安全需求与自由焦虑、数据监管的扩张趋向与能力匮乏、个人数据保护的过度与不足以及主权国家竞争等方面,依然面临问题和挑战。例如,不同国家对公民隐私权利的保护与国家数据安

---

① 徐雅倩、王刚:《数据治理研究:进程与争鸣》,《电子政务》2018年第8期,第38页。

② Coleman S. "Foundations of digital government"//Chen H. *Digital Government*. Boston, MA: Springer, 2008, pp. 3—19.

全的保护存在理解上的差异,决定了各国难以在全球范围内实现两者的统一。又如,在单边主义抬头的背景下,关于数据治理出现越来越多的国际争端,数据本地化、数据审查等趋势将加剧数据治理的碎片化。此外,数据主权的维护是数据治理面临的另一挑战。数据主权受制于数据技术本身的属性和特点,有别于司法主权、外交主权与领土主权,其特征、边界、内涵以及应对,都是数据治理难点中的难点。[①]

在数据主权博弈背景下,关起门来搞数据治理是不切实际的,必须考虑游戏规则的外溢效应与外部性。因此,数据治理的法治化问题,需要推动国内法治和国际法治的互动,建立既维护国家利益又能进行对话、竞争和合作的全球数据治理体系,以提升中国在全球数据治理体系中的话语权和治理能力。[②]目前,美欧已经借助CLOUD法案[③]、GDPR等法律规则构建了较为完整的数据治理体系,包含个人隐私保护、数据主权和跨境数据流动等方面。"相比之下,我国个人信息保护程度还比较低,存在因个人信息泄

[①] 邱锐:《"数据之治"推进"中国之治"》,《学习时报》2019年12月27日,第7版。

[②] 王锡锌:《数据治理立法不能忽视法治原则》,《经济参考报》2019年7月24日,第8版。

[③] CLOUD法案,即2018年3月美国国会通过的《澄清域外合法使用数据法案》。该法案采用所谓的"数据控制者标准",明确美国执法机构从网络运营商调取数据的权力具有域外效力,并附于相应的国际礼让原则,同时设置外国政府从美国调取数据的机制。

露而危害国家安全的风险,数据治理体系尚不够完善。"①
2017 年 12 月 8 日,习近平总书记在主持中共中央政治局就
实施国家大数据战略进行第二次集体学习时强调,"要加
强国际数据治理政策储备和治理规则研究,提出中国方
案"。作为全球第一数据大国,我们应充分利用数据规模、
场景应用等独特优势,从制度、法律、规则角度采取反制措
施,加快构建国家数据治理规则体系,"有效应对外国政府
对我国数据的肆意调取"②,为网络强国、数字中国、智慧社
会插上发展羽翼。

---

① 李潇、高晓雨:《关注国际数据治理博弈动向　维护我国数据主权》,《保密科学技术》
2019 年第 3 期,第 36 页。
② 魏书音:《CLOUD 法案隐含美国数据霸权图谋》,《中国信息安全》2018 年第 4 期,第
49 页。

第三章　社会信任论

如果没有信任,就不可能有贸易,而要相信陌生人又是件很困难的事。

——以色列历史学家　尤瓦尔·赫拉利

在"失控"的世界里,区块链是信任的机器。

——《连线》创始主编　凯文·凯利

整个人类的历史是分久必合、合久必分,区块链技术使得互联网时代也到了一个新的分久必合、合久必分的时代。我们正是面临着区块链和去中心化技术给这个时代带来的一场新的革命。

——著名华裔物理学家　张首晟

第一节　信任与共识

信任与共识是区块链的关键概念。信任作为社会资本的主要元素之一，既是单个主体的意识行为，也是社会共识关系的重要形式，更是经济运行与社会稳定的前提条件和基础。共识是民众共享的一套常规和习俗，兼具目标维度和制度维度的共识是与实现具体的政策联系在一起的。而起初作为社会运作概念的共识，如今已成为计算机科学的重要组成部分。互联网的最大问题是无法解决信任问题，区块链则给我们带来一个完全超出传统思维的解决方案。区块链在缺少可信任中央节点的情况下，围绕达成共识和建立互信打造一个共识机制，实现了在无须信任单个节点的情况下构建一个去中心化的可信任系统，这标志着中心化的国家信用向去中心化的算法信用的根本性变革。

一、信任与社会秩序

信任是社会系统的润滑剂。信任作为一种社会结构和文化规范现象，是靠着超越可以得到的信息，概括出的一种行为期待，也是用来降低社会交往复杂性的"简化机制"。人类社会的特殊性在于信任贯穿于所有的人际互动,既包含了崇高的抱负,也隐藏了深切的恐惧。人与人之间基于理性认知和一定价值原则的相互信任,是保障社会秩序的条件。

(一)熟人社会的信任依赖

人类在历史上的大部分时间里都以亲缘为纽带构成社会,不同的社会组织带来不同的信任形式。熟人社会中的人格信任是一种维持社会秩序最基本的信任类型,通过在集体维护的意识形态上实现信息共享的功能,从而维护社会秩序,规范社会行为。这种人格信任满足了边界清晰的熟人社会中的交往需求[①],是一种典型的"亲而信"[②]。在中国,特有的传统继承、亲属制度、儒家长幼尊卑有序的伦理道德及农耕文化的聚居特点为熟人社会提供了意识形态框架,信任遂与差序格局[③]紧密地联系在一起。在这种"生于斯、长于斯"的社会中,信任受文化因素的影响,局限于宗族或血缘共同体,并以此为始纲渐次展开,纲举目张。

---

① 郝国强:《从人格信任到算法信任:区块链技术与社会信用体系建设研究》,《南宁师范大学学报(哲学社会科学版)》2020年第1期,第11页。

② 朱虹:《"亲而信"到"利相关":人际信任的转向———一项关于人际信任状况的实证研究》,《学海》2011年第4期,第115页。

③ "差序格局"由中国社会学家费孝通提出,是用以描述中国传统人际关系的概念。费孝通认为中国传统关系格局"不是一捆捆扎得清清楚楚的柴,而是好像一块石头丢在水面上所产生的一圈圈推出去的波纹……以己为中心,一圈圈推出去,愈推愈远,也愈推愈薄"(费孝通:《乡土中国》,人民出版社2008年版,第28-30页)。

根据福山的研究，所有深受儒家文化影响的社会，如韩国以及南欧和拉美等许多地区也都倡导所谓的"家庭主义"，讲究仪式，注重参与，强调亲属纽带。[①]这样一个由近及远、由亲及疏、由熟悉到陌生的格局广泛存在于人类社会当中。

　　熟人社会信任的基本格局以熟人社区为基本单位，以"互惠"的人情机制为纽带，遵循"内外有别"的交往原则并逐渐向外推展。首先，"熟人"是熟人社会信任的前提条件。熟人之间的"熟悉"形成了相对较为对称的信息掌握格局，因陌生导致的信息不对称带来的不确定性可以得到天然的规避。这种"可靠"的交往不仅可以保持时空的连续，彼此间的信任还以情感与道德作为担保，既有利于强化成员之间的信任行为，也对失信行为进行一定的制约。[②]其次，维系熟人社会人与人之间信任的是人情，而维持熟人社会人情关系的则是一套"互惠"的人情机制。"互惠"价值下的人情机制重情感而轻功利，维系了熟人社会的生产秩序，个人既是人情机制规训的对象，也是享有权利的主体和人情关系运作的监督者，使得熟人社会成为一张微观权利关系网，人们被整合进利益和责任的连带机制

---

① ［美］弗朗西斯·福山：《大断裂：人类本性与社会秩序的重建》，唐磊译，广西师范大学出版社2015年版，第41页。

② 韩波：《熟人社会：大数据背景下网络诚信构建的一种可能进路》，《新疆社会科学》2019年第1期，第132页。

之中,组合成对内纷争较少、对外团结一致的亲密社群。[①]
最后,"内外有别"是熟人社会信任适用的基本原则。在熟
人社会叠加自给自足的小农经济的背景下,每个家庭以自
己为中心,由内及外延伸,人们按照情感关系的远近发展
出不同程度的伦理规范和道德要求。对与自己亲密的人、
熟悉的人讲诚信,而对陌生人则无诚信和信任可言。

随着社会结构的变迁和经济体制的转型,依靠文化习
俗、道德标准及人情机制维系的"熟人"关系在一定程度上
出现了失范状态。一方面,在熟人网络展开的社会经济活
动常常以"杀熟"告终。市场经济的萌生,促使经济成就成
为价值评估和社会分层的标准,利益理性随时会逸出人情
法则的伦理制度,关系资本的负功能以及在现代社会中的
限度和风险日益显现。另一方面,社会频繁流动促使新的
"获致性"熟人关系不断生成。这种因利益关系而联结的
熟人网络在一开始时情感基础就比较薄弱,熟人关系在交
往中的风险也大大增加。[②]除此之外,"只有在人类个体能
实现大规模群处并有效展开合作后,人类才开始变成文明
物种,知识和技术也才能不断被传递、更新与扩展"[③]。家

① 陈柏峰:《熟人社会——村庄秩序机制的理想型探究》,《社会》2011年第1期,第231页。
② 杨光飞:《"杀熟":转型期中国人际关系嬗变的一个面相》,《学术交流》2004年第5期,第115页。
③ 吴冠军:《信任的"危计"——信任缺失时代重思信任》,《探索与争鸣》2019年第12期,第67页。

族本位的传统文化虽然在家庭内部有很高的信任度和依赖性，但信任的伦理半径却很小，最多扩展到成为"朋友"的所谓"熟人"。将信任局限于家庭中不仅会堵塞社会信任的伦理通道，还将阻碍繁荣的持续造就。

（二）生人社会的信任制度

随着现代社会中分工的细化、快速交通的发展以及职业代际的变迁，由生产和交换而结成的生人关系逐渐取代依靠血缘地缘的熟人关系，并成为社会关系的基本内容。英国社会学家安东尼·吉登斯通过"脱域化"这个概念准确地描述了熟人社会向生人社会转变的特征。他认为，"脱域机制使社会行动得以从地域化情境中'提取出来'，并跨越广阔的时间–空间距离去重新组织社会关系"[1]，且所有的脱域机制都依赖于信任。随着社会开放程度的提升，人们之间的交往愈是频繁，陌生感也愈强。生人与熟人的区别已不再取决于交往频率和次数，而是由社会整体的开放程度决定。事实上，工业化的生产关系强烈冲击着熟人关系，有着熟人关系的人们由于联系和共同行动机会的减少而疏远，熟人关系在社会交往中的地位越来越被排挤到边缘地带。"全球化使在场和缺场纠缠在一起，让远距离的社

---

① ［英］安东尼·吉登斯：《现代性的后果》，田禾译，译林出版社2011年版，第18页。

会事件和社会关系与地方性场景交织在一起"①,社会结构和社会框架上的异质性特点决定了社会秩序、社会规范和共同价值观的逐渐分化与多元,这对生人之间信任关系的发生和建立提出了新的挑战。

"在理性化的市场经济中,虽然礼俗与关系仍在约束着人们的思想和行为,但在更广泛的社会范围内,还需要更多的制度发挥作用。"②制度信任是对社会领域内公认有效的制度的信任,它借助信任制度(包括规章、制度、法规、条例等)来达到对经济系统的信任、对知识专家系统的信任和对合法政治权力的信任,因而更具普遍性,超越个人、群体的范围,具有广泛的约束效力。③首先,制度信任适应了市场经济发展的客观要求。市场经济是法治经济和道德经济的结合,制度信任可以弥补伦理道德在约束人际关系上的不足,提高市场经济活动的稳定性及有效性。其次,制度信任扩大了社会信任的范围,打破血缘、地缘、业缘的限制,使任何个人、组织、国家之间建立信任成为可能,具有广阔的施展空间和广泛的适应领域。最后,制度信任便于维护社会交往双方或多方利益,减少为信任付出

① 〔英〕安东尼·吉登斯:《现代性与自我认同》,赵旭东、方文译,生活·读书·新知三联书店1998年版,第23页。
② 王建民:《转型时期中国社会的关系维持——从"熟人信任"到"制度信任"》,《甘肃社会科学》2005年第6期,第167页。
③ 陈欣:《社会困境中的合作:信任的力量》,科学出版社2019年版,第151页。

的代价。制度本身所具有的强制性、约束性和权威性等使得制度能有效减少个体对未来行为的预测,同时减少因信任风险受到的不利损失。①

契约信任是制度信任的核心,是生人社会的保障机制,也是构建社会秩序的手段。安定有序、关系融洽是古今中外人们孜孜以求的社会理想,社会秩序为人的生产和生活提供具有确定性的环境。自人类开启文明时代以来,秩序的实现就离不开信任的作用。正如齐奥尔格·齐美尔所言:"没有信任,无从构建社会,甚至无从构建最基本的人际关系。"熟人之间的信任有自然基础,他们基于道德和情感生发直接信任关系。但在陌生人间则缺乏这些自然基础,相互之间要达至信任,需要架起一座桥梁,依赖一种中介,形成间接信任关系,这种中介就是契约。契约信任认事不认人,按规章制度办事,排斥人情纠葛和人情垄断,摒弃"拉关系""走后门"等烦琐环节。当事人在理性计算的基础上,达成一种契约,使交易双方的利益最大化,彼此建立一种权利义务关系,并基于契约对对方产生期待,相信对方在未来的行动中能够按照合约规定履行义务。这种简化的信任建立的过程,使社会信任关系的缔结为可能,有利于人们形成信任的心理,产生信任行为,以应对现代生活之需,从而有效维护现代社会秩序。

---

① 王建民:《转型时期中国社会的关系维持——从"熟人信任"到"制度信任"》,《甘肃社会科学》2005年第6期,第167页。

(三)网络社会的信任危机

近年来,互联网的快速普及极大地改变了人们的信息获取方式和社会交往态度,也对社会公众的公共意识和社会信任产生了重要影响。现代社会、产业组织和企业形态已经越来越明显地呈现出虚拟网络空间与现实物理世界平行存在的态势。网民在网络交互中的认知与行为特点无法摆脱其在现实世界中由价值取向、性格特点、文化背景等诸多因素带来的烙印。建立在技术中介基础上的网络交往,其本质仍然是现实世界中的个体依托互联网技术进行的"事实上的交往"①。网络社会依靠功能强大的科学技术,使交往方式朝向多元化、活力感及普遍性发展。网络时代信息一体化促进了不同意识形态的进一步融合,是"和而不同"的现代化群体意识的新型体现。人类面对的是计算机和媒体的快捷及时,接受的是全方位的文化传递,抛开了旧俗中冗余繁杂的观念束缚,对外来事物的包容度逐渐提升,认同感逐渐增强。越来越多的人逐渐超越民族和国家的范畴,从全球合作发展的角度去看待和思考问题,"网缘"成为继血缘、地缘、业缘之后的又一社会关系新名词。

美国法社会学家劳伦斯·M.弗里德曼在《美国法简史》中提到,"在当代世界,我们的健康、生活以及财富受到从未而且也永远不会谋面的人的支配"。首先,网络社会符

---

① 张华:《数字化生存共同体与道德超越》,《道德与文明》2008年第6期,第68页。

合典型"陌生人社会"的特征。"陌生人的信任"更多依赖于个人的判断、能力、知识水平和道德标尺。建立在假定基础上、只能自我确定的单向诚信无疑要承受巨大风险。其次，网络社会中道德约束力的逐渐弱化是引发信任危机最主要的内在因素。网络社会中的交往主体脱离了日常生活中的信任伦理情境，道德权威的缺失使身处其中的成员的道德标准和道德责任模糊、散漫、随意，整个社会的精神状态与道德生活弥漫着浓厚的道德相对主义气息。最后，网络社会的信任危机还与网络信息的可靠程度息息相关。网络信任反映的是数字化环境下人与人、人与系统（技术平台）在互动过程中，面对诸多不确定性所生发的倾向性信念或行为选择，即一种"有信心的期待"。[①]人们对网络信息的可靠性和网络活动的安全性的总体感受，以及对网上特定系统是否遵守法律和伦理道德的担忧都会给网络带来潜在的、不可预估的影响及不确定性。

在风险社会因素的影响下，"为应对不确定的和不能控制的未来，信任变成了至关重要的策略"[②]。尽管信任危机对社会发展和个体造成了巨大的破坏力，但它一方面反映了传统信任模式对现代文明发展的不适应性，另一方面也

---

① 金兼斌：《网络时代的社会信任建构：一个分析框架》，《理论月刊》2010年第6期，第7页。
② ［波］彼得·什托姆普卡：《信任：一种社会学理论》，程胜利译，中华书局2005年版，第32页。

暴露出当前社会本身存在的弊端,从而促使我们重新思考人的存在和社会发展问题。网络作为信息传播的主要媒介,其舆论导向作用日益突出。网络约束机制的不健全、道德让位于利益等种种因素,致使一系列失范行为或事件频频发生。制度信任危机、专家系统信任危机、媒体信任危机等不同程度地出现在整个社会的各个方面,网络社会的信任危机日益严重。例如,随着全面建设小康社会的纵深推进,我国公益慈善事业发展迅速,但同时也面临诸多问题和挑战。公益慈善机构经常被推到舆论的风口浪尖,给社会公益组织品牌形象和社会公信力带来极大影响,侵蚀了公众对社会组织的信任基础。消除信任危机,在现实生活和网络中重建信任,进而构建信任社会,是人类历史发展的要求,也是延续和推动人类社会继续发展的动力。

二、区块链共识机制

一直以来,共识对任何时代、任何地域的制度来说都具有重要的维系社会、团结社会、统一社会的作用。区块链作为一种建立在所有参与者对每一次交易的共同认可、共同见证基础上的共识机制,涉及三类不同语境下的共识概念——机器共识、市场共识与治理共识。这三者共同决定了区块链的安全性、可扩展性和去中心化等重要特性[1],

---

[1] 刘懿中等:《区块链共识机制研究综述》,《密码学报》2019年第4期,第395页。

并起到了社会整合①与稳定市场的作用。

　　机器共识。区块链技术的关键是共识机制的设计,目的在于解决区块链的安全性、扩张性、性能效率和能耗代价等问题,促使陌生人在数字世界不再需要中间方而是通过一定的合约机制达成信用共识。共识机制是分布式系统的核心,"良好的共识机制有助于提高区块链系统的性能效率,提供强有力的安全性保障,支持功能复杂的应用场景,促进区块链技术的拓展与延伸"②。在P2P网络(点对点网络)中,互相不信任的节点通过遵循预设机制最终达到数据的一致性,这被称为机器共识。机器共识允许关联机器连接起来进行工作,并在某些成员失效的情况下,仍能正常运行。区块链采用不同的机器共识,在满足一致性和有效性的同时会对系统整体性能产生不同影响,可以从四个维度评价机器共识的技术水平。第一,安全性,即是否可以避免二次支付、私自挖矿等的攻击,是否有良好的容错能力。以金融交易为驱动的区块链系统在实现一致性的过程中,最主要的安全问题就是如何检测和防止二次支付行为。第二,扩展性,即是否支持网络节点扩展。扩展性是区块链设

---

① 社会整合是指社会通过各种方式或媒介将社会系统中的各种要素、各个部分和各个环节结合成为一个相互协调、有机配合的统一整体,增强社会凝聚力和社会整合力的一个过程。

② 韩璇、袁勇、王飞跃:《区块链安全问题:研究现状与展望》,《自动化学报》2019年第1期,第215页。

计要考虑的关键因素之一。根据对象不同,扩展性又分为系统成员数量的增加和待确认交易数量的增加两部分。第三,性能效率,即从交易达成共识并被记录在区块链中至被最终确认的时间,也可以理解为系统每秒可确认的交易数量。第四,资源消耗,即在达成共识的过程中,系统所要耗费的计算资源,包括CPU(中央处理器)、内存等。区块链上的共识机制借助计算资源或者网络通信资源达成共识。[①]

市场共识。以商品交换为基础的市场社会是一种异质性社会,它肯定独立的个人对特殊利益的追求,同时要求以多元利益和多元价值并存为前提的社会和谐。要保证价值共识在现代社会中实现,就必须在交往中通过建立具有共同规范的协议达到理解,进而达成认可和共识。一个没有共识的社会是无法存在的。从最基本的层面上说,共识是一种保证群体不发生冲突并推动其共同做出决策的基础。在大数据时代,坚持一个安全标准、一把度量尺子,公平公正地对待网络空间各利益相关者以及平衡各参与主体的利益,已经成为一种共识。首先,市场共识体现在市场交易形成的均衡价格中。以比特币为例,它被越来越多的人接受,根本原因在于区块链技术为人们提供了一个被广为认同与接受的共识机制,使其在特定市场环境下具有法定货币的职能和功用,"比特币是否可以作为货币使用,是基于当事

---

① 韩璇、刘亚敏:《区块链技术中的共识机制研究》,《信息网络安全》2017年第9期,第149页。

人之间是否存在货币认同。这决定着区块链是否能够得到超出比特币的更大范围应用,发挥更大的技术优势和制度价值"①。其次,区块链不仅是多方参与的"共识系统",也是一种良性的博弈机制。伴随着技术的不断进步,共识机制已经逐渐从一个抽象概念发展成分布式账本技术的重要支撑,强调网络中全部或大部分成员就某个交易信息或某条数据达成一致的意见。参与者之间的共识是区块链的核心,在没有中心机构的情况下,参与者必须就规则和应用方法达成一致,并同意运用这些规则进行交易,遵守规则的将会获得利益,破坏规则的将被驱逐出局。最后,要实现一个具有安全性、可靠性、不可篡改性的去中心化系统,需要在尽可能短的时间内保证分布式数据存储记录的安全性和不可逆性。在一个互不信任的市场中,各节点达成一致的充分必要条件是每个节点出于对自身利益最大化的考虑,都会自发、诚实地遵守协议中预先设定的规则,判断每一条记录的真实性,最终将判断为真的记录记入区块链之中。可以说,市场机制这个基础协议通过价格和竞争激发了每个节点创造财富的能动性,并使互不信任的节点进行大规模协作成为可能,激发共享经济和协同治理的巨大潜能。

　　治理共识。对于一个未实现真正法治的社会来说,共

---

① 赵磊:《信任、共识与去中心化——区块链的运行机制及监管逻辑》,《银行家》2018年第5期,第135页。

识性的思想运动是促进社会改革的一大动力。简单地说，为了让社会正常运作，我们需要"就事实达成共识"。治理共识作为区块链共识体系中的三大要素之一，指在群体治理中，群体成员发展并同意某一个对群体最有利的决策。治理共识有四个关键要素：第一，不同的利益群体；第二，一定的治理结构和议事规则；第三，相互冲突的利益或意见之间的调和折中；第四，对成员有普遍约束的群体决策。治理共识涉及人的主观价值判断，处理的是主观的多值共识，治理共识的参与者通过群体间协调和协作过程收敛到唯一意见，而此过程如果不收敛，就意味着治理共识的失败。[①]在发达国家，已经有负责建立这些基本事实的机构，但这些机构正广受抨击。全球区块链商业理事会主席托米卡·蒂勒曼曾指出，区块链有潜力抵挡侵蚀，创造一种新的景象，让人们可以就核心事实达成共识，同时确保与隐私相关的事实不会泄露出去。区块链可以让一群人在不依赖于中心化实体仲裁的情况下，也能就各种事实达成共识。人类文明的历史并非来自所谓的绝对事实，而是来自一个更为强大的事实概念——共识。这是一个社会范围内的协议，让我们可以越过疑心，建造信心，协作互动。"在国家治理和社会治理领域，技术与法律具有相互替代性，如果在某一社会场景中技术解决方案的成本低于法律解决方案，技术工具便

---

① 徐忠、邹传伟：《区块链能做什么，不能做什么？》，《金融研究》2018年第11期，第9页。

可能取代法律形式成为秩序生成的主要手段。"①区块链作为具有普适性的底层技术框架和共识机制,或将为金融、经济、科技甚至政治等各领域的治理模式带来深刻变革。

三、信任即去信任

在新一轮科技革命和产业革命浪潮下,区块链作为关键技术风口之一正在全球范围内兴起。去中心化作为区块链系统的根本特征,使节点之间的交换遵循固定的算法而不需要信任。建立不依赖第三方信任、不可操纵的去中心化的交易机制,成为区块链在价值互联体系里的一大特点。

(一)中心化与去中心化

人们对互联网最初的期望是乌托邦式的,希望它带来一个公平的环境。《纽约时报》专栏作家弗里德曼也曾主张:世界是扁平的。②从PC(个人电脑)时代到移动时代,企业和政府管理从金字塔形的组织结构过渡到扁平化的组织结构,无不体现出一种去中心化的思想。在区块链发明之前,互联网就已带领我们走上去中心化的路径。类似于BitTorient(BT下载)的去中心化网络早在2000年时便已

---

① 郑戈:《区块链与未来法治》,《东方法学》2018年第3期,第73页。
② 〔美〕托马斯·弗里德曼:《世界是平的:21世纪简史》,何帆、肖莹莹、郝正非译,湖南科学技术出版社2008年版,第9页。

存在,密码学家、数学家及软件工程师也已经努力了近三十年,致力于不断提升协议的先进性,从而实现从电子现金到投票再到文件传输存储等各类系统更强的隐私性、可信度保障。然而,互联网始终无法解决其承载信息的所属权问题,区块链的创新正是那一片原本缺失的线索,它将去中心化与密码学这两股研究力量拧在了一起,然后"抽一鞭子",让整个行业向前跃进了一大步。

区块链不仅仅是一个用于存储过程、结果的去中心化的账本,还是一个经过过程重构的多用途去中心化平台。它的过程重构将实现"交易费"的大大削减,而这"交易费"指的是为了明晰法律合同的细节、确保对手方的可信、记录各种结果所进行的官僚化的管理互动而产生的经济开支。也因此,比起与聚集化、中心化的大公司互动,人们更愿意选择一个去中心化的互动模式。我们或许能够看到21世纪的经济形态更像18世纪的组织形态:以相互担保取代单一公司出售保险产品,以点对点交易形式取代第三方中心化清算金融交易和支付,甚至于以一种更为去中心化的方式来评价信任度和名誉、完成质量控制、实现产权跟踪。而同时,21世纪信息技术的极度高效也意味着我们能够以很低的成本来实现这样的社会形态。①

---

① 高航、俞学劢、王毛路:《区块链与新经济:数字货币2.0时代》,电子工业出版社2016年版,第23页。

区块链的探索道路并不是简单的去中心化,而可能是多中心或弱中心的,其最终结果更可能是多中心的,从而减少少数中心话语权过强所导致的规则失控。[①]"去中心化"蕴蓄一种"分布式"的含义,区块链为解决分布式系统的一致性问题带来新的技术思想,为实现全球互信、互认、互通提供了可能。"论天下大势,分久必合,合久必分"是历史的规律,世界发展中需避免"过犹不及"(图3-1)。中心化缺乏一定透明度,数据可信度不高,而去中心化则需要以耗能和成本为代价。在区块链应用中,理应根据不同程度的去中心化需求,选择不同类型的链、不同的共识机制以及其他的技术方案,在一定程度上避免对去中心化的过度追求(表3-1)。在这样的背景下,全球秩序将变得和谐与稳定。

图3-1 世界体系的分合

注:世界体系也是"分久必合,合久必分",从一个中心走到另一中心,再走向去中心化,或者多中心化。

资料来源:Linstone H, Mitroff I. *The Challenge of the 21st Century*. New York: New York State University Press, 1994.

---

① 长铗等:《区块链:从数字货币到信用社会》,中信出版社2016年版,第195页。

表3-1 区块链的分类

项目	公共链	联盟链	私有链
参与者	所有人	联盟成员(如公共安全相关部门)	个体或组织内部(如公安机关涉密组)
访问权限	可匿名	需注册许可	需注册许可
中心化程度	去中心化	多中心化	部分中心/弱中心
共识机制	POW(工作量证明)、POS(权益证明)、DPOS(委托权益证明)	PBFT(实用拜占庭容错算法)、RAFT(分布式环绕下的一致性算法)	PBFT(实用拜占庭容错算法)、RAFT(分布式环绕下的一致性算法)
激励机制	需要	可调整	不需要
应用	比特币、以太坊	R3银行同业联盟	方舟私有链
特点	公开、透明	高效	安全、可溯源

资料来源:曾子明、万品玉:《基于主权区块链网络的公共安全大数据资源管理体系研究》,《情报理论与实践》2019年第8期。

(二)区块链的"去信任"

用技术取代中介机构作为"信任机器"是人类社会的一种持久追求,区块链的出现给这种追求提供了新的发展平台。人类正在从持续千百年的物理实体社会跨入由虚拟数字构造的新兴社会。[1]传统社会中,信任问题主要通过第三方信用服务机构提供信用背书予以解决,但这种私密的、中心化的技术架构无法从根本上解决数字时代线上线下互认互信和价值转移的问题。区块链利用去中心化

---

[1] [美]吴霁虹:《众创时代:互联网+、物联网时代企业创新完整解决方案》,中信出版社2015年版,第1页。

的数据库架构完成数据交互信任背书,使其任意节点之间的信任依赖于网络中所有参与节点对于共识的认同,构建算法信任。正如《经济学人》2015 年封面文章"The trust machine"所述,区块链是一个制造信任的机器。在任何需要信任的领域,区块链都有用武之地。

区块链是在现有技术边界条件下对生产关系的改进。根据历史经验来看,信任系统中往往最不可信任的就是人,或者由人组成的机构或组织。历史最终常常被证明,那些违反规则的人就是规则制定者。著名科幻小说《三体》中有一个沙盘推演①:"猜疑链"②一旦启动,将无可避免地走向"死神永生"。"猜疑链"实际上就是互相不信任,更确切地说,无法建立原初信任的逻辑结果——每个个体(国家或文明)在自身之所知信息与理性证据之外,不愿意进一步做出"透支"。进入"猜疑链"中的逻辑个体只能始终处于霍布斯所说的前政治的"自然状态",人与人不得不像狼与狼般互撕。今天,线下从家庭到法院,线上从微博

---

① 沙盘推演:A 和 B 都想进入和平共处的共同体状态,但即便 A 认为 B 是善意的,这并不能让 A 安心,因为善意者并不能预先把别人也想成善意者。换言之,A 并不知道 B 是怎么想他的,不知道 B 是否认为自己是善意的。进一步,即使 A 知道 B 把 A 也想象成善意的,B 也知道 A 把 B 想象成善意的,但是 B 不知道 A 是怎么想 B 怎么想 A 怎么想 B 的。"挺绕的是不是? 这才是第三层,这个逻辑可以一直向前延伸,没完没了。"这就意味着,只要对他人存有猜疑,那猜疑链就会启动,并且永远无从关闭。
② 猜疑链最重要的特性与文明本身的社会形态和道德取向没有关系,把每个文明看成链条两端的点即可,不管文明在其内部是善意的还是恶意的,在进入猜疑链构成的网络中后都会变成同一种东西。

到推特,人物从小老百姓到名人明星乃至大国总统,"撕"已然成为覆盖全民、渗透各个角落的当代景象。[1]而从工业革命到互联网革命,技术发展的潮流也是通过取代人这个最不靠谱的、最脆弱且效率最低的环节来实现生产力大发展的。基于代码和通证,区块链价值生态创造了充分的信息可信度和便捷的利益流通机制。生态中的成员可以更好地交换和协作,同时利益是即时反馈的,可以最大化地刺激生态参与者,也让更多的人快速进入协作状态。

"去信任"不是不需要信任,而是信任不再需要由传统中心式的第三方权威机构提供。区块链实现的是一种信任的转移,使人们在合作过程中的信任对象由人和机构转移到区块链这个共识机器上。基于此,可以得出一个结论,区块链的去信任机制的本质不是"去信任",而是再造信任。区块链去信任机制的核心是以共识机制实现所有操作共识、共认、共管。共识机制的基础以密码学、代码作为封装,再通过互联网和参与者的共同偏好将传播的成本尽量降至最低。思考区块链技术的最佳方法并非将其视为取代信任的工具,而是将其视为社会用以构建更大规模的信任、创立社会资本、带来一个更美好的世界所需的共同故事的工具。

---

① 吴冠军:《信任的"狡计"——信任缺失时代重思信任》,《探索与争鸣》2019年第12期,第66-67页。

(三)基于区块链的信用社会

以区块链为基础,人们正在互联网上建立起一整套信用互联网治理机制。区块链技术彻底解决了信息不对称问题,颠覆了传统意义上的信任与信用,构建基于对技术信任的交易规则及低成本的信用机制。全球信用市场所急需的去中心化的信用资源并没有在大数据互联网公司中产生,数据还是中心化的。利用区块链开源、透明的特性,参与者能够验证账本历史的真实性,这可以协助规避当前P2P借贷平台的跑路、欺诈等事件。而且,区块链交易被确认的过程就是清算、交收和审计的过程,可以提升效率。区块链最大的魅力不在于其改变世界运作规则的能量,而在于其延展个体自由的潜力,即个体不仅可以保留欺诈的动机,甚至可以真的采取欺诈行为,然而最后一道防火墙——区块链机制可以消除节点的欺诈和违约对他人造成伤害的可能性。

区块链很有希望解决目前公信力稀缺的社会痛点,在全球市场汇通、知识产权保护、财产微公证、物联网金融、社会公益行业等诸多领域有广泛和深入的应用场景。区块链上存储的数据,高度可靠且不可篡改,天然适合用在社会公益场景。一是公益流程中的相关信息,如捐赠项目、募集明细、资金流向、受助人反馈等,均可以存放于区块链上,在满足项目参与者隐私保护需求及其他相关法律法规要求的前提下,有条件地进行公开公示,方便公众和社会监督,助力社会公益的健康发展。[1]二是区块链的去中心化特性可以减少接受善款过程中产生的费用、时间等成本,能够极大地提高捐赠的效率。捐赠人可以通过购买区块链平台发行的加密货币,向平台上的慈善机构进行点对点捐赠,既方便安全,又可扩大捐赠渠道和增加捐献数量。三是区块链技术保持各个区块数据一致的共识机制和开放的特性,带有信息即时共享功能,可减少信息共享负担,降低信息系统运营成本,同时明确链上成员各自权限,避免冗余信息,可彻底解决信息重复报送等问题。[2]

"区块链是人类信用进化史上继血亲信用、贵金属信用、央行纸币信用之后的第四个里程碑。"[3]区块链即将带给人类的改变,最可能的就是带来一个全新的信用社会。区块链技术是一种"信用技术",是数字世界和虚拟社会中的信用基础设施。区块链去中心、透明、开放的机制,通过全网记账、P2P协同建立"信用",其核心不是"数字货币",而是在不确定环境下建立"信用"的生态体系,在一定程度

---

① 王毛路、陆静怡:《区块链技术及其在政府治理中的应用》,《电子政务》2018年第2期,第10页。

② 王涵:《基于区块链的社会公益行业的发展趋势研究》,《科技经济导刊》2018年第36期,第160页。

③ 刘若飞:《我国区块链市场发展及区域布局》,《中国工业评论》2016年第12期,第52页。

上体现出互联网思维和"人人社会"的理念。①相比于仅仅寄希望于与我们互动的对手行为良好,区块链技术系统将信任属性先天性地嵌入系统当中,即便系统中的许多参与方是行为不良的,系统也仍然能够正常运转。区块链为我们启动了信用机器,让政府、公司及其他机构与个体作为平等的节点呈现在分布式网络上,各自管理自己的身份与信用,共享一部不可修改的交易总账,并在治理过程中起到重塑机制、改造流程、增强信任、提高效率等作用。

第二节　数字信任模型

美国科学社会学家伯纳德·巴伯曾指出:"虽然信任只是社会控制的一个工具,但它是一切社会系统中无所不在和重要的一种。"究其原因,信任是联结公民个体与共同体的桥梁。历史经验告诉我们,仅仅靠梦想和制度设计,是难以解决人群之间的信任问题的,信任的建立需要有可靠的信任保障技术作为基础。区块链技术恰恰在这一点上解决了人类社会的信任机制问题。数字信任是一种契合数字化时代需求的去信任图景,是人格信任与制度信任发展的一种高级形态,是价值传递和互信问题的解决方案,

---

① 熊健坤:《区块链技术的兴起与治理新革命》,《哈尔滨工业大学学报(社会科学版)》2018年第5期,第17页。

三种信任模式之间是一种并存状态,而非替代关系。但是,仅仅通过描述还不足以厘清数字信任的本质,对数字信任的认识也容易陷入单一性、概念化的局限。因此,从整体结构、内在机理和运行流程等方面构建一个数字信任模型,科学系统地认识数字信任显得非常必要。

一、模型理论与信任模型

模型和建模:模型理论的两个核心概念。模型最主要的特点是对客观事物、客观规律的抽象,最后回归于实际应用之中。马格努斯·赫斯特尼斯在其模型理论中指出,模型是对真实事物的概念表征,是对象的替代物。[1]以色列学者斯勒及美国学者斯米特强调:"模型不是对系统的真实描写,而是为了解释客观实在的某些方面而做出的一套假设;模型只是对客观实在进行形象化及做出解释的临时性变通工具。"[2]中国学者姜旭平、姚爱群认为,模型是对于某个实际问题或客观事物、规律进行抽象后的一种形式化表达方式。模型种类繁多,常见类别包括数学模型、概念模型、结构模型、系统模型、程序模型、管理模型、分析模型、方法模型、逻辑模型、数据模型等。根据建模目标、变量和关系,我们可以选择相应的模型。

[1] Hestenes D. "Modeling games in the newtonian world". *Am.J.Phys*, 1992, (8): 732-748.
[2] 王文清:《科学教育中的建模理论》,《科技信息》2011年第3期,第551页。

在诸多模型种类中，数学模型通常是一组反映客观事物运行规律和变化发展趋势的数学表达式；概念模型的表征形式有表达概念的示意图等；结构模型主要反映系统的结构特点和因果关系，其中图模型是研究各种系统特别是复杂系统的有效方法，常用于描述自然界与人类社会中事物之间的关系。建模的意义在于描述复杂系统、阐述事物间的联系及增进人们对事物规律的认识：有利于从细节上解析和描述复杂系统，增强人们对相关细节的把控；有利于透过现象探究本质，系统地认识和理解客观事物之间存在的联系及其产生的影响。关于建模，相较于哈伦在《真实世界的图解建模、图解概念：牛顿力学的概念》一书中推崇的模型选择、建构、证实、分析和拓展等五个步骤，如今，模型构建通常遵循模型的准备、假设、构成、求解、分析、检验和应用等七个步骤。

　　传统信任模型：基于人格信任、制度信任的信任模型。梅耶、戴维斯和斯古曼基于一系列影响信任产生的因素，将信任产生的原因归纳为信任者的内在倾向性，以及被信任者为人所感知的能力、善意和正直等值得信任的因素，并在此基础上构建了一个精要简洁的人际信任模型。他们认为，信任是一种人际心理互动，只有从信任关系的双方来考虑问题，才可能对人际信任产生进行有效的阐释，才可以弥补以往信任研究的不足。罗佩尔和赫尔姆斯引入动机归因①的概念,构建了信任成分论模型②,探讨了在亲密关系的建立过程中信任与动机归因的变化方式。他们认为可预测性、可靠性以及信念这三种成分并不完全是互斥的,在亲密关系的各个阶段所存在的信任类型中,这三种成分都有所表现。只是在每一阶段的关系中,每种成分的比例各不相同,必然有一种成分处于绝对的领导位置。这种成分之间的不同关系也影响了参与者的不同动机归因,并最终使得亲密关系的稳定性和情感联系呈现出不同的特征。什托姆普卡在分析信任理由的时候认为,信任文化是一种独立的、给定的和解释的变量。他以规范的一致性、社会秩序的稳定性、社会组织的透明度、社会环境的熟悉性、人和机构的

---

① 归因理论:在日常的社会交往中,人们为了有效地控制和适应环境,往往对发生于周围环境中的各种社会行为有意识或无意识地做出一定的解释,即认知主体在认知过程中,根据他人某种特定的人格特征或某种行为特点推论出其他未知的特点,以寻求各种特点之间的因果关系。

② 一般而言,信任产生的基础是过去的交往经验,随着关系的密切而逐渐成熟。在亲密关系中,随着信任程度的上升,个体会对另一方产生一些特定的动机归因,并且开始愿意承担这种归因失败的风险。在这层意义上,信任更经常地被定义为一种对亲密关系所产生的安全感和信心。根据这些特点,罗佩尔和赫尔姆斯两位学者在综合学界对于信任的各种研究之后,提出信任由可预测性、可靠性、信念三种成分组成。可预测性产生的基础主要在于关系双方过去的社会交往经验,在于个体行为的前后一致性、持续性以及稳定性。可靠性即个体不再执着于他人的特定行为,而是转向对他人的动机和人格特质做一个整体的判断。这种判断具体体现在个体开始思考关系的另一方是否具有可信任性,是否值得信任,是否能使个体产生安全感等。信念是最高程度信任的集中体现,主要表现在个体对他人所持有的情感上的确信与安心。个体在没有具体行动证据支持的情况下,在充满风险的未来社会中,依然对他人充满信心,确信关系的另一方会满足自己的需要,会以自己的福利和更好的发展作为其行动的依据。

责任性等五种宏观社会环境,以及历史维度及行动者个人贡献的方向上的两组——因素社会情绪和集体资本——为基本要素,建构了信任文化的社会生成理论[①]模型。鲁耀斌、周涛等学者在网络信任相关研究成果的基础上,提出根据研究内容的不同,网络信任模型可分为初始信任模型、基于制度信任模型、虚拟社区信任模型、B2B(企业对企业)网站信任模型、网上商店信任模型等。网络信任在社会科学和自然科学领域都受到了广泛的关注,不同学科领域的学者从各自的学科视角对其进行了理论性和经验性探讨,并得出了不同的甚至是相互矛盾的结论,有关网络信任的根本性问题就如离线信任一样仍然是一个开放的问题。齐奥尔格·齐美尔曾指出,"离开了人们之间的一般性信任,社会自身将变成一盘散沙,因为几乎很少有什么关系不是建立在对他人确定的认知上"。协作与信任亦是如此。协作是决策的结果,具有直观性;而信任是伴随着决策过程的一种态度,具有内忍性。应该说,根据各协作方之间表现出的协作行为可以推测出他们之间可能存在信任,但这不等同于他们之间一定有信任存在。进入数字化时代,在越来越多

[①] 社会生成理论是指,以前的事件的痕迹积淀在制度、规则、符号、信念和社会行动者的心灵之中,共同的经验产生了共同的结构、文化和心理模式,而其又会反过来为未来的行动提供条件。该理论认为,人的行动是社会过程的驱动力,行动者的行动既受到社会结构的约束,同时又再生产出新的结构性条件,被生产出来的结构又将成为未来实践的初始条件。这一过程无限循环,并向所有可能开放。

的高复杂性任务需要依靠分散、独立、不同背景的参与方和网络服务平台协作完成时,传统的信任模型已不能完全满足时代发展的需求。

数字信任模型:基于区块链的去中心化信任模型。"区块链是一种新型的去中心化协议,链上数据不可随意更改或伪造,因而其提供了不需要信任积累的信用建立范式。区块链可理解为一个账本,人们只需加入一个公开透明的数据库,通过点对点记账、数据传输、认证或智能合约来达成信用共识,而不再借助任何中间方。"[①]超级账本、跨链传递和智能合约是数字信任形成的三个重要环节(图3-2)。超级账本创造了充分的数据可信度,是数字信任形成的基础环节,对数据进入跨链传递和智能合约环节发挥着重要作用。跨链传递是数字信任形成的关键环节,完成了对传统互联网的升级,实现了从信息传递向价值传递的转变。智能合约是数字信任形成的核心环节,摆脱了第三方信任背书,实现了去中心化的信任。我们把数字信任的具体实现过程称为数字信任模型,用公式表示为:

$$T = H(L, C)。$$

其中,T代表数字信任模型(digital trust model),H代表超级账本(hyper leger),L代表跨链传递(cross link transmission),C代表智能合约(smart contract)。

---

① 长铗等:《区块链:从数字货币到信用社会》,中信出版社2016年版,第Ⅶ页。

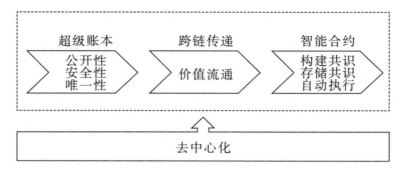

图3-2 数字信任解决价值传递与互信问题流程

二、超级账本:从传统记账到人人记账

人类社会所有的互动都是基于某种程度的信任,而信任的建立十分缓慢,信任的维系异常困难,信任的破坏相当容易。超级账本旨在建立一个跨行业的开放式标准以及开源代码开发库,允许企业创建自定义的分布式账本解决方案,以促进区块链技术在各行各业的应用。它的去中心化、数据不可篡改、永久可追溯等特性,使其可以通过全网的分布式记账、自由公证,形成一个可信的数字生态,为打造数字信任奠定坚实的基础。

分布式存储,未来已来。区块链技术不是一种单一的技术,而是密码学、数学、经济学、网络科学等多个领域的技术以特定方式整合的结果。这种整合形成了一种新的去中心化数据记录与存储体系,并给存储数据的区块打上时间戳,使其形成一个连续的、前后关联的可信数据记录存储结构,最终目的是建立一个高可信度的数据系统,可将其称为能够保证系统可信的分布式数据库。在这个系统中,只有系统本身是值得信任的,所以数据记录、存储与更新规则是为建立人们对区块链系统的信任而设计的。当前,以人工智能、区块链为代表的数字技术不断涌现,正快速向经济社会各领域渗透,以数据为核心的数字化转型不断加速,行业新应用从数千、数万跃升到百万量级,数据呈现出海量、多元、实时、多云等趋势。数据存储成为承载产业转型的基础平台,分布式存储成为趋势,2023 年其占比将达到40%。[①]这给人类社会各个领域带来的巨大变革和深远影响是不可估量的,有可能远超史上任意一次技术革命,标志着人类开始构建真正可以信任的互联网,通过去中心化技术,在大数据的基础上实现全球互信这个巨大进步,迈向数字化信任社会。

超级账本具有公开性、安全性和唯一性。"公开性是指账本中存储的数据对所有参与者完全公开。这一特性是由区块链的点对点网络存储方式决定的。在区块链网络中,每一个节点都可以存储区块链的副本,而账本的唯一性保证了这一副本在不同节点之间完全相同。安全性是指账本上的数据是通过数字加密技术保存的,只有持有相

---

① 浪潮、国际数据公司:《2019 年数据及存储发展研究报告》,浪潮,2019 年,https://www.inspur.com/lcjtww/2315499/2315503/2315607/2482232/index.html。

应解密数据(私钥)的成员才能对其进行解读。其他成员虽然可以看到并验证数据的完整性和唯一性,但无法获得私钥本身。全世界的矿机不间断地进行哈希碰撞,哈希值越来越大,这就大大提升避免任何网络攻击的难度。唯一性是指账本上存储的数据不可更改。这既包括在空间上的唯一性,即所有节点都只有一个相同的数据,也包括在时间上的唯一性,即历史数据不可更改。同时,唯一性还指区块链在运行过程中保持唯一链条的特性。因为如果出现不同的链条,区块链就形成了分叉,分叉的出现会使得区块链在两个不同的空间维度中出现副本,而这正是要通过共识的规则来避免的。"[1]在区块链协议下,任何人都无法篡改其历史数据,而历史数据又公开分享在区块链中,有数不能用、有数不好用、有数不会用、有数不善用等一系列数据治理难题将得到有效解决,说谎将变得无比困难,信任将变得更加坚固。

三、跨链传递:从信息传递到价值传递

人类正处于一场从物理世界向虚拟世界迁徙的历史性运动中,人类的财富也将逐渐向互联网转移,这已经是一个既定的事实。网络的本质在于互联,数据的本质在于互通。跨链简单来说,就是要解决不同链之间的连接问

---

[1] 井底望天等:《区块链世界》,中信出版社2016年版,第20–21页。

题,把价值从一个链转移到另外一个链。与互联网的信息流通不同,跨链不是简单的信息传递,而是要实现价值的自由流通。

区块链技术加速数据资产化。"经历近半个世纪的信息化过程后,数据量呈爆炸式增长,数据处理能力快速增强,海量数据的积累与交换、分析与运用极大地促进生产效率提高,数据成为独立的生产要素。同时,数据要素显现出不同于资本、劳动力和技术等物质要素的经济特征:一是数据要素具有即时性,数据生成实时在线,处理速度快,与经济发展同步;二是数据要素的出让者并未因出让数据而失去数据的使用价值,数据要素具有共享性特征;三是数据具有边际生产力递增性,即数据在使用过程中非但没有被消耗,还会产生新的数据。"①然而,一般可批量复制的数据是很难实现资产化的,而区块链可以给数据加上特殊的身份戳,对数据进行属性重铸,在商业社会中充分挖掘数据价值,让数据变得唯一,变成价值资产。区块链通过数据的包容性跨越国家、政府、组织、公众间的固有边界,最大限度地为我们创造一个"共同的世界",即一个我们无论如何都只能共同分享的世界。一旦数据资产化系统借助区块链技术得以实现,这一切将会变得触手可及。

---

① 金永生:《把握"互联网＋"的本质与增长模式》,《人民日报》2015年9月21日,第7版。

区块链是实现价值传递的关键要素。如果说"拜占庭将军问题"揭示了零散分布的个体节点之间信息传达与协同的困难,那么区块链就是迄今为止消除这种困难最清晰、最有力、最具有现实性的一种方式。区块链可以被视为一套技术体系,能够构建一个更加可靠的互联网系统,从根本上解决价值交换与转移中存在的欺诈和寻租现象,实现价值的可信流通。"它提供了另一种点对点直接交互的可能,就像我们在原始社会中一样,真诚地面对面交互,不需要任何中介,甚至不需要双方的信任,只需要有限的了解,便可以来去匆匆,相忘于江湖,其中的交互留给底层。这使交易乃至于一切交互更方便、更有效率。从一个个点来看,这只是个体的事务,但从更高的维度看,它使大规模的、无中介的协同交互成为可能。不再需要强权、巨大中介的集中智能处理,而智能则隐于底层,隐于链条,隐于各处。它不是庞然大物似的存在,但又无处不在,这种智能终将重新塑造出我们商业、文化乃至整个社会的未来。"①

跨链技术扩展区块链应用生态边界。"区块链技术带来的影响是革命性的。从根本上说,区块链技术的影响在于表明了这样一个信号:重组虚拟世界与现实世界的关

----

① 徐明星等:《区块链:重塑经济与世界》,中信出版社2016年版,第28页。

系。"①跨链技术对于改变区块链的孤岛现状、实现不同链之间的价值流通有重要意义。在跨链技术的作用下,未来的区块链能像今天的水、电、公路等一样成为基础设施,所有的价值都能在链上自由流通。与此同时,跨链技术所带来的不仅仅是链之间的价值流通,更重要的是它释放了不同链之间的价值潜力。通过跨链模块,即可简单高效地实现链与链之间的数据交换、价值增长、场景应用互通,最终实现价值生态体系的共建,形成价值增值体系。

四、智能合约:从选择信任到机器信任

信任在社会整合与社会合作中起着独特而积极的作用。从传统交易合同到区块链智能合约,社会信任现象充斥在现实世界和虚拟世界中,其目的都是在信息不对称的情况下防范和化解风险、凝聚社会共识。通过区块链智能合约技术,人们在社会系统中的信任对象将从人和机构转移到区块链这个共识机器上,文化、制度或第三方中介不再是人与人之间构建信任的必需。可以说,区块链智能合约等新技术不仅丰富了社会共识理论,还将打造一个全新的社会合作体系,信任和社会合作在数字社会将被赋予新的内涵。

---

① 吕乃基:《从由实而虚,到以虚驭实——一个外行眼中的"区块链"》,《科技中国》2017年第1期,第11页。

　　智能合约与传统合约。智能合约与传统合约有相似之处,如均需要明确合约参与者的权利、义务,违约方均会受到惩罚等。同时,也存在诸多较为显著的区别(表3-2)。从自动化维度看,智能合约可以自动判断触发条件,从而选择相应的下一步事务,而传统合约需要人工判断触发条件,在条件判断准确性、及时性等方面均不如智能合约。从主客观维度看,智能合约适合客观性请求的场景,传统合约适合主观性请求的场景。智能合约中的约定、抵押及惩罚需提前明确,而主观性判断指标很难纳入合约自动机中进行判断,也就很难指导合约事务的执行。从成本维度看,智能合约的执行成本低于传统合约,其合约执行权利、义务条件被写入计算机程序中自动执行,在状态判断、奖惩执行、资产处置等方面均具有低成本优势。从执行时间维度看,智能合约属于事前预定、预防执行模式,而传统合约采用的是事后执行、根据状态决定奖惩的模式。从违约惩罚维度看,智能合约依赖于抵押品、保证金、数字财产等具有数字化属性的抵押资产,一旦违约,参与者的资产将遭受损失,而传统合约的违约惩罚主要依赖于刑罚,一旦违约,可以采用法律手段维权。从适用范围维度看,智能合约技术适用于全球范围,而传统合约受限于具体辖区,不同的法律、人文等因素均影响着传统合约的执行过程。[①]

[①] 长铗等:《区块链:从数字货币到信用社会》,中信出版社2016年版,第119-120页。

表3-2　智能合约与传统合约

比较维度	智能合约	传统合约
自动化维度	自动判断触发条件	人工判断触发条件
主客观维度	适合客观性的请求	适合主观性的请求
成本维度	低成本	高成本
执行时间维度	事前预定、预防执行模式	事后执行、根据状态决定奖惩的模式
违约惩罚维度	依赖于抵押品、保证金、数字财产等具有数字化属性的抵押资产	惩罚主要依赖于刑罚，一旦违约可采取法律手段维权
适用范围维度	全球性	受限于具体辖区

区块链智能合约：解决一致性问题的关键。"一致性问题在分布式系统领域中是指对于多个服务节点，给定一系列操作，在约定协议的保障下，使得它们就处理结果达成'某种程度'的协同。"①如果分布式系统能够实现"一致"，对外就可以呈现出一个完美的、可扩展的"虚拟节点"，这也是分布式系统最想达到的目标。"智能合约是由事件驱动的、具有状态的、获得多方承认的、运行在区块链之上的且能够根据预设条件自动处理资产的程序，智能合约最大的优势是利用程序算法替代人工判断仲裁和执行合同（图3-3）。从本质上讲，智能合约是一段程序，且具有数据透

① 杨保华、陈昌：《区块链：原理、设计与应用》，机械工业出版社2017年版，第34页。

明、不可篡改、永久运行等特性。"①多方用户共同参与制定
一份智能合约,以及合约通过P2P网络扩散并存入区块链

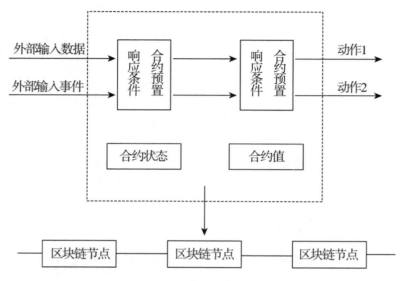

图3-3 基于区块链的智能合约模型

资料来源:中国平安:《区块链产业全景图》,金融界,2020年,http://istock.
jrj.com.cn/article,yanbao,30771116.html。

是构建区块链智能合约的两大步骤。合约的生成主要包
含合约商议、规范制定、内容验证、获取代码四个环节,参
与的各方协商确定合约内容,明确权利义务,确定标准合
约文本后,将文本内容程序化,经验证后获得标准代码。
其中涉及两个重要环节,即合约规范和合约验证,合约规
范需要由具备相关领域专业知识的专家和合约方进行协

---

① 工业和信息化部信息中心:《2018中国区块链产业白皮书》,工业和信息化部,2018
年,http://www.miit.gov.cn/n1146290/n1146402/n1146445/c6180238/content.html。

商制定,合约验证在基于系统抽象模型的虚拟机上进行,它是关乎合约执行过程安全性的重要环节,要确保商议的合约文本内容与合约代码具有一致性。合约的发布即经签名后的合约通过P2P的方式分发至每一个节点,每个节点将收到的合约暂存在内存中并等待进行共识。[①]基于此,当触发条件满足时,合约条款将自动执行,不再依托任何第三方参与。

共识:构建机器信任的保证。信任是网络空间中最重要的价值所在,而区块链智能合约的最大价值在于共识。"社会理论家们认为,庞大而复杂的现代社会能在一定秩序范围内实现有序运转的根本保障,乃是现代社会发展出的复杂的社会整合机制。区块链智能合约等数字技术的出现不仅对传统社会信任思想进行革新,也在某种程度上为社会团结和整合带来了新的可能性,即促进社会信任机制升级。人们在社会整合过程中或许不能完全认同他人的视角、价值、看法,但是能在构建彼此的信任中寻找到同理心,社会也因此能够形成最大公约数。"[②]区块链智能合约运用数学和密码学等相关技术创造社会信任,促进社会合作,其带来的变革在传播速度和规模方面都是前所未有

---

① 贺海武、延安、陈泽华:《基于区块链的智能合约技术与应用综述》,《计算机研究与发展》2018年第11期,第2444—2445页。

② 阚天舒、方彪:《智能时代区块链技术重塑社会共识》,《中国社会科学报》2019年10月23日,第5版。

的,对充分发挥数字技术的社会和经济潜力、减少数字技术带来的风险和防止意外后果都至关重要,对社会共识与社会整合实践的深远影响毋庸赘述。

<h3 style="text-align:center">第三节　数字货币与数字身份</h3>

"如果人类文明的进步是只飞船,那么高科技则是其运载火箭的引擎,它由五级推动力组成——数字化、网络化、微型化、仿真以及一个前所未有的强大力量。"[①]如今,变与不变并存仍然是世界形势的主要形态。在百年未有之大变局中,究竟什么在变,朝什么方向变,会变成什么样,这些问题还具有诸多不确定性,甚至是不可预知性。但可以确定的是,数字身份与数字货币所蕴含的强大力量正在改变我们的生活,进而改变整个世界。数字货币将引发整个经济领域的全面变革,数字身份将重塑社会阶层化机制。

一、数字货币

货币是一个国家信用的物证,是一个国家综合实力的呈现,对国家主权至关重要。法定数字货币必须由国家主

---

① ［英］彼得 B.斯科特–摩根：《2040大预言：高科技引擎与社会新秩序》,王非非译,机械工业出版社2017年版,第5页。

权保障。"以比特币为开端,数字货币在2009年横扫世界。如果把数字货币的发展进程看成一场游戏,那么,比特币只不过是开启游戏的按钮。"①2019年,天秤币②(Libra)的横空出世让我们再次看到颠覆世界货币金融体系的想象。然而,现有的数字货币无论是在技术层面,还是在法律和监管层面,都存在诸多挑战和一系列亟待解决的问题。这些挑战和问题恰好可以帮助我们思考与定义主权数字货币。

(一)数字货币的隐忧

货币是人类历史上最伟大的发明之一。马克思主义政治经济学认为,货币是能固定充当一般等价物的商品。现代货币理论认为,货币是所有者与市场关于交换权的一种契约。随着商品经济发展的不断进化,货币经历了从实物货币、称量货币到纸币,再到电子货币、数字货币这五个阶段。"数字货币的具体形态可以是一个来源于实体账户

---

① 徐明星等:《区块链:重塑世界经济》,中信出版社2016年版,第73页。
② Facebook的Libra是一种不追求对美元汇率稳定,而追求实际购买力相对稳定的加密数字货币,最初将由美元、英镑、欧元和日元这四种法币(可能还包括新加坡元)计价的一篮子低波动性资产作为抵押物。Libra的使命是建立一套简单的、无国界的货币和为数十亿人服务的金融基础设施。资产端的组合设计非常像国际货币基金组织的特别提款权(SDR),同时,与传统的货币市场基金(MMF)非常类似。它是建立在区块链网络上的,但并不是完全去中心化的,是多个节点(以金融支付机构为主)的联盟链。

的数字,也可以是记于名下的一串由特定密码学与共识算法验证的数字。这些数字货币可以体现或携带于数字钱包中,而数字钱包又可以应用于移动终端、PC终端或卡基上。如果只是普通数字配上数字钱包,还只是电子货币;如果是加密数字存储于数字钱包并运行在特定数字货币网络中,才是纯数字货币。电子货币的优点是形式简单,在现有支付体系下稍做变动即可实现应用;缺点是对账户体系依赖较大,防篡改能力较弱,了解客户与反洗钱的成本较高。纯数字货币的优点是可以借鉴吸收当今各种类数字货币的先进技术,以更难篡改、更易线上和线下操作、可视性更强、渠道更为广泛的方式运行;缺点是需要构建一套全新生态系统,技术要求更高,体系运行维护难度较大。"[1]数字货币以其不同于以往货币的发行和运作方式,实现着传统货币的全部或部分功能,并在某一领域将货币的功能发挥得更加灵活、智能。与纸币相比,数字货币不仅能节省发行、流通的成本,还能提高交易或投资的效率,提升经济交易活动的便利性和透明度。然而,"现有的数字货币尽管采用了严密的密码学体系,51%的攻击威胁仍存在"[2],"黑市"交易、网络攻击、账号被盗等事件时有发生。安全问题成为数字货币发展过程中面临的一大挑战。

---

① 井底望天等:《区块链世界》,中信出版社2016年版,第315页。

② 钱晓萍:《对我国发行数字货币几点问题的思考》,《商业经济》2016年第3期,第23页。

数字货币面临的安全问题对各国乃至全球经济社会发展影响重大,从各国政府对待Libra的态度可见一斑(表3-3)。代表全球最大经济体的七国集团[1]认为,Libra对全球金融体系构成风险,在未充分消除其挑战和风险之前,不得发行使用,并特别指出,即使Libra的支持者解决了问题,该项目也可能不会得到监管机构的批准。究其原因,Libra作为升级版的数字货币,具有跨境支付、超主权货币、新金融生态的功能和潜质,将面临技术创新、商业竞争、监管和政府(主权冲突)四个维度的约束和挑战。具体来看,如果Libra能顺利推出并发展,在短期内可能颠覆全球支付体系,在中期内可能颠覆全球货币体系和全球货币政策体系,在长期内最终可能颠覆与重塑全球金融市场生态和全球金融稳定体系。[2]面对Libra牵动的这场全球智慧、技术、经济、政治、权力的全方位博弈,部分国家已纷纷启动自己的数字货币研究(表3-4)。我国早已未雨绸缪,在数字货币领域深耕数年,并将推出自己的数字货币DC/EP(Digital Currency/Electronic Payment,数字货币/电子支付)(表3-5)。国际清算银行2020年1月23日发布的央行数字货币调查报告表明,接受调查的66家中央银行中约有

---

[1] 七国集团是主要工业国家会晤和讨论政策的论坛,成员国包括美国、英国、德国、法国、日本、意大利和加拿大。

[2] 朱民:《天秤币Libra可能带来的颠覆》,新浪网,2019年,http://finance.sina.com.cn/zl/china/2019-09-23/zl-iicezueu7822307.shtml。

20%很可能在未来六年内发行数字货币,而去年同期这一比例仅为10%。再参照货币演变的历史进程,当前的货币体系被取代是不可避免的,这只是时间问题。

表3-3 各国政府对 Libra 的态度

国家	态度	具体表态
美国	审慎	美国不担心 Libra 动摇其主权法币地位,但一以贯之地强调洗钱风险——美国总统特朗普在推特上曾就 Libra 发表言论,他认为,比特币和其他加密数字货币是"稀薄的空气",Libra 也没有什么地位或可靠性,美国只有一种货币,美元是世界上最强势的货币,过去、现在和将来都是。美国财政部部长姆努钦此前透露,在批准 Libra 之前,美国将确保其设立了非常严格的条件,以免 Libra 被用于恐怖分子融资或洗钱
澳大利亚		澳大利亚监管方目前不看好 Libra 的前景,认为其有很多监管问题要解决。澳大利亚储备银行行长表示,Facebook 推出的 Libra 将可能无法成为主流加密货币。他表示,Libra 存在着很多监管问题,澳大利亚监管层必须确保 Libra 足够稳定才能考虑接受
日本		日本央行行长表示 Libra 可能会对金融系统产生巨大影响,且需要全球协同合作对其进行监管,针对 Libra 的监管措施还应包括反洗钱政策。同时,Libra 作为由一篮子法定货币和政府证券支持的加密货币,将很难被监管,并将对现有的金融体系造成风险。对此,日本当局设立了一个由日本银行、财政部和金融服务局组成的联络会议小组,负责调查 Libra 对货币政策和金融稳定的影响,解决 Libra 在监管、税收、货币政策和支付结算方面的问题
中国		2019年7月9日,中国人民银行前行长、金融学会会长周小川在"中国外汇管理改革与发展"研讨会上表示,Libra 企图盯住一篮子货币的想法,代表了未来可能出现一种全球化货币的趋势。针对这一未来趋势,他指出,"未雨绸缪提前做政策研究很有必要。提前排查潜在风险,对我们大有益处"

国家	态度	具体表态
德国	反对	德国在2019年6月公布的区块链战略草案中明确表态,不会容忍Facebook主导的Libra这样的稳定币对国家财政造成威胁
法国		法国经济和财政部部长勒梅尔表示,"我要确保Facebook的Libra不会成为可以与国家货币竞争的主权货币,因为我永远不会接受公司成为私人王国"
印度		印度政府一向排斥加密货币,Libra若要在当地推行势必会受到阻碍。印度经济事务秘书表示:"Facebook尚未充分解释清楚Libra的设计。不过不管怎样,它是一种私有加密货币,我们不会轻易接受它。"此外,最近印度政府还出台了一项禁止加密货币的法案草案,这将对Libra在印度的发行造成很大阻碍
新加坡	中立	新加坡金融管理局(MAS)称没有足够的信息可以做出禁止Facebook旗下加密货币Libra的决定
泰国		2019年7月19日,泰国银行行长桑蒂普拉博布在曼谷金融科技博览会上发表讲话表示,"我们现在还不会急于做出关于Libra的决定。各种新的数字货币层出不穷,因此泰国银行在监控所有的新资产,并没有对任何特定金融服务有所偏袒。金融服务的安全性是银行的首要任务,而这需要花时间"
瑞士	积极	瑞士国际金融秘书处表示,Libra将帮助瑞士在一个雄心勃勃的国际项目中发挥作用
英国		英国央行行长卡尼表示,将对Libra"报以开放的心态而非完全敞开大门"

表3-4 各国(地区)央行关于数字货币的研究

国家(地区)	发行央行数字货币(CBDC)的态度	理由
澳大利亚	暂不考虑	未能看到数字货币相对于现有支付系统的好处
新西兰	暂不考虑	不清楚央行发行数字货币的确凿好处

续表

国家(地区)	发行央行数字货币(CBDC)的态度	理由
加拿大	研究中	现金的竞争力在下降,其他支付途径兴起,良好的 CBDC 有助于在线支付供应商的竞争
挪威	研究中	作为现金的补充,以"确保人们对货币和货币体系的信心"
巴西	研究中	减少现金周期中的费用;提升支付系统和货币供给的效率与弹性;可追溯并产生数据;推动数字社会进程及金融普惠
英国	研究中	必须跟上经济变化的步伐
以色列	研究中	提高国家支付系统效率;如果能承担利息,也可以成为央行的货币工具;有助于打击"影子经济"
丹麦	研究中	解决纸币存在的问题
荷属库拉索岛和圣马丁岛	研究中	央行在两个地区间分配资金的成本高而且具有挑战性,数字货币能够使得货币联盟的支付系统更安全,降低反洗钱和实名认证成本
新加坡	研究中	目前 MAS 的乌宾计划内的数字货币可持续发展目标起到银行间流转的作用,尚未表明未来向公众开放
中国	计划推出	降低纸币发行和流通成本;提升交易的便利性和透明度;降低监管成本;提升央行对货币供给和流通的控制力
瑞典	计划推出	作为现金的补充,减少国民对私人支付系统的依赖,防止危机时期私人支付系统产生故障
巴哈马	计划推出	提高各社区的运营效率,促进金融普惠,减少现金交易并降低服务成本
东加勒比	计划推出	将国内流通现金减少50%;为金融部门带来更多稳定性;促进 ECCU(欧中联合商会)成员的发展
立陶宛	计划推出	旨在测试加密货币和分布式账本技术

续表

国家(地区)	发行央行数字货币(CBDC)的态度	理由
泰国	计划推出	中介过程更少,加速银行间交易并降低其成本
日本	计划推出	让日本在数字货币领域领先一步
厄瓜多尔	已发行	去美元化(非官方说明)
突尼斯	已发行	推动国内金融制度改革
塞内加尔	已发行	金融普惠
马绍尔群岛	已发行	取代美元的货币流通体系,实现国家经济独立
乌拉圭	已发行	钞票的印刷、分销、运输和交易的不透明带来了高昂费用
委内瑞拉	已发行	国家陷入恶性通货膨胀,原有的法定货币体系崩溃

资料来源:清华大学金融科技研究院区块链研究中心。

表3-5　中国人民银行推进数字货币的进程

时间	推进事件	事件描述
2014年	发行主权数字货币的专门研究小组成立	正式论证央行发行主权数字货币的可行性
2015年	数字货币系列研究报告形成,就发行主权数字货币原型方案完成两轮修订	对数字货币发行和业务运行框架、数字货币的关键技术、数字货币发行流通环境、数字货币面临的法律问题、数字货币对经济金融体系的影响、主权数字货币与私人发行数字货币的关系、国际上数字货币的发行经验等进行深入研究
2016年1月	数字货币研讨会召开	首次表示发行数字货币是央行的战略目标。对区块链等数字货币技术给予高度肯定,表明将会积极研究探索央行发行数字货币的可能性

续表

时间	推进事件	事件描述
2016年7月	由国家发改委参与的"数字货币及类货币数字资产运行监管"项目联合课题组在北京启动	表明将就建立主权数字货币相关的政府监管机制或公众监管机制展开为期两年的系统研究
2017年1月	数字货币研究所在深圳正式成立	为了在现实生活中能够测试和实验区块链技术,研究区块链和数字货币,从而确保区块链技术的潜力能够被最大限度地应用于中国金融行业
2017年2月	基于区块链数字票据交易平台测试成功	由央行发行的法定数字货币已在该平台试运行
2017年3月	央行部署金融科技工作,构建以数字货币探索为龙头的创新平台	中国人民银行科技工作会议强调构建以数字货币探索为龙头的创新平台
2017年5月	央行数字货币研究所正式挂牌	姚前担任所长,研究方向包括数字货币、金融科技等
2018年1月	数字票据交易平台实验性生产系统成功上线运行	结合区块链技术前沿和票据业务实际情况,对前期数字票据交易平台原型系统进行了全方位的改造和完善,协助中国工商银行、中国银行、浦东发展银行和杭州银行顺利完成基于区块链技术的数字票据签发、承兑、贴现和转贴现业务
2018年8月	南京金融科技研究创新中心揭牌成立	由南京市人民政府、南京大学、江苏银行、中国人民银行南京分行和中国人民银行数字货币研究所五方在南京大学共建,将紧密围绕金融科技与金融服务创新,通过构建政、产、学、研、用的联系机制,为创新名城建设提供金融创新动力

时间	推进事件	事件描述
2018年9月	央行数字货币研究所搭建了"湾区贸易金融区块链平台"(PBCTFP)	央行数字货币研究所与中国人民银行深圳分行主导推动建立PBCTFP,助力缓解我国小微企业融资难、融资贵问题,致力于打造立足于粤港澳大湾区、面向全国、辐射全球的开放金融贸易生态
2019年5月	央行数字货币研究所开发的PBCTFP亮相	PBCTFP服务于粤港澳大湾区贸易金融,并且已经真真实实落地
2019年7月	央行将推动央行数字货币研发	央行研究局局长王信在数字金融开放研究计划启动仪式暨首届学术研究会上表示未来将推动央行数字货币研发
2019年8月	中央支持深圳开展数字货币研究	《中共中央国务院关于支持深圳建设中国特色社会主义先行示范区的意见》明确提出,支持在深圳开展数字货币研究与移动支付等创新应用
2019年9月	央行的数字货币将替代部分现金	央行行长易纲在庆祝中华人民共和国成立70周年活动新闻中心首场新闻发布会上表示,中国人民银行把数字货币和电子支付工具结合起来,将推出一揽子计划,目标是替代一部分现金
	央行将推出数字货币	中国国际经济交流中心副理事长黄奇帆在首届外滩金融峰会上表示央行将推出数字货币

注:以上为不完全统计。

各国对待数字货币的态度具有某种一致性,主要表现在两个方面:一方面强调加强技术创新,另一方面强调加强法律监管。从数字货币的发展现状来看,供给侧、需求侧、监管侧仍然面临诸多问题。一是供给侧"黑市"。目前,最具代表性的数字货币当属 Libra,但它属于私人数字货币,没有国家信用背书,还不能算是真正意义上的货币(表3-6)。私人数字货币存在种类繁多、碎片化严重、市场接受度低、技术风险难以预测等问题,这些问题严重制约着数字货币的可持续发展。二是需求侧"黑市"。数字货币由于其便捷性、隐蔽性等特征,极易被不法分子用于欺诈、非法集资、洗钱等违法犯罪活动。如比特币的价格缺乏监管,价值波动大,且容易被操控,直接导致投资者蒙受巨大经济损失。三是监管侧"黑市"。数字货币的无国界性、线上性以及缺乏可识别的"发行者"等特征,给实施有效监管带来了挑战。一方面,"监管的实施会对支付系统供应商和中间商施加相应成本,这些成本最终可能由负有签发义务的发行人或金融机构承担。一些国家已经开始通过调整现有的监管法规或者制定新的法律制度,来化解执法部门的担忧"[①]。另一方面,监管缺失成为公众对数字货币保持信心的阻碍,许多参与者可能会因为法律的不确定性或者缺乏对用户的相应保护,放弃使用数字货币或投资涉及数字货币的项目。从全球范围看,由主权中央银行发行的数字货币并不多,这主要是因为数字货币面临的风险复杂,覆盖面广泛,如果没有充分研究并采取相应防范措施,将对经济社会的安全产生不利影响。

---

① 米晓文:《数字货币对中央银行的影响与对策》,《南方金融》2016年第3期,第45页。

表3-6　DC/EP与Libra的比较

项目	中国人民银行	Facebook
数字货币	DC/EP	Libra
研究时间	2014年	2018年
发币权	有	无
聚焦点	支付	支付
解决问题	现代货币困境	当前金融服务不足问题
区块链类型	联盟连	联盟连
锚定物	人民币或数字资产价值	美元或一篮子其他货币
匿名性	非匿名性可追溯	非匿名性
服务对象	中国境内用户群体	Facebook的20多亿用户

（二）数字货币与主权数字货币

主权数字货币是一种法定货币,在国家信用担保的前提下,其本质与流通的纸币相同,具有可流通、可存储、可追踪、不可抵赖、不可伪造、可控匿名、不可重复交易、可在线或离线处理等八个特性(图3-4),相对私人数字货币适用范围更广泛,可助力政府实施精准调控。可流通是指主权数字货币作为国家法定货币,以国家信用为背书,可作为流通和支付的手段在经济活动中进行持续的价值运动。可存储是指主权数字货币利用其数字化优势,以数据的形式安全存储在机构用户的电子设备中,可供查询、交易和管理。可追踪是指主权数字货币交易信息由数据码和标识码两部分组成。其中,数据码指明传送内容,标识码指明数据包的来源及去处。不可抵赖是指主权数字货币利

用数字时间戳等安全技术,可实现交易双方在交易后不可
否认交易行为及行为发生的各类要素。不可伪造是指主
权数字货币在制造和发行过程中通过哈希算法等多种安
全技术手段保障其不能被非法复制、伪造和改造。可控匿
名是指主权数字货币采用"前台自愿,后台实名"的形式,
除货币当局外,任何参与方不能知道拥有者或以往使用者
的身份信息。不可重复交易是指主权数字货币实现其拥
有者不可将主权数字货币先后或同时支付给一个以上的
其他用户或商户,解决"双花问题"。可在线或离线处理是
指主权数字货币通过电子设备进行交易时可不与主机或
系统直接联系,不通过有线或无线等通信方式与其他设备
或系统交换信息。

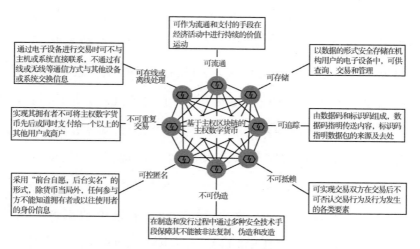

图3-4　基于主权区块链的主权数字货币

建立主权数字货币对于主权国家在全球经济体系中的地位将产生重要影响,是主权国家在金融创新中确立主导权的重要方式。全球范围内支付方式发生了巨大变化,数字货币的崛起给各国中央银行的货币发行和货币政策带来了新机遇、新挑战。通过发行数字货币寻求支付系统的创新支持,占领区块链技术发展先机,是目前全球国际金融中心巩固其地位的重要措施。从目前数字货币的实际发展和使用情况看,以区块链技术为基础的数字货币只解决了信用问题,但如果没有适应经济需求的供给调节机制,就无法解决币值波动问题,它可以成为金融产品、金融资产,但无法成为一种好的货币。主权数字货币除了作为交易的媒介之外,还具有价值标准、价值储藏、延期支付等功能,在购买力保值、推动信用经济、支付汇款变革、股权清算结算、股权众筹、票据业务、审计改革等方面发挥作用,这是各国积极探索主权数据货币的重要原因。同时,以区块链技术为基础的数字货币已经实现了交易过程可溯源,但能否成为货币取决于参与者的认可和币值的稳定,关键是其支付、清算必须满足监管要求。主权数字货币可以更好地实现与现有货币体系的融合,这将加速数字货币在全球范围的发展。

与主权货币相比,主权数字货币更兼具技术创新与治理创新的优势,将在信用机制、政策调控、金融创新等方面发挥重要作用。"货币理论认为,主权货币是国家发行的信用,以国家税收为基础,以法律为保障,以国民税收来清偿和保证。"①主权数字货币不仅具有主权货币的特征,还具有明显优势。一是具有明显的成本优势,流通效率更高。主权数字货币的信任机制建立在非对称密码学基础上,使用者在分散多中心结构下进行可信任的价值交换,价值交换的摩擦成本几乎为零,其支付、清算由交易双方直接完成,不需要第三方支付清算机构。特别是在当前经济全球化背景下,全球贸易加速发展,交易规模和频繁程度使得主权数字货币的应用具有较强的经济价值。二是可有效解决货币超发问题,遏制恶性通货膨胀。由于国家控制货币发行,出于减少财政赤字和推动经济发展需要,纸币超发不可避免,容易导致严重的通货膨胀,损害和侵蚀社会财富,破坏经济正常发展。主权数字货币的发行是基于确定的交易或各参与者认可的特定需要,是全社会商品物资服务价值的直接体现和交易映射,真实反映经济发展状况,理论上主权数字货币不会超发,不会导致通货膨胀。②三是有效提高货币政策的精确性和有效性。主权数字货币是记名货币,其不可篡改、无法伪造的时间戳可完整反

---

① 韩毓海:《货币主权与国家之命运》,《绿叶》2010年第Z1期,第155页。
② 中国人民银行宜宾市中心支行课题组:《数字货币发展应用及货币体系变革探讨——基于区块链技术》,《西南金融》2016年第5期,第71页。

映交易明细和交易双方的信息,能如实记载每位参与者的交易信用,能在全系统范围内形成统一账本。国家监管机构通过对账本信息和主权数字货币流通环节的追溯,能第一时间全面准确地掌握货币政策、信贷政策和国家产业政策执行情况,进而科学评估政策执行效应,根据形势变化调整和优化相关政策。四是有助于构建稳健高效的新金融体系。在大数据时代,金融与大数据的融合不断向纵深推进,金融体系的数字化革新此起彼伏。以比特币、瑞波币等为代表的私人数字货币的用户和机构不断扩大,给主权国家金融体系逐步渗透和分流带来多方面冲击。"央行数字货币采用新的支付体系和模式,支持'点对点'支付结算,货币交易中介环节减少,货币流通网络将极大扁平化,金融资产的相互转换速度加快,交易效率明显提高。更值得一提的是,主权数字货币采用透明记账和可控匿名交易,最终可以形成一个缜密而透明的大数据系统,主权中央银行利用数据优势对金融体系中的风险进行全面监测评估,最终构建稳健高效的新金融体系。"[①]

(三)主权区块链下的主权数字货币

主权区块链兼具技术与制度驱动特征,为主权数字

[①] 邱勋:《中国央行发行数字货币:路径、问题及其应对策略》,《西南金融》2017年第3期,第16页。

货币提供了可能。主权区块链是在国家主权和国家法律与监管下,以规则与共识为核心的安全分布式账本技术解决方案,不仅是一系列新技术的运用,更重要的是制度与规则层面的创新,具有可监管、可治理、可信任、可追溯等特点。主权数字货币是主权区块链应用的重要场景。当前金融创新的基本方向是共享,需要更多的过渡性改革,目的是解决现有经济金融运行中存在的矛盾。主权区块链基于区块链、工作量证明和权益证明等,深入研究合适的技术和规则,更好地满足数字货币体系的要求。其着眼于把技术变革最终落到制度变革上,从根本上改变传统的组织形式、管理模式、信息传递与资源配置方式,逐步实现理想模型中主权货币体系"稳定有序、最优均衡"的状态。基于主权区块链构建和发行的主权数字货币将兼具"数字化"和"中心化"优势。主权数字货币体系不大可能采用完全去中心化的加密数字货币模式,需要一种完全创新的混合技术架构给予支撑。利用主权区块链技术,可对加密数字的传送内容和流通路径进行完整记录与储存,并通过建立分布式账本实现共享,使得主权数字货币的流通路径完全可循且不可篡改,具有可追溯性和不可抵赖性。与私人数字货币完全去中心化不同,主权数字货币采用分散多中心化网络结构,具有国家信用支撑,由主权中央银行担保并签名发行,具有中心化的独特优势,保证了其更稳定的定价,社会更愿意持有并认可其公信力。

主权数字货币具有主权货币的本质特征,可以搭建"一币两库三中心"体系架构(图3-5)。"两库"就是遵循主权货币"中央银行-商业银行"的二元模式(图3-6),由主权中央银行将主权数字货币发行至商业银行业务库,商业银行受主权中央银行委托向公众提供主权数字货币存取等服务,并与主权中央银行一起维护主权数字货币发行、流通体系的正常运行,只是在运送及保存方式上有所改变。在此基础上,还将加入认证中心、登记中心、大数据分析中心这三个中心,形成了以"一币两库三中心"为核心要素的体系架构。认证中心作为系统安全的基础组件,可实现主权中央银行对主权数字货币机构及用户身份信息的集中管理,同时也是实现可控匿名设计的重要环节。登记中心记录主权数字货币及对应的用户身份信息,实现权属登记,记录流水,完成主权数字货币产生、流通、清点核对以及消亡全过程的登记。大数据分析中心是保障主权数字货币安全交易、防范主权数字货币非法交易、提高货币政策有效性的监控模块,根据业务需求,可实时分析各种交易行为,助力监管机构实现分析数据化和决策精准化。

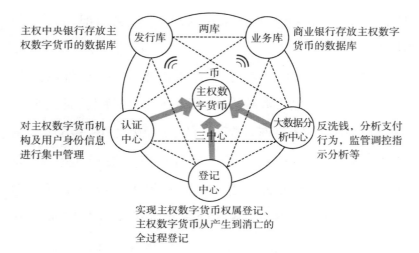

图3-5 主权数字货币"一币两库三中心"体系架构

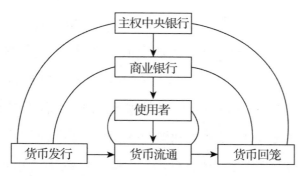

图3-6 主权数字货币"中央银行-商业银行"二元模式

二、数字身份

身份是一种地位,一种共同体的所有成员都享有的地位,所有拥有这种地位的人,在这一地位所赋予的权利和义务上都是平等的。社会是一个不平等的体系,并且社会阶层和公民身份一样，也可以建立在一套理想、信仰和价值之上。因此，有理由认为公民身份对社会阶层的影响将会以两种对立原则之间冲突的形式出现。[①]现有的身份系统阻碍了科技创新的步伐，制约了社会服务数字化、网络化、智能化、多元化、协同化进程。数字身份的建立为弥合数字鸿沟，以及全民共享经济发展的物质文明成果和精神文明成果创造了条件。

（一）从传统身份到数字身份

"人，是社会性的动物，在人与人的交往中形成了特殊的概念——身份。所谓身份就是人与人之间地位差别的象征，在某种程度上也体现着人与人之间在行为能力上的差别。"[②]具体来看，"在社会层面，身份是指一个人在一定社会体系中的位置，或者说是在社会生活中与他人发生关系时的社会位置"[③]。在法律层面，身份是指法定范围内个人能力的总和，也就是个人法定的权利和义务的能力总和。可以说，在"人法"中所提到的一切形式的"身份"都起源于古代属于"家族"的权利和特权。"个人并不为其自己设定任何权利，也不为其自己设定任何义务。他所应遵守

---

① 郭忠华、刘训练：《公民身份与社会阶级》，江苏人民出版社2017年版，第23页。

② 刘如翔：《人、身份、契约：评董保华等著＜社会法原论＞》，苏力主编：《法律书评》，法律出版社2003年版，第79页。

③ 陈国强：《简明文化人类学词典》，浙江人民出版社1990年版，第260页。

的规则,首先来自他所出生的场所,其次来自他作为其中成员的户主所给他的强行命令。"①进一步说,权利、义务的分配决定于人们在家族等"特定团体"中具有的身份(贵族或平民、父或子、夫或妻等)。

在"身份社会",身份(出身)是人们获取特权的主要途径。"人的肉体能使人成为某种特定社会职能的承担者。他的肉体成了他的社会权利。"②身份成为确定人们地位高低、权利和义务多少的根本标准。身份的本质就是讲究差别、亲疏、尊卑、贵贱,因而身份成了人与人之间的分水岭、人与人之间一切差别的总根源。与此同时,身份还是配置权力的根本标准,权力来自身份,权力因身份不同而有别,没有身份,就没有权力。身份不同使权力更加不平等化、更加特权化,在一个"身份社会",身份与权力、权威等同,促使人们崇拜权力,崇拜偶像,崇拜身份,唯上是尊,唯命是从,因此"身份社会"是一个人治社会。在这种社会里,所有的人都按照出身、财产和职业分属不同等级,每个阶级都有自己的观点、感情、权利、习惯和生活方式,他们之间没有共同的思想和感情,以至于很难相信他们是同一国家的人。③

---

① [英]梅因:《古代法》,高敏、瞿慧虹译,中国社会科学出版社2009年版,第176页。

② [德]马克思、[德]恩格斯:《马克思恩格斯全集(第1卷)》,中共中央马克思恩格斯列宁斯大宁著作编译局译,人民出版社2006年版,第377页。

③ [法]托克威尔:《论美国的民主(下卷)》,董果良译,商务印书馆1990年版,第700-701页。

随着数字技术的成熟和发展,数字身份应运而生,或将成为未来区块链基础设施中的重要一环。"数字身份是在现代计算机技术发展的背景下,以现代化的通信技术和网络技术为依托而形成的一种新的身份类型。"[①]互联网时代也好,未来的区块链时代也罢,它们的特点之一都是"数字化"。而数字化活动的基础,就是用户的数字化身份。然而,"随着互联网的不断发展和网站数量的与日俱增,中心化身份带来了许多的混乱和限制。用户各种各样的数字身份随机散落在互联网上,用户的身份及其相关数据不为用户所控制,导致个人的隐私权根本无法得到有效的保障"[②]。通过区块链技术构建的数字身份系统具有数据真实有效、数据安全及隐私得到有效保护等优势,但是,要想保证数字身份的绝对安全,还需要多种数字技术优势互补,共同作用,形成软硬一体的完备解决方案。2018年达沃斯世界经济论坛提出,一个好的数字身份应该满足五个要素:"第一,可靠性。好的数字身份应具备可靠性,可以建立对其所代表的人的信任,行使其权利和自由,以证明他们有资格获得服务。第二,包容性。任何需要的人都可以建立和使用数字身份,不受基于身份相关数据的歧视风

---

① 张婧羽、李志红:《数字身份的异化问题探析》,《自然辩证法研究》2018年第9期,第46页。

② TokenGazer & HashKey:《去中心化身份(DID)研究报告》,TokenGazer,2019年,https://tokengazer.com/#/reportDetail?id=240。

险影响,也不会面临排除身份的身份验证过程。第三,有用性。有用的数字身份易于建立和使用,并且可提供对多种服务和交互的访问。第四,灵活性。个人用户可以选择如何使用他们的数据,共享哪些数据以进行哪些交易,与谁交易以及持续多久。第五,安全性。安全性包括保护个人、组织或各种设备免遭身份盗用及滥用,不会出现未经授权的数据共享和侵犯人权等行为。"①

(二)数字身份与去阶层化

随着数字化、网络化、智能化的发展,数字技术已经成为一种新的变量,正在重塑社会阶层化机制。在社会分层的研究中,存在着一种"现代-后现代"(modern-postmodern)的立维分析模式,简言之是一种"阶层化-去阶层化"的分析模式。从阶层化的视角来看,数字鸿沟可以被认为是信息时代的"马太效应":"数字鸿沟是一种'技术鸿沟',即先进的成果不能为人公正分享,于是造成'富者越富,穷者越穷'的情况。"②也就是说,通过数据资本与其他资本的有效转化,社会阶层之间的社会、经济差距不断扩大,最终强化了不同的阶层地位。这是一种结构主义式

---

① 刘千仞等:《基于区块链的数字身份应用与研究》,《邮电设计技术》2019年第4期,第82页。
② 邱仁宗等:《大数据技术的伦理问题》,《科学与社会》2014年第1期,第43页。

的说明,认为社会阶层结构是延续性的,数字技术是一种促进阶层化的新变量。与之相反,后现代主义的视角则强调文化的重要性,个体的概念被凸现出来,它强调一种行动者个体自身的建构,生活方式和消费实践的多元化特征将对固有阶层结构产生巨大冲击。由此可见,数字技术有助于个人摆脱固有的阶层结构制约,实现对社会阶层结构的"去阶层化"。[①]

　　传统的社会阶层是根据经济、政治、社会、文化、荣誉等单一维度或单纯的多维整合来划分的。在数字化条件下,社会阶层的划分依靠的是以信息通信技术为核心的数字化维度——数字化维度主要包括数字化意识,信息通信技术的接入和使用,信息内容的获取、利用和创造,数字化信息素质,数字化凝聚力[②]。基于此,根据社会分层的理论与分析方法、社群主义理论以及数字不平等的表现维度,数字化时代的社群及其成员被划分为五个层次:数字精英群体、数字富裕群体、数字中产群体、数字贫困群体和数字赤贫群体(表3-7)。数字精英群体是五个阶层中唯一具备数字化凝聚力的群体。数字富裕群体的特征是能够通过

---

① 李升:《"数字鸿沟":当代社会阶层分写的新视角》,《社会》2006年第6期,第82-83页。

② 数字化凝聚力是指社会群体成员利用信息通信技术和数字化信息内容在网络空间中的团结程度,表现为网络利益诉求能力、网络舆论导向能力、影响实践中各类决策的能力。可以用"团结"和"分裂"来描述凝聚力的两种极端情况:"团结"代表具备数字化凝聚力,而"分裂"被定义为缺乏数字化凝聚力。据此,只有数字精英群体是团结的,而其他四个阶层均被认为是"分裂"的数字化阶层。

创作并上传、公开数字化内容来实现数字富裕。数字中产群体的特点是拥有基本信息通信设备,而且拥有数字意识、数字素养以及使用电脑和互联网等设施的动机与欲望,并且通过利用信息通信技术,被动地获取网络信息内容,他们不一定利用这些网络信息资源来解决实际问题。数字贫困群体是指在ICT(信息通信技术)和信息内容方面属于物质贫困、意识贫困、素养贫困中的一种或以上贫困类型的人群。数字赤贫则是三种数字贫困现象叠加之后的表现。[1]

表3-7   数字化社会阶层的定性描述

数字化阶层	群体特征
数字精英群体	拥有动机和意愿;获取并且利用信息资源;拥有数字化素养;创造并上传数字化内容;能够接入并使用ICT;拥有数字化凝聚力
数字富裕群体	拥有动机和意愿;获取并且利用信息资源;拥有数字化素养;创造或上传数字化内容;能够接入并使用ICT;缺乏数字化凝聚力
数字中产群体	拥有动机和意愿;获取了信息资源;拥有数字化素养;没有创造或上传数字化内容;能够接入并使用ICT;缺乏数字化凝聚力
数字贫困群体	物质贫困:拥有动机和意愿;没有获取信息资源;拥有数字化素养;没有创造或上传数字化内容;不能接入ICT;缺乏数字化凝聚力

---

[1] 闫慧:《中国数字化社会阶层研究》,国家图书馆出版社2013年版,第10–80页。

续表

数字化阶层	群体特征
	意识贫困:缺乏动机和意愿;没有获取信息资源;缺乏数字化素养;没有创造或上传数字化内容;能接入ICT;缺乏数字化凝聚力
	素养贫困:拥有动机和意愿;没有获取信息资源;缺乏数字化素养;没有创造或上传数字化内容;能接入ICT;缺乏数字化凝聚力
数字赤贫群体	缺乏动机和意愿;没有获取信息资源;缺乏数字化素养;没有创造或上传数字化内容;不能接入ICT;缺乏数字化凝聚力

资料来源:闫慧:《中国数字化社会阶层研究》,国家图书馆出版社2013年版。

数字身份为弥合数字鸿沟提供了可能性。诺贝尔经济学奖获得者阿玛蒂亚·森曾指出:"在一个信息自由流通的国家中,是没有真正的贫困的。信息的公开和流通及其全民享有,有利于经济社会的均衡、健康发展。"结合数字鸿沟的成因、具体表现及伦理危机,在数字化时代应当弘扬共享精神、契约精神和人文精神。首先,在数字化时代,掌握了数据就意味着拥有资源优势,在生产生活中占据绝对的主导地位。因此,要从根本上打破这种不公平的现象,就必须消除数据割据和数据孤岛,这就要求充分发挥数字身份的可靠性、包容性、有用性、灵活性、安全性等特性,为保护数据隐私,推动数据的共享、开放和流通奠定坚实基础。其次,实现数据共享的过程中势必会出现大数据利益相关者之间的权利与义务、利益与责任等纠纷。如果这些纠纷没有处理好,弘扬共享精神终将沦为口号。因此,需要从契约伦理视角明确大数据利益相关者之间的权利与义务、利益与责任等的界限。①最后,"大数据技术不是万能的,不能解决一切问题,它只是决策的一种量化手段。正确认识事物的是非利害,遵循人文精神是更为重要的前提"②。数字技术在给我们带来了巨大的经济价值的同时,也带来了人文价值。积极弘扬人文精神,挖掘人文价值,数字化时代才将有可能成为一个更加平等、和谐的时代,一个颠覆传统生存方式的时代。

(三)基于区块链的数字身份

当前,世界多极化、经济全球化、社会信息化的浪潮日益扩大,全球经济治理体系加速重构。在变局中,机遇与挑战并存,提升科技创新能力、加速经济结构和产业链调整十分关键。数字身份的出现,正深刻改变着经济社会的发展动力和发展方式,与传统身份系统相比,将大幅提高整体社会效率,最大化地释放用户价值,使政府、服务提供方、用户等各方均从中获益。③数字身份不仅重要,还很脆弱。在实际应用中,数字身份安全面临较大威胁。从各国

---

① 陈仕伟:《大数据时代数字鸿沟的伦理治理》,《创新》2018年第3期,第20—21页。

② 刘建明:《"大数据"不是万能的》,《北京日报》2013年5月6日,第18版。

③ 张奕卉、魏凯:《区块链重塑数字身份 哪些应用值得期待?》,《人民邮电》2019年4月11日,第7版。

针对数字身份保护的现有规制措施来看,个人数据保护法规和隐私法规是现行数字身份保护的主要法律依据,数字身份还没有像隐私权那样受到普遍重视。[①]在纷纷加紧对个人数据管制的同时,数字身份领域存在的信息碎片化、数据有虚假、数据易泄露、用户难自控等一系列痛点亟须有效解决。

区块链凭借其技术特征,在一定程度上为数字身份的可信验证、自主授权提供了相对可信的解决方案。较为典型的有基于区块链技术的身份链管理系统和数字身份系统。"据 Research & Markets 预测,全球区块链身份管理市场将从2018年的9040万美元增长到2023年的19.299亿美元。"[②]身份链利用区块链技术的特点实现了"数据可信,人更诚信"。"身份链是基于区块链技术实现网络电子身份认证的唯一标识,它能保障身份信息不被泄露,利用区块链技术的特点拓展网络身份标识编码的服务形式及范围,进而提高网络身份标识编码的服务能力,为各类应用系统提供安全可靠、形式多样的可信身份认证服务,同时保护用户隐私。数字身份链通过赋予所有参与的主体数字身份,对线下实名身份与线上数字身份进行映射关联和统一管

---

① 谢刚等:《大数据时代电子公共服务领域的个人数字身份及保护措施》,《中国科技论坛》2015年第10期,第36页。

② 中国信息通信研究院:《区块链白皮书(2019年)》,中国信息通信研究院官网,2019年,http://www.caict.ac.cn/kxyj/qwfb/bps/201911/P020191108365460712077.pdf。

理,让数据变得阳光透明;用户能够通过权限设置控制自己的数据是否开放或者部分开放,并且还可以设置谁能够访问被开放的数据,从而使数据不会被别人操控,很好地保护了用户的隐私。"①

　　基于区块链技术的数字身份系统能确保数字身份及其关联的一系列活动、交易等的数据是真实有效的。有研究表明,所有身份系统都有一些共同点——由用户、身份提供者及依赖方等要素构成。②数字身份系统也不例外,它以尖端的身份甄别技术和安全协议确保身份记录难以被损毁、篡改、盗窃或丢失,可分为内部身份管理、外部认证、集中身份、联合认证、分布式身份五个基本类型(表3-8)。而一个成功的自然身份网络应该基于五大原则。第一,社会价值。身份系统能为所有用户使用并实现利益相关方收益最大化。第二,隐私保护。用户信息只在恰当的情况下向正确的实体提供。第三,以用户为中心。用户可控制自己的信息并决定谁有权持有和获得这些信息。第四,可行且可持续。身份系统是一项可持续发展的业务且具有较强的抗政治波动能力。第五,开放灵活。身份系统

---

① 王俊生等:《数字身份链系统的应用研究》,《电力通信技术研究及应用》2019年第5期,第401页。

② 用户是指在系统内拥有身份,从而可以进行交易的人士。身份提供者是指储存用户属性、确保信息属实和代用户完成交易的人士。依赖方是指在身份提供者为用户提供担保后服务用户的人士。

依据开放的标准建立,以保障系统具有可拓展性和可开发性,系统标准和指导原则需对利益相关方保持透明。[①]

表 3-8　数字身份系统概况

类型	身份提供者与依赖方关系	特征
内部身份管理	同一实体既是身份提供者也是依赖方	最适于在单一实体内依据内部信息管理用户权限的情况,以确保正确的人有使用正确资源的权限
外部认证	多名身份提供者为单一依赖方认证用户	最适于简化用户使用单一实体所提供的一系列服务的情况,用户使用不同服务时无须重复登录
集中身份	一名身份提供者服务多名依赖方	最适于需提供不同用户完整、准确且标准化的非隐私数据的情况
联合认证	一组身份提供者为多名依赖方认证用户	最适于在为多个实体提供用户完整、准确且标准化数据的同时,用户可享受多个实体提供的服务且无需重复登录的情况
分布式身份	多名身份提供者服务多名不同的依赖方	最适于为用户提供在网络环境下便捷、可控且隐私受到保护的服务

资料来源:德勤、世界经济论坛:《完美构想:数字身份蓝图》,德勤,2017 年,https://www2.deloitte.com/cn/zh/pages/financial-services/articles/disruptive-innovation-digital-identity.html。

三、数字秩序

自然界和人类社会存在着各种结构,通过排列、组合形

[①] 德勤、世界经济论坛:《完美构想:数字身份蓝图》,德勤,2017 年,https://www2.deloitte.com/cn/zh/pages/financial-services/articles/disruptive-innovation-digital-identity.html。

成了各种秩序,每种秩序都有其特定功能和作用,在推动人类社会形态演变的同时,也极大地影响了人类的生活方式。①戴维·温伯格在《万物皆无序:新数字秩序的革命》一书中将秩序分为三阶:一阶秩序即实体秩序,是指实体事物自身的存在结构。在这一序列中,事物受到自身的时空限制,按照某种排列逻辑在固定的物理空间中实现"一物一位"。二阶秩序即理性秩序,是一种人为的、虚拟的秩序。在这一序列中,事物与事物本身的信息分离却又通过某种指向连接,这些信息成为一阶秩序的对象代理,并通过某种编码方法指向对象的物理位置。三阶秩序即数字秩序,是数字化时代所形成的一种特定的、满足个性需求的全新秩序。在数字化环境下,这种秩序正在改变我们的生产生活方式。②

连接、信任及认同是数字化生存的三要素,数字公民个体之间通过技术工具进行连接,并逐渐形成信任和认同,从而实现共同目标。尼古拉斯·克里斯塔基斯认为:"文明社会的核心在于,人们彼此之间要建立连接关系。这些连接关系将有助于抑制暴力,并成为舒适、和平和秩序的源泉。人们不再做孤独者,而变成了合作者。"③数字

---

① 文庭孝、刘璇:《戴维·温伯格的"新秩序理论"及对知识组织的启示》,《图书馆》2013年第3期,第6页。

② [美]戴维·温伯格:《万物皆无序:新数字秩序的革命》,李燕鸣译,山西人民出版社2017年版,第1页。

③ [美]尼古拉斯·克里斯塔基斯、[美]詹姆斯·富勒:《大连接:社会网络是如何形成的以及对人类现实行为的影响》,简学译,中国人民大学出版社2012年版,第313页。

社会被认为是人类生活和实践活动的"第二生存空间",是对"网络社会"或"虚拟社会"的一种更为形象化的表达。数字技术的快速发展和广泛应用,孕育了数字社会这一特定的技术与社会建构及社会文化形态。"数字技术进步和数字社会发展,成为当代人类社会变迁发展的一大重要特征,这一过程的展开有其内在必然性,是不可逆转的。"①在未来的数字社会中,人类将通过数字身份和数字货币连接在一个巨大的社会网络中,这种相互连接关系不仅仅是我们生命中与生俱来的、必不可少的一个组成部分,更是一种永恒的力量。

数字社会在数字身份、数字货币等诸多动力因素的作用下呈现出有别于以往现实社会的架构和运行状态。在运行状态上,数字社会具有以下四个方面的本质特征:第一,跨域连接与全时共在。跨域连接首先解决的是普遍连接②的问题。在此基础上,跨域连接依托数字化所带来的虚拟化的独有便利,革命性地解决了跨越地域空间限制而实现有效连接的问题,从而真正实现全球网络一体化的互联互通目标。第二,行动自主与深入互动。数字社会、网络时代和赛博空间客观上为数字公民的行为活动自由提供了极为

---

① 李一:《"数字社会"运行状态的四个特征》,《学习时报》2019年8月2日,第8版。

② 普遍连接既包括人与人之间的数字化连接,也包括智能设备与智能设备等物与物之间的数字化连接,还包括依托数字化而实现的人、物、智能设备相互之间的连接和贯通。

便利的基础条件,不仅实现了人类网络行为活动的虚拟呈现,而且也能够让这些网络行为活动在网络空间里持续展开,数字公民之间可以进行更为深入的交往互动。第三,数据共享与资源整合。网络空间的资源整合可以跨越现实的地域空间界限,可以方便快捷地完成资源要素的对接和组合,提升资源整合利用的有效性和时效性。第四,智能操控与高效协作。机械化、自动化和智能化的实现,是科学技术进步带给人类社会生活的"福利"。一系列智能设备和自动控制设备,都能为人们提供便捷高效的服务。网络世界既实现了物的连接,更实现了人的连接。技术或工具意义上的互联网络背后,隐含着的其实是社会和文化意义上的关联状态与关系网络。与网络空间里的资源整合相一致,人们依托于网络空间这一平台和场域,能够在各个不同的工作与生活领域,达成彼此合作的目的。①

数字技术带来的机遇彰明昭著,相应的风险也越来越清晰。数字技术不仅带来了快速的技术进步、高效的创新业态和更高品质的社会生活,同时也在生产关系、生活方式、社会结构、管理模式、秩序状态等诸多方面带来各种"创造性破坏"、难题和挑战,使得制度体系、运行机制、规制方式和社会秩序等面临着很大程度的"颠覆"与"重

---

① 李一:《"数字社会"运行状态的四个特征》,《学习时报》2019年8月2日,第8版。

建"。①2018年12月10日,世界经济论坛发布的《共享数字化未来:建设一个包容、可信赖、可持续的数字社会》报告为应对数字技术发展所带来的新问题、新挑战提供了新视野。报告认为,现有的机制、架构应对数字化未来已经有些捉襟见肘,数字化未来必须具有包容性,必须在社会、经济和环境方面具有可持续性。为了塑造一个包容、可持续和数字化的未来,政府、商界、学术界、民间社会人士要有共同的奋斗目标和协调一致的行动。全球领导人和组织应当聚焦不让任何人掉队、通过良好的数字身份便利用户、使经营服务于民众、让每个人都安全无虞、为新游戏制定新规则、打破数据藩篱等六个共同发展目标加强交流合作,打造共同平台,以塑造我们的数字未来(表3-9)。

表3-9 共享数字化未来的六个共同发展目标

共同发展目标	宗旨	主要障碍	合作重点
不让任何人掉队	每个人都可以访问并使用互联网	● 在经济合作与发展组织之外,存在区域鸿沟 ● 个别国家不同收入、年龄、性别的群体之间存在鸿沟	● 明智的财政政策 ● 有效的频谱分配 ● 启动或修订各国宽带计划 ● 政府首要目标是实现可持续的数字化 ● 释放通用服务的潜力 ● 将多元化目标纳入战略计划和投资 ● 建立自下而上创新的平台

① 马长山:《新栏寄语》,《华东政法大学学报》2018年第1期,第5页。

续表

共同发展目标	宗旨	主要障碍	合作重点
通过良好的数字身份便利用户	每个人都可以通过安全、有效、实用、可用的身份获得数字服务,并获得不同选择	●数字身份地域鸿沟 ●数字身份性别鸿沟 ●"良好"数字身份缺乏标准	●定义"良好数字身份" ●推广通用数字身份标准 ●增强意识和能力 ●支持和加强技术创新 ●开发政策工具包 ●学习和行动平台
使经营服务于民众	使数字业务为所有相关方创造可持续价值	●颠覆性 ●技术、责任和信任 ●平台和网络 ●新的技术架构 ●数字环境的边界	●制定转型的工具和指南 ●赋予董事会和企业团队权力 ●公私合作,制定共同的产业转型战略 ●就重大数字主题进行公私合作
让每个人都安全无虞	借助可信和安全的技术,并通过构建企业、机构的网络安全和网络弹性,保护个人的身份、资产、声誉和生命免受网络风险的影响	●阻止全球网络攻击,遏制网络犯罪 ●负责制定战略的领导层对网络弹性担负起战略责任 ●任何一个国家或企业都无法单独应对网络安全问题	●构建人力资本 ●建立领导层共识 ●应对各自为政问题 ●鼓励技术创新 ●制定缓解策略 ●情报共享 ●全球能力建设和培训计划 ●国家和企业战略

共同发展目标	宗旨	主要障碍	合作重点
为新游戏制定新规则	为迎接第四次工业革命,制定一套能为各方接受的、行之有效的规则和规则制定工具,并应具有灵活性和包容性	● 各相关方的战略重点不同 ● 行业主导存在行业和市场机制、超级监管机构、制定伦理标准、技术创新透明度等方面的问题 ● 技术创新问题	● 加速全球包容性敏捷治理的开发 ● 在政府内部建立政策实验室 ● 利用监管沙箱鼓励创新 ● 利用技术手段提高敏捷性 ● 促进治理创新 ● 众包政策制定 ● 促进监管机构和创新者之间的合作 ● 持续进步
打破数据藩篱	在享受数据带来的好处的同时,还应注意保护各方的利益	● 企业不希望暴露专有或商业敏感信息 ● 应对各种不同的法律环境 ● 许多行业受到更严格的监管	● 在开发、健康、环境和人道主义方面探索相关收益 ● 对成熟模式进行快速原型建造 ● 探索开发基于风险的通用框架 ● 创建和共享法律协议模板 ● 为政策制定者提供见解和工具 ● 开发一套技术、法律和市场方法

资料来源:徐靖:《共享数字化未来》,《互联网经济》2019年第5期。

第四章　智能合约论

既然面对同类时任何人都没有天生的权威，既然强力无法产生任何权利，那么人间一切合法权威的基础就只剩下契约了。

——法国启蒙思想家　卢梭

信任是经济交换的润滑剂，是控制契约的有效机制，是含蓄的契约，是最不容易买到的独特的商品。

——诺贝尔经济学奖得主　肯尼斯·约瑟夫·阿罗

很多规则如果能够在现在构建的区块链上编程、执行，可能会使整个社会的秩序更好、更有效率。

——北京大学教授　陈钟

第一节 可信数字经济

两百多年前,亚当·斯密在《国富论》中用"看不见的手"来描述市场机制在经济运行中的作用。如今,伴随着大数据、人工智能、物联网、区块链、5G等数字科技与人类生产生活的交汇融合发展,推动人类社会前进的生产力和生产关系不断变革,世界正处在从工业经济向数字经济加速转型过渡的大变革时代。农业经济时代的核心生产要素是土地,工业经济时代的核心生产要素是技术和资本,数字经济时代的核心生产要素变成了数据。基于区块链的智能合约系统,可通过"可信数字化"的数据上链过程,使数据被有效地确权,有力地保障数据交易与共享的真实性和安全性,让信任像信息一样自由流转,进而构筑高效、真实、透明、对等的可信数字经济生态系统。毫无疑问,区块链技术与智能合约的完美结合,将会极大地推动社会变革,对人类社会现有的生产力、生产资料和生产关系甚至是规则与秩序进行重构,为数字对象之间进行可信交互提供统一共识的机制,形成可信的未来数字经济,人人为公、各尽其力、各得其所的新契约社会自然会出现。

一、区块链赋能金融科技

金融是现代经济的核心,是实体经济的血脉,而技术进步历来都是驱动金融业发展与变革的主要力量。近年来,随着新一代信息技术的蓬勃发展,金融业因对信息数据高度依赖,与信息技术的融合日益加深,这加速了金融创新。2016年3月,全球金融治理的核心机构金融稳定理事会(FSB)首次对"金融科技"做出以下定义:金融科技是指技术带来的金融创新,它能创造新的业务模式、应用、流程或产品,从而对金融市场、金融机构或金融服务的提供方式产生重大影响。[1]根据上述概念,金融科技的关键是金融与科技的交互融合,技术突破是金融科技发展的原动力。结合信息技术对金融的推动作用,可以将金融科技的发展分为三个阶段(表4—1)。可以看出,在新一轮科技革命和产业变革的背景下,金融科技蓬勃发展,大数据、人工智能、区块链等新一代信息技术与金融业务的深度融合已成为金融创新的主要推动力。

表4—1　技术驱动金融科技发展的主要阶段

金融科技发展阶段	时间	驱动技术	主要业态	普惠程度	技术与金融的关系
第一阶段	2005—2010年	计算机	ATM、电子票据	较低	以技术为工具

---

[1] 贺建清:《金融科技:发展、影响与监管》,《金融发展研究》2017年第6期,第54—61页。

续表

金融科技 发展阶段	时间	驱动技术	主要业态	普惠 程度	技术与金 融的关系
第二阶段	2011—2015年	互联网	第三方支付、P2P网络借贷	较高	技术驱动变革
第三阶段	2016年至今	大数据、区块链、人工智能等	智能化金融	高	两者深度融合

2019年9月,中国人民银行印发《金融科技(FinTech)发展规划(2019—2021年)》(以下简称为《规划》),确立了我国金融科技的顶层设计规划,有利于建立更加全面的金融科技发展体系,结束了目前行业发展的无序局面,有效地避免了金融科技资源浪费,鼓励金融科技创业者发展具有特色场景应用的金融科技。同时,《规划》也指出"借助机器学习、数据挖掘、智能合约等技术,金融科技能简化供需双方交易环节,降低资金融通边际成本",并强调要积极探索新兴技术在优化金融交易可信环境方面的应用,稳妥推进分布式账本等技术验证试点和研发运用。区块链作为新兴分布式账本技术,其智能合约是高度安全的、防篡改的数字协议,可以部署在分布式账本上,以无信任的方式提供有保证的执行和处理。区块链和智能合约有机结合,可以被应用在数字货币、数字票据、证券交易、金融审计等诸多金融领域。

区块链:金融科技的底层核心技术。驱动金融发展的
金融科技已经从移动互联网、大数据、云计算等应用层面
转向区块链等底层技术创新。区块链是一个去中心化的
账本系统,能弥补传统金融机构的不足,提高运作效率,降
低运营成本,灵活更新市场规则,防止信息篡改和伪造,同
时也极大提高了稳定性。区块链是信任链接的基础设施,
可以低成本解决金融活动的信任难题,并且将金融信任由
双边互信或建立中央信任机制演化为多边共信、社会共
信,以"共信力"寻求解决"公信力"问题的途径。[①]此外,区
块链也有利于监管,可以成为监管科技的一部分,促进监
管部门获得更加全面、实时的监管数据。可以说,区块链
技术将是互联网金融乃至整个金融业的关键底层基础设
施。区块链作为金融科技的底层技术架构,必然在很多方
面重塑金融业态。无论是在传统金融服务,还是众筹、P2P
个人网贷等互联网金融创新方面,抑或在防范金融风险、
强化金融监管、打击非法集资等领域,区块链技术都有非
常广阔的应用前景,互联网金融正在进入"区块链+"时
代。总之,区块链作为金融创新的基础技术,具有很强的
战略价值,已经得到各国央行和金融机构的广泛认可。它
们利用区块链技术,正在研究深化金融改革、增强金融供

---

① 霍学文:《区块链将成为金融科技的底层技术》,网易科技,2016年,http://tech.163.
com/16/0710/10/BRJT0K4400097U7R.html。

给、促进金融创新、提升金融信用、防范金融风险等方面的应用。区块链技术必将在金融领域以及经济、社会等领域得到更广泛的应用。

区块链:数字金融的重要基础设施。从金融视角来说,区块链和数字货币就是新一代的数字金融体系,"由数字世界基本规律和成熟技术构建的区块链数字金融极具侵略性,BTC(比特币)在短短的十年间构建了数字金融的产业基石"①。在金融数字化背景下,数字货币具有为商业活动提供便利、降低发行成本、提高央行对货币流通掌控能力等优势,已成为全球共识。"数字金融或将重构金融运行方式、服务模式乃至整个生态系统。它简洁明快,超越时空和物理界限,打破国域疆界,自由而开放,尊重市场参与者的自主和自愿。"②在金融科技驱动下,它不需要依赖于传统的金融中介,能够使资产在保持原有全信息量的前提下流动起来。传统的金融业务将被逻辑编码为透明可信、自动执行、强制履约的智能合约。智能合约提供各种金融服务,甚至一个智能合约就代表一个金融业态。从这种意义上说,控制智能合约将意味着控制未来的金融业务。因此,在安全高效的用户身份认证和权限管理的基础

---

① 朱纪伟:《区块链:数字金融的基石》,《信息化建设》2019年7期,第56页。
② 姚前:《加密货币已经有可能成为真正意义上的货币》,澎湃新闻,2019年,https://www.thepaper.cn/newsDetail_forward_4445573。

上,智能合约在上链前必须经过相关部门的验证,以确定其程序是否能够按照监管部门的预期政策运行。必要时,监管部门可以阻止不符合条件的智能合约上链或关闭当地居民执行智能合约的权限,同时可以建立允许代码暂停或终止执行的许可监管干预机制。区块链的应用已经从最初的金融扩展到智能制造、物联网、供应链管理、数据存证及交易等诸多领域,未来区块链必将改变当前社会商业模式,创造全新的数字金融体系,进而引发新一轮的技术创新和产业变革。

区块链:普惠金融发展的强大引擎。"普惠金融的目的是在遵循机会平等和商业可持续原则的基础上,以可负担的成本为有金融服务需求的社会各阶层和群体提供适当、有效的金融服务。"①普惠金融在发展中,普遍存在"普及""惠及"以及"金融可持续"等难点。区块链的点对点网络模式具有高度的自治性和开放性,使金融服务能够逐渐渗透到偏远地区,为相对弱势的群体提供金融服务。它可以打破传统的地理空间限制,为长期以来受到金融排斥的群体提供金融服务,提升金融服务的普及性。通过植入区块链和智能合约,在确保信息真实有效的基础上,可实现信息、资产以及工作流程的数字化,将因信息不对称而被排

---

① 中华人民共和国国务院:《推进普惠金融发展规划(2016—2020年)》(国发〔2015〕74号),2015年。

除在金融体系之外的群体纳入金融体系,通过欠发达地区的信息共享,避免垄断,扩大金融服务覆盖面。降低劳动力成本,提高效率,也使金融机构能够以更低的价格提供金融服务,惠及更多群体。另外,在精准扶贫等方面,通过区块链对数据的全程监控,参与方高度透明,社会资源完全可控,由于区块链上的资金流向难以篡改,相关部门很容易对定向扶贫资金进行有效管理,解决诚信问题。

区块链:防范化解金融风险的强大支撑。金融的本质是风险,风险的本质是信息不对称,区块链能解决金融行业与实体经济之间的信息不对称和信任难的问题。这将大大降低金融业的成本,同时有助于防范金融风险,而智能合约更是有效提升了金融服务实体经济的效率。在区块链金融应用场景中,技术性信任可以在一定范围和程度上取代商业信用,但并非否定传统的信任方式,其实质上不是去信任,而是用技术信任加持商业信用,这有利于维护契约原则,维护金融诚信。[1]区块链是构建信任的机器,不仅在陌生人间通过分布式账本和共识算法建立信任,也能让金融机构与中小微企业建立信任关系。通过政府、企业、金融机构共同搭建的供应链金融平台,在企业授权的前提下,区块链有助于实现中小微企业经营数据的真实、

---

[1] 李礼辉:《五大举措构建数字社会信任机制》,新浪财经,2018年,https://finance.sina.com.cn/hy/hyjz/2018-12-15/doc-ihmutuec9368548.shtml。

可信、共享，大大降低了银行尽职调查的成本，减少了信用风险。智能合约还能实现智能放贷、智能收取利息和智能风控等，进而助力金融更好地服务实体经济，解决中小微企业融资难、融资贵的问题。[①]此外，智能合约的参数设置也是一种监管手段，正如利用法定存款准备金率、资本充足率等监管指标来防范和控制银行风险一样，监管部门也可以通过调整或干预智能合约的参数来控制金融业务的规模和风险。比如，在票据业务中应用区块链技术，可以利用可编程智能合约实现对商业约定的具体限制，并引入监控节点对交易各方进行确认，从而保证价值交换的唯一性，有效化解金融风险。

二、智能合约与数据交易

根据国际数据公司（IDC）的最新报告，中国每年将以超过全球平均值3%的速度产生并复制数据，2018年约产生7.6泽字节（ZB）数据，到2025年将增至48.6泽字节（ZB）。[②]数据是数字经济的关键生产要素，数据交易推动了数据流通，释放了数据价值，完善了大数据全产业链，促进了实体经济加速向数字化转型升级，成为数字经济发展

---

① 赵永新：《区块链信任机制推动普惠金融发展　助力解决中小微企业融资难题》，《证券日报》2019年12月26日，第B1版。

② ［美］雷因塞尔等：《IDC：2025年中国将拥有全球最大的数据圈》，安防知识网，2019年，http://security.asmag.com.cn/news/201902/97598.html。

的重要引擎。作为全国首个大数据综合试验区,贵州率先在与数据交易相关的数据开源、数据认证、数据定价、数据标准、数据确权、数据安全等领域开展积极探索,在全国掀起了示范效应。2015年4月,全国首个大数据交易所——贵阳大数据交易所——正式挂牌运营,其设立被IDC誉为"全球大数据产业发展的重要里程碑事件,开启了大数据交易的历史新篇章"。数字经济以数据为能源,位于大数据产业链上游的数据交易能驱动数据要素的流通,成为区块链技术发展和应用的关键领域。

　　当前,由于数据属权不明确,海量数据资源分散在政企数据壁垒、数据孤岛之中,制约数据要素流通,进而阻碍大数据产业与数字经济的发展。其中有交易数据界定及权属不清、重要数据溯源、个人隐私泄露等问题,这些问题如果无法得到有效解决,将严重侵害人们的合法权益,严重阻碍大数据产业的健康可持续发展。此情况下,如何有效利用区块链实现大数据交易已成为一个亟待解决的问题。区块链可协助参与主体彼此建立信任,促进数据交易:数据所有权、交易和授权范围记录在区块链上,数据所有权可以得到确认,精细化的授权范围可以规范数据的使用。[①]2017年,贵阳大数据交易所制定了《大数据交易区块

---

① 华为云:《华为区块链白皮书》,国脉电子政务网,2018年,http://www.echinagov.com/cooperativezone/210899.html。

链技术应用标准》，并将区块链技术应用于交易系统，实现数据资产的可信交易，进行数据确权及数据溯源。区块链技术的加入让数据交易的每一步操作都留下时间戳，准确记录数据产生、交换、转移、更新、开发、利用的过程，方便于交易数据的确权、追溯、管理与访问使用，实现数据安全保障和隐私保护，从规则上加速了数据的安全流通。大数据交易的区块链化能推动交易的流程化、透明化和规范化，促进数据确权和质量评估，为大数据交易提供坚实的保障。[①]

区块链破解数据的共享与安全难题。数据交易实质上是有偿的数据共享，共享与安全是一对矛盾体。然而，区块链技术实现了对这一矛盾的调和。首先，区块链技术通过多重加密保障数据不被泄露，且基于区块链技术的英格码系统（Enigma）可以实现在不访问原始数据的情况下运算数据，这样就对数据的私密性进行了有效保护，为大数据交易下的数据安全尤其是隐私保护提供了解决方案。其次，在多重加密的基础上，结合数字签名技术，区块链可以保障数据只对获得授权的人员开放。同时，如果数据在所有节点中共享，每个节点就都将有一份加密数据副本，而只有使用对应的私钥才能解密，这种技术既实现了数据的选择性

---

① 大数据战略重点实验室：《块数据3.0：秩序互联网与主权区块链》，中信出版社2017年版，第187页。

共享,又保证了数据安全。"区块链分布式架构更适合在多利益相关方之间创建可信的共享数据账本,在没有'中心化'权威机构的情况下,可以让多利益主体以多中心化的方式实现数据交互共享。"①基于区块链智能合约的数据交易方案,通过区块链记录双方的买卖行为,并利用智能合约实现交易的自动执行。交易数据不记录在区块链中,数据将被加密并存储在外部数据存储器中,当智能合约生效后,买方可以获得数据。智能合约是在多个节点上面执行,而所执行的结果必须是相同的,智能合约所出的结果一定要达成共识才能被接受。②另外,买方同时也可以通过监管区块链共识网络发布交易,实现第三方见证,也增加了数据交易的安全性保障。

区块链保障数据交易双方合法权益。数据交易中的数据所有权存在很大争议,数据权利主体到底是谁存在模糊地带,数据通过网络非常容易复制,难以真正实现权属保护。利用区块链技术对数据进行认证,能明确数据的来源、所有权、使用权和流通路径,让交易记录是全网认可的、透明的、可追溯的,从而有效保障数据交易双方的合法权益。一方面,区块链提供了可追溯路径,能有效破解伪造数据的

① 张钰雯、池程、李雨蓉:《区块链是否能打破数据交互的困境?》,中国信息通信研究院,2019年,http://www.caict.ac.cn/kxyj/caictgd/201912/t20191212_271577.htm。
② 蔡维德、姜嘉莹:《智能合约3个重要原则》,搜狐网,2019年,http://www.sohu.com/a/290611143_100029692。

难题。区块链通过网络中多个参与计算的节点来共同完成数据的计算和记录,并且互相验证其数据的有效性,有助于交易数据的防伪,保障数据使用方的合法权益。另一方面,区块链破除了中介中心拷贝数据的威胁,有利于建立可信任的大数据交易环境。中介中心具备复制、保存所有流经的数据的条件和能力,但基于去中心化的区块链,可以消除中介中心复制数据的威胁,保障数据提供者的合法权益。智能合约使数据可以被有效地确权,通过"可信数字化"的数据上链过程,有效地保障数据的真实性,实事求是地为产业解决以往难以解决的问题,也从"降成本""提效率"等方面推动各行业转型升级。

区块链减少数据交易系统的安全风险。黑客攻击、服务器宕机是数据交易系统最令人担心的问题,数据交易系统一旦遭受破坏,其后果不可估量。区块链的分布式网络结构,可以使整个数据交易系统没有中心化的硬件或机构,当某一节点受到损坏时,并不会导致其他节点上数据的缺失,整个数据交易系统能够照常运行,区块链化的大数据交易将顺利进行。此外,借助区块链技术,任何参与节点都可以验证账本内容和账本所构建的交易历史的真实性与完整性,确保交易历史是可靠的、没有被篡改的,提高系统的可追责性,降低数据交易系统的信任成本。基于区块链智能合约的数据交易方案,是交易共识网络和监管共识网络之间的所有节点通过区块链共同维护一份账本记录,通过节点都可以发布数据交易;所述的数据交易共识网络以智能合同的方式发布到区块链中,并通过对等网络分发到各个节点,最终达成共识;也可以向监管共识网络发布数据交易达成共识,并通过数据交易共识网络的验证节点来自动执行智能合同。通过将数据指纹上链,并结合数字签名技术,保证数据真实性和完整性,可以使授权的认证机构对数据进行验证,并将认证结果上链,达到数据增信的效果。区块链技术解决了端到端的可信价值传递的问题,为更多的参与方创造可信连接,以低成本、高效率、透明对等的方式提供数据可信共享服务。①

　　区块链确保数据交易过程安全可信。基于区块链技术,采用去中心化的系统架构和计算范式构建大数据交易平台,可以优化大数据交易流程,实现交易过程中数据资产登记、数据价值评估、数据资产保全、数据资产投资、数据交易结算等环节的安全可控、全面监管,促进数据的流通和应用。区块链有助于形成具有"公信力"的数据资产确权登记平台,避免数据资产所有权的纠纷,促进交易确认、记账对账、投资清算的有序进行。智能合约的可追溯、

---

① 张钰雯、池程、李雨蓉:《区块链是否能打破数据交互的困境?》,中国信息通信研究院,2019年,http://www.caict.ac.cn/kxyj/caictgd/201912/t20191212_271577.htm。

不可篡改等特性,有助于形成完整的大数据交易信息流,通过比对区块链上的同类别数据以及交易历史,能合理地对新登记的数据资产进行估价。将传统的资产保全手段与区块链技术相结合,能有效保护数据资产的完整性,防止数据资产被攻击、泄露、窃取、篡改和非法使用。在数据资产投资过程中,区块链技术应用于数据资产的登记、评估、保全、投资等各个环节,保证数据资产账本的可信度,保证了数据资产账本的安全性。利用区块链智能合约技术,可以极大简化交易结算服务流程和交易资金账户管理。同时,智能合约可以将复杂的数据交易结算规则以合约条款的形式写入计算机程序,当发生满足合约条款中的行为时,将自动触发接收、存储和发送等后续行动,实现数据交易结算的智能化。

三、可信数字经济生态圈

人类的生产生活以及一系列的生产要素都正在数字化,数字经济已然成为一种新的社会经济发展形态。[①]中国信息通信研究院的数据显示,2018 年,我国数字经济总量达到 31.3 万亿元,占 GDP 比重超过三分之一,达到 34.8%,占比同比提升 1.9 个百分点。数字经济是以数字化的知识和信息为关键生产要素,以数字技术创新为核心驱

① 孙崇铭:《化危为机,提升企业的科创能力》,《中国商界》2019 年第 4 期,第 29 页。

动力,以现代信息网络为重要载体,通过数字技术与实体经济深度融合,不断提高传统产业数字化、智能化水平,加速重构经济发展与政府治理模式的新型经济形态。[①]数字经济是继农业经济、工业经济之后更高级的经济阶段。对数字经济的认识,需要打破固有的经济模式思维,开阔视野和拓展空间,将其视作与工业经济、农业经济拥有类似的经济范式和经济规律,但数字经济是工业经济、农业经济的跃迁式发展,扩展了传统经济模式的空间和实践维度。[②]在农业经济时代,生产要素是土地和劳动力;在工业经济时代,土地的重要性下降,生产性资本(如机器设备)和劳动力被看成两大生产要素,隐含的假设是土地包括在生产性资本之内;在数字经济时代,除资本和劳动力之外,数据成为另一个核心的生产要素。

数据作为全新的生产资料,已成为驱动经济增长的核心生产要素和新型基础设施,以中心化系统为构架的信息互联网模式不再适用于高速发展的数字经济。作为能够实现分布式存储、无法篡改、防止抵赖的技术体系,区块链能够建立一种对等的价值传输网络,并借助密码学等技术实现数据价值的确权和资产数字化,确保数据开放共享等

[①] 中国信息通信研究院:《中国数字经济发展与就业白皮书(2019年)》,中国信息通信研究院,2019年,http://www.caict.ac.cn/kxyj/qwfb/bps/201904/t20190417_197904.htm。

[②] 曹红丽、黄忠义:《区块链:构建数字经济的基础设施》,《网络空间安全》2019年第5期,第76页。

流通环节的安全可靠,具有安全可信、数字产权明晰、共治和共享等特征,为数字经济提供安全可信的发展环境(图4-1)。因此,区块链自身的共识机制和激励机制,能够复制现实经济体系下的组织结构,提高价值传递的效率并降低成本,成为构建数字经济、数字社会的基础设施和重要组件。

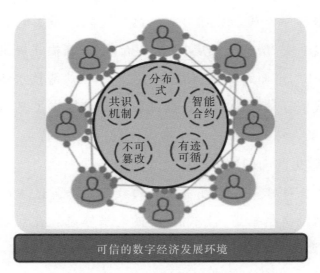

图4-1 区块链:信任的机器

资料来源:贵阳市人民政府新闻办公室:《贵阳区块链发展和应用》,贵州人民出版社2016年版。

区块链使数据确权与分割更加容易。数据确权是保证数字经济健康、安全发展的基本条件和法律依据。数据确权是指对数据权利集合内的各项权益进行划分和确定的过程,包括所有权、占有权、支配权、隐私权等,归根结底是解决数据没有标签、易被复制滥用的问题。[①]数据在收集、存储、使用、流转、销毁各个环节将产生多种权属关系，各环节的权属关系难以明确界定。数据分割问题是数据确权的附属问题，其根本是数据无法确权导致的数据难以拆分、流转。[②]数据所有权的界定是数字经济发展的基本支撑和保障，若不能明确各种关系中数据的权属，就无法让数据有序流通。数据分割的高难度将严重影响数字经济的多维度、精细化发展，无法为新业态、新模式提供可靠权利保障，进而影响数字经济的发展。区块链技术建立的分布式信任体系为实现数据确权与分割提供了基本架构保证，其天然的去中心化账本属性，保证数据真实、不可篡改，为数据驱动的数字经济时代提供基石。

区块链推动建立可信安全的数字经济。区块链构建的数字经济是基于"技术信任"的经济体系。在互联网模式下，海量数据集中存储实现了低成本的信息采集、交换和流通，但无法保证数字经济活动中数字信息的安全性和可信性。区块链的共识机制和智能合约构建了其中心化环境下数据生成、传输、计算和存储的规则协议，为以数

---

① 从语义上理解，数据确权就是确定数据的权利人，该权利包括所有权、使用权、收益权等；从商业角度看，数据确权就是明确商业过程中数据交易方的权利、责任及关系，从而保护交易各方合法权益的过程。（刘权：《区块链与人工智能：构建智能化数字经济世界》，人民邮电出版社2019年版，第42页。）

② 曹红丽、黄忠义：《区块链：构建数字经济的基础设施》，《网络空间安全》2019年第5期，第78页。

据、信息和知识为载体的价值的安全流动创造了条件。此外，在密码学算法的支撑下，对链上数据的加密和保护也逐渐成熟，从而实现网络节点中"端－端"的隐私保护。从这个角度看，区块链实现了价值互联网的基础协议，成为数字经济发展的战略性支撑技术，有助于建立起安全可信的数字经济规则与秩序。区块链采用加密和共识算法建立信任机制，使得抵赖、篡改和欺诈的成本高昂，保证了数据不被篡改和伪造，实现了数据的完整性、真实性和一致性。依托区块链构建起可信安全的数字经济体系，为主权经济体参与全球数字经济营造更加可信安全的市场环境，促进不同国家、不同地区、不同经营主体和不同个体之间开展更加紧密的数字经济合作，政府、企业、个人通过"信息上链"，可以让经济社会运行变得更加透明，各主体之间信息流通畅可信。

区块链是实现资产数据化的关键"钥匙"。资产数据化是实体资产（有形资产和无形资产）向数据资产映射、丰富数据资产内涵的必要手段，是扩展数字经济空间和维度、推动数字经济向数字财政和数字社会发展的必经之路。数据资产是数字经济下新的资产形态，主要包含三方面：一是法定数字货币与其他数字代币，如比特币、莱特币等；二是数字化金融资产，包括数字化的股票、众筹股权、私募股权、债券、对冲基金等所有类型的金融衍生品,如期货、期权等各类金融资产;三是各类可数据化资产,在实践中,智能合约可以通过赋予数据资产以代码的形式在区块链上运行,再通过外部数据触发合约自动执行,从而决定网络中数据资产的重新分配或转移,其合约标的可以是汽车、房屋等物质产权,也可以是股权、票据、数字货币等非物质产权。可以看出,区块链技术使得数据确权、分割和共享等难题更容易得到解决,区块链分布式的网络拓扑结构能够扩大数字资产的应用范围,并率先应用于数字货币、数据交易等经济领域,防止数据资产的复制。

区块链是构建数字社会信任体系的重要组件。数字经济是推动数字社会①发展的前提、基础和核心驱动,是数字社会发展的根本保证。数字社会则是数字经济发展的最终目的,并为数字经济发展提供精神动力、智力支持和必要条件。与传统产业相比,数字经济对市场的反应更快,投资门槛更低,生产环节更简单,成本更低。因此,数字经济不仅可以实现低投入、高收益,降低成本,提高效率,而且有利于经济社会的可持续发展。可以说,数字经济将成为社会生产力升级的主要推动力和经济增长的新

---

① 数字化、网络化、大数据、人工智能等当代信息科技的快速发展和广泛应用,孕育了"数字社会"这一特定的技术与社会建构及社会文化形态。"数字社会"这一特定指称,是"网络社会"或"虚拟社会"的一种更为形象化的表达。(李一:《"数字社会"运行状态的四个特征》,《学习时报》2019年8月2日,第8版。)

引擎。基于区块链技术的智能合约的去中心化的数字货币发行、不可篡改的合约条款、资产交易的数字化,使得任何合约的各种限制条件越来越简单,交易费用更低,交易效率更高。区块链上的所有信息都以数字形式记录,这意味着劳动力将明显减少,每一条信息都可以在区块链上得到记录、确认和认证。区块链模式下的数字经济将重构生产资料与劳动者之间的关系:一是区块链能够凭借密码学技术、不可篡改的分布式账本、点对点网络,建立确权机制,界定生产资料与劳动者之间的所属权和使用权;二是区块链可以通过共识机制和权限控制等技术,在数字社会中完整复制线下的经济关系;三是区块链中的积分机制和激励机制,将重新定义生产资料的分配法则,丰富和激发数字经济的创新模式与创新理念。[1]区块链可通过实现人、机器、网络之间的点对点连接,使大规模的连接打破人与人、人与物之间的障碍,准确无误地互通有无,真正实现万物互联,充分释放出数字经济蕴含的巨大能量,带领我们进入零边际成本社会。总之,区块链技术与智能合约的结合,将极大推进社会的生产力与生产关系变革,深刻改变人类生产生活方式,共同构建可信数字社会的重要组件(图4-2)。

---

[1]　曹红丽、黄忠义:《区块链:构建数字经济的基础设施》,《网络空间安全》2019年第5期,第80页。

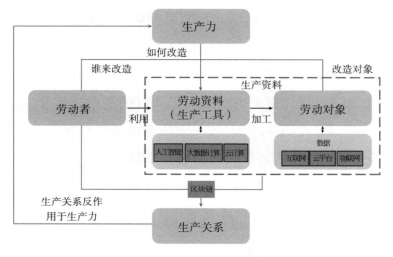

图4-2 区块链下的数字社会关系结构

第二节 可编程社会

在《道德情操论》中,亚当·斯密站在利他的角度,从同
情的基本原理出发,揭示了人类社会赖以维系、和谐发展
的基础,以及人的行为应遵循的一般道德准则。然而,正
如他在《国富论》中所论述的一样,每个人都追求自己的利
益,这是人性的一面,也是一种自然现象。区块链作为构
造信任的机器,其核心价值就是为人类社会提供信任的
"技术契约",从而为人与人、人与自然的和解、和谐提供新
的方案。人类文明已经从"身份社会"进化到"契约社会",
智能合约能够替代所有的纸质契约,完美地连接物理世界和虚拟世界,确保与真实世界的资产进行可信交互。未来,大部分的人类活动也将在区块链上完成,并由此实现信任的可编程、资产的可编程以及价值的可编程,这将彻底改变整个人类社会价值传递的方式,形成一个可编程的世界。同时,数字公民、智能设备等数字化终端将会在区块链系统上互联互通,在数据、算法和场景等多重因素驱动下,构建出一种崭新的不需要第三方背书、绝对可信的社会契约关系,并不断创新社会治理,带领人类走向更加高效、公平和有秩序的智慧社会。

一、从可编程到跨终端

在现实世界里,每个人都处在各种关系契约中,所有人在契约的约定下参与整个社会的生产和生活。"数字社会是把实体社会中人们的生活模式、信用、法律甚至文化等依存关系转移到虚拟世界上的新生活方式。"[①]区块链智能合约使社会生产关系虚拟化,使得现实世界的价值能够在虚拟世界里流动,实现现实世界不同契约、不同业务流程在虚拟世界的共识建模。区块链技术最终要能促进生产关系虚拟化,推动生产力的发展,整个区块链生态系统的核心就要能支持各种契约,即业务合约,并在相关参与

---

① 胡凯:《数字社会的基础——智能合约》,国际在线,2018 年,http://it.cri.cn/20180531/ece4e6cc-c029-7ebd-7fda-c93d52e96f93.html。

者间共享交易账本。就如同在现实社会中,货币是金融的基础,货币和金融是这个社会运行的核心一样。可编程货币是可编程金融和可编程社会的核心与价值交换基础,可编程金融又是可编程社会围绕的中心。目前,区块链的可编程自由度有限,但可以预计的是,随着技术的进步,基于比特币区块链的可编程应用范围将会越来越广。可以说,智能合约与可编程社会体现了未来基于区块链实现高度自动化、智能化、公平守约的虚拟社会生产关系的能力。随着区块链智能合约的成熟和落地,人类经济、社会和生产生活将发生深刻变革,我们将逐步进入万物互联的智能物联网时代和可编程的经济社会体制。

从可编程货币到可编程经济。当前,我们正在进入信息化新阶段,即以数据的深度挖掘和融合应用为主要特征的智能化阶段。在人、机、物三元融合的大背景下,以"万物均需互联,一切皆可编程"为目标,数字化、网络化和智能化呈现融合发展新态势。[①]可编程的意义是指通过预先设定的指令,完成复杂的动作,并能判断外部条件,从而做出反应。可编程货币即指定某些货币在特定时间的专门用途,这对于政府管理专款专用资金等有着重要意义。基于区块链技术的新型数字支付系统,其去中心化、基于密钥的毫无障碍的货币交易模式,在保证安全性的同时大大

① 梅宏:《夯实智慧社会的基石》,《人民日报》2018年12月2日,第7版。

降低了交易成本,对传统的金融体系可能产生颠覆性影响,也刻画出一幅理想的交易愿景——全球货币统一,这将使得货币的发行、流通不再依靠各国央行。可编程货币带来可编程金融,可编程融资带来可编程经济。金融是人们跨越时间、空间进行价值交换的活动,而价值交换的前提就是"信息"和"信任"。如果说可编程货币是为了实现货币交易的去中心化,那么可编程金融就能实现整个金融市场的去中心化,是区块链技术发展的下一个重要纽带。新技术不断渗透到经济、社会和生活的复杂动态过程中,给人类社会及其经济组织的运行方式带来颠覆性的变化。然而,这一切都会随着可编程经济的到来而改变,可编程经济作为一种基于自动化、数字算法的全新经济模式,把交易的执行过程写入自动化的可编程语言,通过代码强制运行预先植入的指令,保证交易执行的自动性和完整性。它为我们带来了前所未有的技术创新,在执行层面大大降低交易的监督成本,在减少造假行为、打击腐败和简化供应链交易等"机会主义行为"方面均有极好的应用前景,是未来新经济的发展方向。区块链的脚本语言使可编程经济成为现实,脚本的魅力就在于其具有可编程性,它可以灵活改变价值留存的条件,以更好地适应人们从事社会和经济活动的需求,这也是可编程经济的优势所在。这样,我们就可以通过智能合约实现经济、社会、治理等层面的管理功能,对于经济体制和社会的运行都将有着重要的推动作用。

区块链与可编程社会。基于区块链智能合约可编程特征及其应用,可以建立不需要第三方信任机制、彼此信任的可编程网络社会和经济体。通过解决去信任问题,区块链技术提供了一种通用技术和全球范围内的解决方案,即不再通过第三方建立信用和共享信息资源,从而提高整个领域的运行效率和整体水平。区块链1.0是虚拟货币的支撑平台,区块链2.0的核心理念是将区块链作为一个可编程的分布式信用基础设施,用以支撑智能合约的应用。区块链的应用范围从货币领域扩展到具有合约功能的其他领域,交易的内容包括房产契约、知识产权、权益及债务凭证等。区块链3.0不仅将应用扩展到身份认证、审计、仲裁、投标等社会治理领域,还将囊括工业、文化、科学和艺术等领域。①在这一应用阶段,区块链技术将被用于将所有的人和设备连接到一个全球性的网络中,科学地配置全球资源,实现价值的全球流动,推动整个社会进入智能互联的时代。不同领域、不同业务流程在虚拟世界的共识建模,甚至会创造出统一现实世界和虚拟世界的新型生产关系合约服务或合约流程,可以称之为可编程社会。这种社

---

① 郑志明:《建立国家主权区块链基础平台迫在眉睫》,《中国科学报》2018年10月18日,第6版。

会背景下,就如同人类一样,机器具备了智能,并能够自主通信,自动形成可编程社会的法律和规则,不需要借助人类的外力,就可以自行迭代和进化。这是一个面向组织单元(个体、团体、机构)的大众化、开放式、赋能共益的智慧组织构建与深度协作平台,构建无边界的社会化生态,助力组织转型与个体挖潜,引领以人的关系为核心的价值连接与协同创新。从历史的角度看,自治组织边界的变动不仅会改变其内部的连接结构,也会改变外部的连接状态,有目的的互动行为会促使组织自发地向更高级的形式演进,从而改变整个社会组织的连接结构和监管方式。[①]可编程社会带来了信任重构,降低交易成本,既提高了社会管理效率,也完善了社会治理方式,或许最终会带领人类走向更加公正、有秩序和安全的自治社会。

区块链与万物智联。区块链的可编程特性将推动社会进入基于机器信任的万物智联时代。IDC预测,到2025年,全球物联网设备将达到416亿台,产生79.4泽字节(ZB)的数据量。[②]"在有互联网以前,物理世界是离线的;在有了互联网以后,世界在向在线进化。"[③]连接是在线的

---

① 南湖互联网金融学院:《区块链技术的可编程性将变革经济社会和生活的组织方式》,东方财富网,2016年,http://finance.eastmoney.com/news/1670,2016081765607929 8.html。

② IDC:《全球物联网设备数据报告》,安防知识网,2019年,http://security.asmag.com.cn/news/201906/99489.html。

③ 王坚:《在线:数据改变商业本质,计算重塑经济未来》,中信出版社2016年版,第34页。

结果,在线后才能让连接渗透到社会。因此,互联网的本质特征就是"连接",使人人相连(智能互联网)、物物相连(物联网)、业业相连(工业互联网)成为可能。[①]区块链技术颠覆了互联网的最底层协议,并将大数据、人工智能、区块链、5G等技术融合到物联网中,这种融合将创造出一个智能连接的世界,对所有的个人、行业、社会和经济体产生积极影响,推动人类社会走向一个万物感知、万物互联和万物智能的世界。基于泛在网络[②]的智能连接,需要借助互联网、物联网等连接技术,以及无处不及的各类智能终端硬件设施,构筑万物智联的泛在网络世界。这种连接将可以随时随地获取行为数据,通过网络及时传递和存储这些数据,为计算和应用奠定基础。普遍连接既包括人与人之间的数字化连接,还包括依托数字化而实现的人、物、智能终端相互之间的连接和贯通。与此同时,跨域连接在普遍连接的基础上,进一步依托数字化所带来的虚拟化的独特便利,革命性地突破了地域空间限制,实现了跨地域的有效连接,从而真正实现了全球网络一体化的互联互通目标。跨域连接而形成的网络世界里,任何一个具体的人、物或电脑、智能设备、服务器等,都作为数字化网络上的

---

① 房嘉财:《连接:移动互联网时代的商业智慧密码》,机械工业出版社2015年版,第25页。

② 泛在网络的概念来源于拉丁语的"ubiquitous",是指无处不在的网络。

"连接点"而存在。①"每一个智能终端都是一台微型计算机,它是一个客户端,通过无线网络与服务器端相连,客户端与服务器端的数据可以相互传送。很显然,智能终端的最显著的特性就是连接。"②这将让越来越多、各种形态的智能终端跨越个人电脑和手机连接,并借助传感器使人类更好地去感知世界、认知世界。可以想象,未来全球所有智能终端都可能有一块芯片连接到区块链网络上。这种区块链物联网络一旦实现,人与机器、机器与机器智能之间进行交互就拥有了一种通用的语言,社会规则可编程,社会资源可以自由连接。

二、数据、算法与场景

"从一定程度来说,智能合约是生产关系的智能化,人工智能的目的是物的智能化,而智能合约的目的则是人与人、人与物、物与物间关系的智能化。"③因此,人工智能和智能合约都在指向一种智慧社会。④人工智能与智能合约技术的相互促进与融合,既能给智能合约带来更加广阔的

---

① 李一:《"数字社会"运行状态的四个特征》,《学习时报》2019年8月2日,第8版。

② 王吉伟:《大连接时代十大标志之四:智能终端大势已成》,搜狐网,2017年,https://www.sohu.com/a/127131184_115856。

③ 方彪:《智能合约助推智能社会建设》,《中国社会科学报》2019年8月28日,第7版。

④ 智慧社会是一个高度联通、高度数字化、高度精准计算、高度透明和高度智能化的社会(汪玉凯:《智慧社会倒逼国家治理智慧化》,《中国信息界》2018年第1期,第34-36页)。

应用场景、数据资源和算法资源,也能让人工智能变得更加安全、高效,从而提升区块链领域的广度和深度。两者的结合能够在去除信任中介、降低交易成本、防范风险等方面发挥重要作用,并且对智慧社会的建设产生关键性影响。数据、算法、场景是智慧社会的三大关键要素(图4-3)。其中,数据是基础,算法是手段,场景是目的。未来智能合约还将具备根据未知场景的预测推演、计算实验和一定程度上的自主决策功能,实现人类的社会契约向真正的"智能合约"飞跃。

图4-3 智慧社会的三大关键要素

数据:智慧社会重要的生产要素。一方面,数据作为一种资源,和土地、劳动力、资本等生产要素一样,可以推动全球经济增长和世界各国的社会发展;另一方面,数据作为一种社会关系的构建力量,是时代的核心,与物质、能源一起成为自然世界人类活动所必需的三大要素,并从描述事物的符号变成了世界万物的本质属性之一。然而在中心化社会系统中,海量数据通常掌握在政府或大型企业等"少数人"手中,为少数人"说话",其公正性、权威性甚至安全性可能都无法得到保证。区块链数据则通过高度冗余的分布式节点存储,掌握在"所有人"手中,能够做到真正的"数据民主"。同时,区块链以其可信任性、安全性和不可篡改性,能够在保证数据可信、数据质量、数据隐私安全的前提下,全面实现数据共享和数据计算,为智慧社会应用在数据质量和共享层面提供有力的支持。首先,区块链的不可篡改和可追溯性使得数据的采集、交易、流通,以及计算分析的每一步记录都可以留存在区块链上,任何人在区块链网络中,不能随意篡改数据、修改数据或制造虚假数据,这使得数据的可信性和质量得到一定程度的信用背书,有助于人工智能进行高量的建模,从而使用户获得更好的用户体验。[①]其次,基于同态加密、零知识证明、差分隐私等技术,区块链可以实现多方数据共享中的数据隐私安全保护,使得数据所有者在不透露数据细节的前提下进行数据协同计算。最后,基于区块链的激励机制和共识机制,极大拓展了数据获取的渠道。在区块链密码学技术保证隐私安全的前提

---

① 刘曦子:《区块链与人工智能技术融合发展初探》,《网络空间安全》2018年第11期,第54页。

下,可以向全球范围内所有区块链网络的参与者,基于预先约定的规则收集需要的数据,对于不符合预先规则的无效数据,通过共识机制予以排除,确保可信和高质量的数据为开展计算与建模提供保障,极大提升区块链数据的价值,拓展其利用空间。总之,区块链能够进一步规范数据的使用,精细化授权范围,有助于打破数据孤岛,形成块数据汇聚与流通,实现保护数据隐私前提下的安全可信的数据共享和开放。

算法:智慧社会提升社会生产力的核心引擎。智能合约在多个节点上执行,依赖于算法,利用算法来建立信任,而不以人的意志为转移,这就避免了传统契约、法律中受主观意志控制的危险,使得执行结果更加公平。"掌握了数据,就意味着掌握了资本和财富;掌握了算法(algorithm),就意味着掌握了话语权和规制权。"①区块链中的智能合约本质上也是一段实现某种算法的代码,既然是算法,那么人工智能就可以嵌入其中,从而使区块链智能合约更智能。正如劳伦斯·莱斯格所言:"未来,代码既是实现自由和自由主义理想的最大希望,也是最大威胁。我们既可以设计、编程、建造出一个网络空间,用以保护我们坚信的核心价值,也可以在这个网络空间中任由这些价值消失殆尽。我们既没有中间道路,也没有万全之策。代码不是被

---

① 马长山:《智慧社会的治理难题及其消解》,《求是学刊》2019年第5期,第92页。

发现的,而是由人类发明创造出来的。"①另外,智能合约是区块链系统难以切断与法律联系的另一领域,"区块链智能合约既是技术,亦反映当事人权益的变动与调整,属于法律规制对象,具有技术与法律双重意义"②。实际上,智能合约代码是区块链智能法律合约构成要素、逻辑结构的反映,即使缺少直接的区块链智能法律合约文本,亦可通过区块链智能合约技术底层规则或协议、智能合约运行方式、过程及结果等,确认区块链智能法律合约。③但"我们需要确定和界定何种社会契约会更需要'代码法律'"④,而这种算法合约能否成为法律意义上的合同还需进一步论证。因此,"在坚持解释论的基础上,现行法需要吸取法律调整电子合同的有益经验,利用传统合同法来确定智能合约的发布和代码执行的性质,为法律应对智能合约提供制度框架"⑤。另外,算法的迭代和运行需要强大的算力来支撑。在未来"万物智联"的时代,无论是物联网、大数据还是人工智能,都是对数据存储和计算有着极高要求的技术,比如,区块链与云计算的结合。一方面,云计算的基础服务有助于推动区块链的研发部署;另一方面,区块链去

---

① [美]劳伦斯·莱斯格:《代码2.0:网络空间中的法律》,李旭、沈伟伟译,清华大学出版社2009年版,第83—90页。
② 郭少飞:《区块链智能合约的合同法分析》,《东方法学》2019年第3期,第7页。
③ 郭少飞:《区块链智能合约的合同法分析》,《东方法学》2019年第3期,第8页。
④ [美]梅兰妮·斯万:《区块链:新经济蓝图及导读》,韩锋、龚鸣等译,新星出版社2016年版,第69页。
⑤ 陈吉栋:《智能合约的法律构造》,《东方法学》2019年第3期,第18—29页。

中心化、数据不可篡改等技术特点有助于提高云计算对可信度、安全等方面的控制能力。[①]在这个发展过程中,算力是生产力,数据是生产资料,而这种区块链组织算力的形式,则构成了新型的社会生产关系。

区块链的真正价值:场景应用。区块链技术应用已延伸到数字金融、物联网、智能制造、供应链管理、数字资产交易等多个领域。智能合约不再仅仅作为区块链系统的一个技术组件,而且成了一个被研究和应用的日益独立的新技术。目前,无论是比特币还是以太坊,还是其他同类数字货币,都无法取代法币。因为它们不具有"一般等价物"特征,不能成为自然货币,同时也不能准确描述市场上的商品价值,不能消除通胀、通缩带来的危害。本质上,基于区块链技术的数字货币就是一种虚拟空间的"奖励积分",仅仅在某些特定的范围内具有一定的投资价值。[②]因此,应将区块链技术尽快应用于"落地"的现实场景中,而不是停留在数字货币的疯狂炒作阶段。区块链技术的实际场景应用,可以在更务实的基础上,极大地促进社会经济的共同进步。区块链的"去中心化""开放性""信息不可篡改"等特征,带来一种崭新的不需要第三方背书、绝对可信的社会关系,而"区块链+"也将催生新的应用场景和生

---

① 李翔宇:《万物智联:走向数字化成功之路》,电子工业出版社2018年版,第55页。
② 南云楼:《区块链的价值在于现实场景应用》,《深圳特区报》2018年1月30日,第C3版。

产关系变革。区块链的应用领域基于它的两个基本属性：一个是金融属性，另一个是监管属性。其金融属性在于区块链是"信任机器"，通过算法来建立信任的机制。在金融方面，所有的金融业务原则上都可以部分或全部采用区块链技术。当然，在实际落地中还需要考虑存量、增量方面所涉及的成本、推广阻力等。例如：在征信、供应链金融、借贷、票据、证券、保险等业务方面，区块链都有广阔的应用前景；在政务方面，区块链的应用涉及监管、审批、数据共享、仲裁、证照等；在产业方面，在如供应链存证、电子合同、质量管理、物流、溯源等领域，都有区块链的应用案例；在民生方面，文旅融合、新零售的数字身份、产品溯源等领域都有区块链落地的场景。

三、数字公民与社会治理

区块链正在以一种更加迅速和激烈的方式改变着我们的世界，推动着人们向数字化的世界迁移。数字世界的诞生催生了"数字公民"，而作为数字国家的重要组成部分，"数字公民"对创新社会治理和公共服务意义重大。作为一种治理技术，区块链与传统的政治议程不同，其治理规则渗透于算法和技术结构中。这就急需我们突破传统单一物理空间的思维习惯，确立双重空间与智慧治理的新理念和新思维，按照双重空间的生产生活、行为逻辑，融入和加持建模、算法、代码等方式，设计规制方案，应对智慧社会基层治理的难题与挑战，从而构建有效的智慧治理秩序。①基于区块链技术的治理架构，"不但解决了民众的交互信任问题，还可以让公众积极参与社会治理，形成协同社会治理模式，最大限度保障公众利益，助推社会善治"②。

数字公民。"数字公民"就是数字化的公民或公民的数字化，它是公民在数字世界的映射，是物理世界公民的副本，是公民责、权、利的数字化呈现，是公民个体的重要组成部分。③在网络世界，实名制难以实现，给网络空间治理和诚信体系建设带来很大的困难。其核心原因是公民的数字化身份的缺乏，就好比物理世界的公民没有了身份证，无法证明"我是我"，享受权利和履行义务更无从谈起。通过建设公民身份认证统一平台和身份认证体系，才能联通"信息孤岛"，使公民拥有在数字世界畅行无阻的数字身份。只有政府部门签发和管理的可信数字身份，配套修订完善的相关法律法规，才能为公民提供基于实名认证环境的参与社会治理的统一入口。区块链具备分布式的账本数据和不可篡改的数据库，除了容易获取身份（标识）以外，人的身份一旦上链便无法造假，可以让任何需要身份证明信息的需求

---

① 马长山：《智慧社会的治理难题及其消解》，《求是学刊》2019年第5期，第97页。

② 王延川：《区块链：铺就数字社会的信任基石》，《光明日报》2019年11月17日，第07版。

③ 王晶：《"数字公民"与社会治理创新》，《学习时报》2019年8月30日，第3版。

方和提供身份证明信息的提供商各取所需,从而构建可信的数字公民身份。依托可信数字身份,在物理世界和数字世界相融合的新空间里,围绕各类主体的身份识别建立的一套综合体系,可以实现在现实场景和互联网场景中对身份的安全可信验证。①"数字公民"催生"多元"社会治理主体,构建由技术推动的自下而上的公共服务创新体系,使公民愿意参与、主动参与到社会治理中,协同政府自上而下的治理体系,形成合力,实现从政府单一主体的管理模式走向多元主体的协同治理模式。"数字公民"使人在数字世界中的身份可识别、可认证,人的行为轨迹变得可追溯,对人的监管更加便利化、系统化,身处数字世界中的"数字公民"也必然会更加自律地规范自身的行为。

区块链创新民生服务。习近平总书记强调,要探索"区块链+"在民生领域的运用,积极推动区块链技术在教育、就业、养老、精准脱贫、医疗健康、商品防伪、食品安全、公益、社会救助等领域的应用,为人民群众提供更加智能、更加便捷、更加优质的公共服务。"互联网+"的应用给人们带来了极大的便利,不难想象,"区块链+民生"也具有广阔的应用前景。区块链技术可应用于民生重要数据的记录、公证和服务,保证数据真实可靠和无法篡改,重塑社会公信力,如:区块链推进扶贫、就业、社会保障的公平化

---

① 王晶:《"数字公民"与社会治理创新》,《学习时报》2019年8月30日,第3版。

和透明化,区块链记录和保存个人健康的私密数据,区块链追溯食品供应过程,区块链记录学生成绩和学历证书等。①"区块链＋"在民生领域的应用场景远不止于此,理论上所有需要信任、价值、合作的民生服务都可以由区块链技术提供完善的方案,如办证、业务处理、医疗费用报销、公积金发放、小额信贷调查、司法审判证据链、公证领域等更多的应用也需要"脑洞大开"的创新实践。例如,在老百姓关心的食品、药品安全领域,区块链技术能够帮助我们构建全过程可追溯、不可篡改的数据库,以实现对食品、药品安全的精准监测。再如,在医疗保险领域,过去最大的痛点之一是不能全面准确地掌握投保人的真实健康状况,因为投保人可能去不同的医院检查、治疗,也可能去不同的保险公司投保,借助区块链技术,在保证数据隐私性、安全性和可靠性的基础上,可以实现保险公司与医院之间的数据共享,从而极大地促进医疗保险业的发展。

区块链赋能社会治理。"在社会治理和公共服务中,区块链有广泛的应用空间,将有力提升社会治理数字化、智能化、精细化、法治化水平。"②"总体来说,传统社会治理属于一元治理模式,民众参与社会治理的成本较高。"③区块

---

① 贵阳市人民政府新闻办公室:《贵阳区块链发展和应用》,贵州人民出版社2016年版。

② 巩富文:《以区块链赋能社会治理》,《人民日报》2019年11月21日,第5版。

③ 王延川:《区块链:铺就数字社会的信任基石》,《光明日报》2019年11月17日,第7版。

链领域的共识机制、智能合约,能够打造透明可信任、高效低成本的应用场景,构建实时互联、数据共享、联动协同的智能化机制,从而优化政务服务、城市管理、应急保障的流程,提升治理效能。区块链技术作为底层科技支撑,能够改变公众参与社会治理的状态,促进社会协同和民主协商。区块链的分布式和点对点技术能够实现社会治理中的多主体参与,帮助各个社会主体在政府主导下构建信任机制。区块链有助于调整人与人之间的关系,进而改变过去由政府统管一切的社会治理模式,让人民切实参与到社会治理过程中,更加深入地参与到经济社会发展和变革过程中。①主权区块链让基于协商一致原则的社会契约论成为可能。协商民主制度所倡导的是包容、平等、理性、共识等理念,在实际操作中让这些理念转化为日常的实践,必须要依靠现代科技。主权区块链的分布式、可信任等技术特点,有助于更好地解释现有的政治制度,甚至可能激活其中一些"沉睡"的功能,从而走出一条更为稳定的道路。主权区块链作为一个总账,不仅仅是简单地作为货币交易记账系统,其核心是作为一个平台,让人们在不需要第三方中介的情况下可就任何事情达成协议和共识。利用主权区块链技术,有利于消除信任基础模式存在的内在缺

---

① 杨东、俞晨晖:《区块链技术在政府治理、社会治理和党的建设中的应用》,人民论坛网,2019年,http://www.rmlt.com.cn/2019/1230/565266.shtml。

陷,充分发挥协商民主制度的作用。在主权区块链下,政治协商制度所暗含的"理性协商""平等尊重""共识导向"等协商民主要素将进一步得到激活和强化,甚至有可能使其传统的带有精英色彩的协商走向一种更能包容大众参与的民主实践。①分布式共识是智能合约自治的根基:每个节点均参与了治理,从而实现了"自治"。②可以说,基于区块链底层技术的智能合约,将重构国家、政府、市场、公民的共治格局,在多元共治的网络社会治理体系中,推动人类社会真正进入契约社会。

第三节 可追溯政府

卢梭在《社会契约论》中的思想主张是,一个理想的社会建基于人与人之间而非人与政府之间的契约关系③,即政府是主权者的执行人,而非主权者本身。然而,卢梭所

---

① 大数据战略重点实验室:《重新定义大数据:改变未来的十大驱动力》,机械工业出版社 2017 年版,第 59 页。

② 许可:《决策十字阵中的智能合约》,《东方法学》2019 年第 3 期,第 53 页。

③ 卢梭在《社会契约论》中论及政府的建制原则时认为:"政府就是臣民和主权者之间所建立的一个中间体,以便两者得以互相适合,它负责执行法律并维持社会的以及政治的自由。"他认为:政府由作为主权者人民所同意的人组成,他们是人民的公仆;人民自然可以对政府加以限制、纠正和撤换;人民拥有对政府的永远的革命权;国家权力源于个人权利的转让,政府权力源于主权者的委托,因此政府权力必须始终服务于人民。卢梭的激进资产阶级民主主义学说是法国大革命,尤其是雅各宾派专政的理论基础。

倡导的"直接民主"也是出于对人与人之间没有基础信任的无奈,因为人的意志一旦被代表,终将被扭曲。在数字社会,随着区块链智能合约的介入,技术创造机器信任,使得人与人之间的契约关系从原本的政府信任背书转变为技术信任背书,杜绝了人为因素干预,让全流程信息数据不可篡改、不可撤销、可验证、可追溯、可追责,从而解决数字政务在网络空间中的信任"梗阻"问题,为"数字证明""数字契约"和"数字制度"等构建起真实、不可抵赖的信任基础。可以说,基于区块链与智能合约的治理范式,将是社会契约在数字文明时代里新的表现形式,能有效推动政府角色转换和职能转变,促进政府组织结构扁平化、治理及服务过程阳光透明,实现社会公平正义,加快数字化转型,打造可信数字政府,不断为国家治理体系和治理能力现代化建设赋能。

一、政府权力的监管

卢梭认为:组成政府制度的不是一项契约行为,而是法律行为;行政权力的掌握者不是人民的主人,而是人民的雇员;从表面上看,统治者只是在行使自己的权力,但是这种权力又很容易扩散。①在人类社会这个实体当中,政府或者领导者肩负着制定、执行社会契约的权利和义务,

---

① [法]卢梭:《社会契约论(双语版)》,戴光年译,武汉出版社2012年版,第93-94页。

是一个中心化的系统。然而，数字社会的执行人不再是中心化的"政府"。分布式的群体决策，能够让每个个体享受到群体经验的结晶，从而不断进行个体及群体的良性迭代。同时，区块链的历史可以追溯，使每个参与决策的人的记录得以保存，不可篡改，接受所有人的监督和管理，也使得整个数字社会的契约更加阳光透明和民主开放。尤其是大数据改变了传统公权力运行的轨迹，再造了权力的主体和客体，为我们打开了一扇重新认识权力的窗口。"数据即权力，权力即数据。"权力被赋予一种数据的属性，数据分权与制衡成为新常态，权力分散化、权力开放化、权力共享化成为其主要特征。[1]当传统的权力结构体系被数据维度打破，权力边界被数据维度调整，权力逻辑被数据维度改写，权力就可以被关进制度的笼子。这些变革最终将转化为一种国家治理的能见度和正能量，为实现真正的"数据治理"筑牢基础。

区块链真正实现权力数据化。权力数据化是权力可分割、可度量、可计算、可重组、可规范的前提，是使每一项权力的运行过程规范、透明、可量化、可分析、可防控的保障。[2]但是，数据存在被删除、被篡改等风险，难以保障对权

---

[1] 大数据战略重点实验室：《块数据2.0：大数据时代的范式革命》，中信出版社2016年版，第253页。

[2] 大数据战略重点实验室：《块数据3.0：秩序互联网与主权区块链》，中信出版社2017年版，第193页。

力的全流程动态追踪监管和智能化分析。区块链可以从技术上保障数据留痕、数据汇集、数据关联分析、数据智能，实现真正意义上的权力数据化，进而实现权力的数据可公开、来源可追溯、去向可追踪、责任可追究，为政府权力的监管提供了一种新的方案。首先，数据留痕。区块链从技术上可以实现权力数据处处留痕，并保证留痕数据时时可记录、动态可查询、全程可追溯。区块链上多节点共参与和共监管机制决定了数据不会被"隐匿"（不上传记录）。其次，数据汇集。数据汇集是进行数据关联分析的前提，是实现数据价值的基础，区块链保证了网络中所有节点共同参与、共同验证同一网络中数据的真伪，基于全网共识产生的数据是可信且不可篡改的结构化数据。再次，数据关联分析。区块链是绳网结构，通过结绳成网，实现了链与链之间的数据关联，区块链的共识机制和透明化、去信任化的特性决定了记录在区块链上的数据有进行数据分析的良好基础。最后，数据智能。区块链智能合约为权力数据智能提供了支撑，权力数据一旦被记录在区块链上，就可以实现基于权力数据智能匹配的智能风险预警。

　　区块链破解政府权力监管的治理难题。由于政务信息透明度低、公民政治参与度低[1]、政府公共服务能力弱、

---

[1] 刘建平、周云：《政府信任的概念、影响因素、变化机制与作用》，《广东社会科学》2017年第6期，第83-89页。

政府权力垄断和滥用等因素,政府信任缺失的情形越来越凸显。基于区块链构建政府信任,应从政府职能的前端到末端,逐层搭建,将区块链应用于政府公共服务、多方参与、信息共享、监督反馈等节点,将政府信任的构建交给技术工具,将复杂的政府信任问题简单化,提高政府履行职能的水平和效率,促进多中心良性互动,真正实现政务公开与信息共享,以及全方位监督反馈,构建起逻辑清晰的政府"区块信任网",形成基于区块链的政府信任生态。[①]另外,在基于区块链的公共服务网络中,各利益相关者的地位逐渐趋于平等,政府部门只是网络成员之一,这将减少政府对公共服务领域的公权力控制,减少公众对政府部门的依赖,在一定程度上削弱政府部门的管理权威。未来,大数据、人工智能、区块链等信息技术的深度融合,将有利于建设跨地域、全行业、穿透行政层级、全生命周期管理的区块链监管服务平台,促进政府职能的转变和监管方式的创新,优化政府业务流程,包括监管机构和政府机构,使得政务公开真正走向阳光、透明、可信。

"数据铁笼"是技术反腐的先驱。2015年,"数据铁笼"作为"破解监督制约权力这一重大课题的创新之举"和公众见面,并率先在行政权力相对集中、与群众生活密切相

---

① 陈菲菲、王学栋:《基于区块链的政府信任构建研究》,《电子政务》2019年第12期,第56页。

关的市住房和城乡建设局、市公安交通管理局等政府部门
开展应用试点,开启了以"数据铁笼"工程建设反腐的探索
创新模式。"数据铁笼"从本质上说就是把权力关进数据的
笼子里,让权力在阳光下运行。它是以权力运行和权力制
约的信息化、数据化、自流程化和融合化为核心的自组织
系统工程(图4-4),借助大数据实现政府负面清单、权力清
单和责任清单的透明化管理,推动行政管理流程优化再
造,推动改进政府管理和公共治理方式,促进政府简政放
权、依法行政,从根本上解决领导干部和公职人员"不作
为、慢作为、乱作为"的问题。[①]运用制度的笼子锁住权力,
就是要把权力运行过程全部数据化,让权力运行的轨迹有
据可查,通过笼子作用监督、规范、制约、制衡权力,以保证
权力正确行使而不被滥用。[②]具体来说,"数据铁笼"通过
搭建与行政审批服务相关的统一平台,实现全部行政审批
服务、登记事项的统一管理和数据共享以及协同审批等功
能,进一步提高社会公众对政府权力部门的信任度,同时
借助云平台实现对市场行为的有力监控,让市场中的失信
行为得到应有的惩处,以实现规范市场行为的目标。[③]

---

① 大数据战略重点实验室:《块数据3.0:秩序互联网与主权区块链》,中信出版社2017
　　年版,第191页。

② 贾洛川:《对打造监狱警察反腐制度笼子的思考》,《犯罪防控与平安中国建设——中
　　国犯罪学会年会论文集》,中国检察出版社2013年版,第91页。

③ 大数据战略重点实验室:《"数据铁笼":技术反腐的新探索》,《中国科技术语》2018年
　　第4期,第77页。

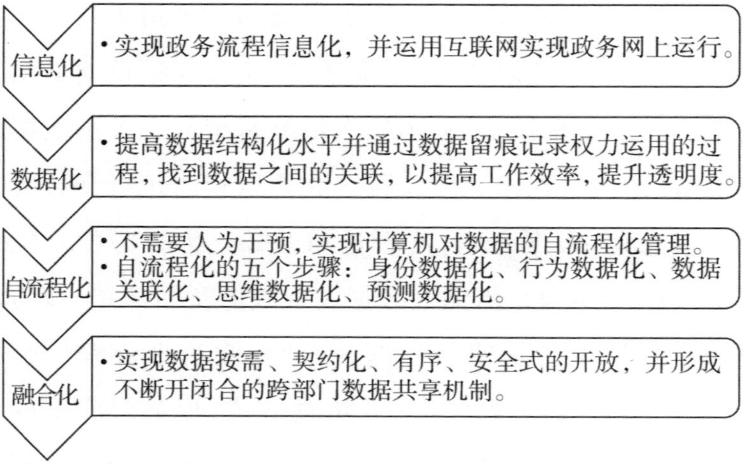

信息化	•实现政务流程信息化,并运用互联网实现政务网上运行。
数据化	•提高数据结构化水平并通过数据留痕记录权力运用的过程,找到数据之间的关联,以提高工作效率,提升透明度。
自流程化	•不需要人为干预,实现计算机对数据的自流程化管理。 •自流程化的五个步骤:身份数据化、行为数据化、数据关联化、思维数据化、预测数据化。
融合化	•实现数据按需、契约化、有序、安全式的开放,并形成不断开闭合的跨部门数据共享机制。

图 4-4 公权治理"四部曲"

区块链成为监管科技的重要组成部分。"数据铁笼"有利于实现政府权力运行监管、绩效考核和风险防范的大数据应用工程,但也面临着一些问题:一是"数据铁笼"被动应用的问题,迫切需要通过"数据铁笼"应用的价值体现来激励各级公务员形成自觉行动习惯,并构建新的规则和秩序;二是"数据铁笼"应用相对独立的问题,其仍存在业务数据被人为篡改的风险。基于此,区块链用代码构建了一个最低成本的信任方式——机器信任,这里不需要用尽心思去识破"花言巧语",不需要政府背书,更不用担心制度不公与腐败,为"数据铁笼"的应用问题提供了解决思路。首先,建立基于主权区块链的"数据铁笼"监管平台,建立覆盖所有政府部门节点的"数据铁笼"区块链,促进区块链上各部门重要权力运行数据形成不可篡改的加密记录,促进权力运行相互监督,建立各部门"数据铁笼"应用的综合评估评价体系,使"数据铁笼"更牢固,更透明,更具约束力。其次,建设基于主权区块链的公务员遵规守纪诚信系统,在区块链上记录公务员遵规守纪、履职效能等重要信息,各部门节点共同验证和审核,建立一条不可篡改的公务员"诚信链",各部门根据权限查询公务员诚信记录。在公务员遵规守纪诚信系统基础上,建立"数据铁笼"应用的价值激励机制,如工作量激励和"点赞"机制,将公务员遵规守纪诚信系统作为考核、任用和奖惩的重要依据。对领导干部和纪检委员"数据铁笼"应用情况,形成督查积分,并记录在公务员遵规守纪诚信系统中。①把区块链技术与数据铁笼相结合,规范和制约权力有效运行,进一步确保权力监管处处留痕。

二、政府责任的追溯

对于政府这个存在,一直以来人们是又爱又恨。本来,政府代表和维护人民的利益,政府官员是人民的公仆,如果缺少了政府这一机构,国家将面临政治秩序崩溃、市场机制失灵和公共事业衰败等一系列风险。政府随着自身规模的日渐庞大,尤其是其一旦和权力媾和,就

---

① 贵阳市人民政府新闻办公室:《贵阳区块链发展和应用》,贵州人民出版社2016年版。

会暴露出某种可恶和可怕,包括官员的腐败和政府的俘获,如强权和独裁的横生等。因此,英国学者约翰·洛克在《政府论》中,就把政府看作"必要的恶",而明确提出"有限政府"的概念,"宪政"就是要"限政"。马克思和恩格斯则把国家称为社会的"累赘"和"肿瘤","最多也不过是无产阶级在争取阶级统治的斗争胜利以后所继承下来的一个祸害"。毫不客气地说,政府失责、失信、失德行为在相当程度上损害了社会信用,其本质是权力的失范。负责任是现代政府应具备的主要品质,也是当代政府的一个非常明显的特征。只有对公民负责且权力受到限制的政府才是责任政府。"责任政府意味着政府能积极地回应、满足和实现公民的正当要求,责任政府要求政府承担道德的、政治的、行政的、法律上的责任。同时,责任政府也意味着一套对政府的控制机制。"①基于区块链的可追溯政府,能够从技术上真正构建起来源可查、去向可追、责任可究的责任政府,解决以往不透明、效率低、监管难等诸多问题,从根本上再造政府与企业、公民之间的良性互动关系,重塑政府信任。

政府责任与责任政府。现代代议制民主政府在本质上是责任政府。"在现代政治实践中,所谓责任政府并不是一种意志表示,而是一种政治原则以及建立在这种政治原

---

① 张成福:《责任政府论》,《中国人民大学学报》2000年第2期,第75页。

则基础上的政府责任制度。"①根据人民主权原则,国家权力的本源在于人民,但是人民不可能直接管理国家和社会公共事务,必须通过一定的规则和程序,按照人民的意志,产生出能够代表人民利益的国家权力主体来管理国家和社会公共事务。政府就是这种权力主体的一个非常重要的部分。根据委托代理理论,政府的权力来自人民,政府在获得权力的同时,也就承担了相应的责任,因而政府只有在真正承担选民直接或间接赋予的责任时才是合法的。责任政府意味着政府应积极地对立法机关负责,对立法机关制定的法律负责,回应、满足和实现公民的正当要求,负责任地使用权力。责任政府行使的每一项权力背后都连带着一份责任。毫无疑问,责任政府的负责对象是根据一定的规则和程序使政府由此产生的全体人民及他们的代表机关。根据民主政治和法治行政的原理,首先,政府应当承担体现人民意志的宪法和法律所规定的责任,承担违背宪法和违背法律行使权力的责任。其次,民主政治和代议制的原理要求行政官员必须制定符合民意的公共政策并推动其实施,如果在政策制定和实施的过程中,行政官员决策失误或违背民意,没有履行好自己的职责或有失职、渎职的行为,其应承担相应的政治责任。再次,在政府机关工作的国家公务员,应当成为带头遵纪守法的模范,

---

① 王邦佐、桑玉成:《论责任政府》,《党政干部文摘》2003年第6期,第10-11页。

应当恪尽职守，勤政为民，廉洁奉公，公道正派，不以权谋私，这既是公务员的义务也是责任。公务员未履行职责的话，除了要承担违法违纪的责任外，还应当受到社会道德的谴责，承担违反行政伦理的道德责任。①

　　区块链的可追溯机制。可追溯机制是指能够全方位进行信息追踪的机制，以点对点监管网为基本载体，及时追溯每个节点的数据变化、交易以及其他各方面的信息，一旦出现质量和安全问题，可以及时追溯主要责任人，让该责任人来承担相关责任。②可追溯机制的逻辑以信息、风险和信任三大要素为基础，并根据这三大要素建立起相应的信息风险责任机制。监管者明晰信息、风险和信任等要素在监督和管理中的关键作用，同时建立起有效的信息、风险和信任机制。这种机制是改变以往粗线条监管模式的有效途径，它利用这三大要素将监督管理纳入一个规范有序、基本上可操控和可预期的绩效框架中。区块链上每个区块的区块头包含前一区块的交易信息哈希值，使得起始区块（第一区块）与当前区块连接形成一条长链，且每个区块必须按时间顺序跟随在前一个区块之后。"区块＋链"的结构提供了一个数据库的完整历史，从第一个区块

---

① 蔡放波：《论政府责任体系的构建》，《中国行政管理》2004年第4期，第48页。
② 大数据战略重点实验室：《块数据3.0：秩序互联网与主权区块链》，中信出版社2017年版，第208-209页。

开始,到最新产生的区块,区块链上存储了全部的历史数据,这样就为我们提供了数据库内每一笔数据的查找功能,区块链上的每一条交易数据都可以通过区块链的结构追本溯源。在区块链中,数据将由整个网络实时监控,任何企图篡改或删除信息的行为都将被区块链察觉、记录与拒绝。保证每一个环节(区块)数据的及时性、准确性和有效性,整个追溯数据才能做到责任明确,真正实现"生产有记录,过程有监管,责任可追溯"。

基于区块链的可追溯政府。区块链适用于多状态、多环节,需要多方共同参与协同完成,多方互不信任,无法使用可信第三方的场景,而政府信任的建立与维护需要实现信息公开、透明可信、防篡改、可追溯、权力制约以及多方协同参与,区块链的适用准则恰好与政府"公共性+信任"的价值追求完美契合。①基于区块链技术形成的多层协作、多头互联的政府责任机制,使得区块链上的各节点有权利和义务共同监督、维护链上数据,采集可溯源和不可篡改的数据,实行"谁产生数据、谁更改数据就由谁负责"的原则,这就避免了海量数据造成的各类风险,进而提高政府决策的透明性、民主性,推动可信、可追溯政府的建设。此外,区块链的防篡改、可追溯特性使得链上的所有

---

① 陈菲菲、王学栋:《基于区块链的政府信任构建研究》,《电子政务》2019年第12期,第58页。

信息活动都可查询与追踪,自动形成所有成员的信用档案,能够最大限度地实现社会成员对政府等交往对象的监督。①因此,通过区块链建立多主体监督反馈环节,各主体不仅要对自己录入的数据信息负责,同时需要共同承担区块链的监管责任。借助区块链技术因去中心化、不可篡改而便于回溯的特征,可以构建一种"政府辅助之下政务服务平台自组织式运作"的公共决策责任机制。②可以说,在这种公众监督的契约约束下,区块链为公众参与、分布式自治提供了保障信任的技术基础,并不断倒逼政府形成完善的可追溯责任机制,为构筑未来数字政府奠定了坚实的基础。

区块链赋能公益溯源。新冠肺炎疫情期间,湖北省红十字会、武汉市红十字会之所以被质疑,是因为物资、善款使用等信息发布不及时,不公开,不透明,这也是当下公益慈善事业发展所面临的痛点与难点。区块链技术具有分布式、难篡改、可溯源等特点,能够有效解决传统公益慈善中流程复杂和暗箱操作等问题。具体来说,可通过区块链建立公开、透明、可追溯的慈善捐赠平台,利用区块链的分布式账本和共识机制,记录捐赠与领用过

① 张毅、朱艺:《基于区块链技术的系统信任:一种信任决策分析框架》,《电子政务》2019年第8期,第117—124页。

② 蒋余浩、贾开:《区块链技术路径下基于大数据的公共决策责任机制变革研究》,《电子政务》2018年第2期,第32页。

程的相关信息,包括捐赠者、受助者、中间机构、捐赠物资等实体信息,以及物资捐赠、分配、接受及受助者确认等过程信息,为每个参与者发放一个唯一的区块链身份,并进行实名认证,由参与者对各个环节进行签名,避免伪造、冒领等问题。同时,链上机构身份透明,所有交易都要进行全网广播,并且每一个节点都会被记录在账本上,这使得区块链具有可追溯的特性。相关人士可对每一笔交易进行查询和追溯,点对点地追溯到相关责任人,并可对数据记录的真实性进行验证,追溯到源头,做到主体责任清晰明确,保证公益项目的公开性和透明性,由此重塑可信公益慈善体系。

三、数字政府的范式

中共十九届四中全会明确指出:"建立健全运用互联网、大数据、人工智能等技术手段进行行政管理的制度规则;推进数字政府建设,加强数据有序共享,依法保护个人信息。"建设数字政府成为"创新行政方式,提高行政效能,建设人民满意的服务型政府"的重要途径和关键抉择。①数字政府治理有助于强化国家治理、社会治理以及政府治理能力。到目前为止,数字政府治理依然是一个

---

① 陈加友、吴大华:《建设数字政府　提升治理能力现代化水平》,《光明日报》2019年12月9日,第6版。

相对模糊、难以定义的公共管理理论概念。根据国内学者对数字政府治理不同角度、不同领域的理论阐释与学术研究，可以尝试从理论视域、目标指向两方面理解数字政府治理的逻辑。在理论视域方面，人类社会形态从农业社会、工业社会逐步演变为数字社会，信息化程度越来越高，推动政府转换治理方式，即从传统的代议互动、单向控制转换为共商共建共享、数字协商。在目标指向方面，作为一种新型的国家治理方式，数字政府治理侧重于数字政府与其他治理主体之间的联动型变革以及共享发展，其目标指向开始由撬动政府治理变革向创造共同价值转化。[①]数字政府建设关键不在于"数字"，而在于"治"。基于区块链的治理架构可以为数字政府治理提供基础的数据信任架构。

主权区块链成为政府治理的数字基础设施。"在数字政府体系中，主权区块链将作为政府治理的数字基础设施，结合技术规则和法律法规两个层面完成科技监管与执法治理工作，数字政府将在此基础之上发挥新定义下的经济职能、政治职能和社会职能，完成社会治理体系的构建与实施。"[②]随着价值互联网时代的到来，理论和技术的创

---

① 朱玲：《我国数字政府治理的现实困境与突破路径》，《人民论坛》2019年第32期，第72页。
② 本翼资本：《当谈论区块链下的数字政府，我们应该谈论什么》，《星球日报》，2018年，https://www.odaily.com/post/5133065。

新正在催生新的数字政府体系和治理范式。如果信息互联网解决了信息不对称、表达不广泛的问题,实现了民主场景的拓展,那么区块链就可以在此基础上提供一套民主运行机制,使得层级化的政府内部结构及以政府为核心的社会治理体系得以进行适应性调整,推动区块链"共识"发展为主权区块链"共治"(图4-5)。在主权区块链发展初期,数字政府的应用重点是利用区块链技术完善行政管理或公共服务信息系统,其主要领域包括数字身份登记、信用认证、数据服务等,以由国家相关机构主导的联盟链形式为主。在主权区块链发展成熟后,由于区块链与信用、价值的天然结合,数字政府的经济职能有望首先实现。主权数字货币是数字政府经济职能的重要表现,主权数字货币将兼具数字货币的公开、透明、可追溯和主权货币的安全、稳定与权威的优势,有望成为未来货币的主流形态之一,然而受限于当前区块链技术的效率与安全性及发行主权数字货币的巨大影响和高风险,各国政府目前总体保持积极研究与谨慎的态度。政府行政管理涉及政府内部的系统管理,对主权区块链的安全性和稳定性提出了更高的要求,因此数字政府的政治功能将在经济功能之后实现。公共基础设施建设主要集中在工业、制造业等领域,与区块链的结合点并不多,因此数字政府的社会功能有望最终实现。

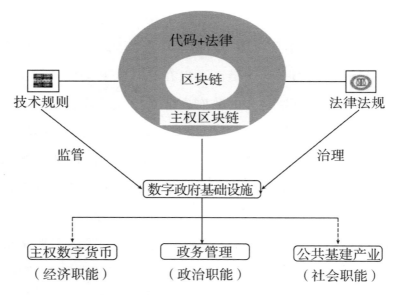

图4-5 基于主权区块链的政府治理系统

资料来源:本翼资本:《当谈论区块链下的数字政府,我们应该谈论什么》,《星球日报》,2018年,https://www.odaily.com/post/5133065。

数字孪生创新数字政府治理范式。"进入智能互联网时代之后,形成了物理(现实)/电子(虚拟)的双重空间,它深刻地改变了以往的生产方式和生活方式。"①城市治理体系也正在构建服务型数字政府的趋势下发生重大变革,亟须确立数字政府治理的新理念、新思维,按照双重空间的生产生活方式、智慧社会的生活逻辑,塑造政府治理的新型秩序环境。"在新一代信息通信技术和城市治理体制机制改革双重力量驱动下,当前基于网格化的精细管理模式

① 马长山:《智慧社会的治理难题及其消解》,《求是学刊》2019年第5期,第92页。

将逐步向基于数字孪生的高度智能化自治模式演进。"①数字孪生是以数据和模型为驱动、以数字孪生体和数字线程为支撑的新型制造模式,能够通过实时连接、映射、分析、反馈物理世界的资产与行为,使工业全要素、全产业链、全价值链达到最大限度闭环优化。②"无论是公共领域还是私人领域,都已突破了传统的物理空间意义和范围,不断地向虚拟空间进行拓展和延伸,而且,人们的行为和社会关系也在虚实同构中发生了深刻的变革。"③物理世界中的人、物和事件完全映射到虚拟世界,通过智能化处理,能够被全面监控。智能化处理能够掌握实体世界,也可以通过调整被数字化的要素,建立虚拟世界与实体世界的连接,对物理世界产生影响。实体世界和虚拟世界同生共存,虚实交融。数字孪生城市是支撑新型智慧城市建设的复杂综合技术体系,是城市智能运行持续创新的前沿先进模式,是物理维度上的实体城市和信息维度上的数字城市同生共存、虚实交融的城市未来发展形态。④未来,整个世界将基于物理世界生成一个数字化的孪生虚拟世界,物理世

---

① 张育雄:《浅谈数字孪生城市治理模式变革》,搜狐网,2018年,http://www.sohu.com/a/224351264_735021。

② 刘阳:《数字孪生关键技术趋势及应用前景展望》,中国信息通信研究院,2019年,http://www.caict.ac.cn/kxyj/caictgd/tnull_271054.htm。

③ 马长山:《确认和保护"数字人权"》,《北京日报》2020年1月6日,第14版。

④ 2019年8月26日,徐昊在第二届中国国际智能产业博览会"智能化应用与高品质生活高峰论坛"上的发言:《数字孪生,智慧城市的范式变革》。

界的人和人、人和物、物和物之间将通过数字化世界来传
递信息与智能(图4-6)。

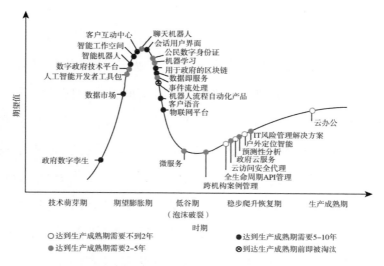

图4-6　数字政府科技技术成熟度曲线(截至2019年7月)

资料来源:高德纳(Gartner):《2019年度新科技的技术成熟度曲线》,互联
网数据资讯网,2019年,http://www.199it.com/archives/958316.html。

区块链构建数字文明新秩序。以区块链、人工智能、
量子信息、5G和物联网等为代表的关键技术可以构建数字
孪生世界,推动数字政府建设,孕育出数字文明新秩序。
凯文·凯利认为,未来世界是一个虚拟加上真实的世界,我
们希望将整个现实世界进行映射,变成数字社会。在"数
字孪生"的镜像世界中,我们可以与工具进行交互。为了
保证上传数据的可信度和真实性,我们希望这些数据是去
中心化的,因此需要用到区块链技术。利用区块链的技术

优势,可以保证数字孪生程序的数据不变性。基于区块链智能合约的可编程性进行的各种虚拟实验、场景推演和结果评估所获得的系统最优决策,使数字城市模型能够完整浮出水面,作为一个孪生体与物理城市平行运转,虚实融合,其中蕴含无限创新空间。因此,智能合约让物理世界与虚拟世界完美结合,以程序代码为合约的执行者,将违约和不诚信变为"零可能",可以为数字政府治理提供一系列的信任服务。区块链与智能合约的有机结合,实现了社会关系的智能化,并解决人和智能体之间的关系问题,从而产生价值,是未来的重要方向。通过智能合约所构建的社会关系,将是一种新型的智慧社会关系,推动人类进入真正意义上的契约社会。未来,以区块链、人工智能、量子信息、5G和物联网等为代表的关键技术将深刻影响城市文明建设,促成数字孪生世界的诞生。毫无疑问,区块链作为底层架构也为城市文明提供了思维、机制和技术实现方案,将推动人类社会加速迈向数字文明新时代,而数字文明则为区块链规定了发展的原则和方向,区块链政府将被赋予新的使命。

第五章　基于主权区块链的人类命运共同体

在风险社会中，未知的和意外的后果成为历史与社会的主导性力量。

——德国社会学家　乌尔里希·贝克

我们期待"科技向善"能够成为数字社会的普适价值，让这一轮新技术革命，真正带来更好的人类文明与美好未来。

——腾讯研究院院长　司晓

世之君子惟务致其良知，则自能公是非，同好恶，视人犹己，视国犹家，而以天地万物为一体，求天下无治，不可得矣。

——明代思想家　王阳明

第一节　全球挑战中的人类命运

世界潮流,浩浩荡荡。当今世界正处于大发展、大变革、大调整时期,世界多极化、经济全球化、社会信息化、文化多样化深入发展①,世界大变局加速演变的特征更趋明显,全球动荡源和风险点显著增多②。"世界经济增长需要新动力,发展需要更加普惠平衡,贫富差距鸿沟有待弥合,热点地区持续动荡,恐怖主义蔓延肆虐。治理赤字、信任赤字、和平赤字、发展赤字是摆在全人类面前的严峻挑战。"③原子武器、生物武器、化学武器和数字武器威胁着全人类的自然权利、生命安全和未来发展。在全球一体化的大背景下,"你中有我,我中有你"的人类命运共同体雏形已经形成,全球命运唇齿相依,休戚与共。

一、未来已来的全球挑战

当今世界,环境系统、社会系统、经济系统之间的耦合度逐渐降低,矛盾日益凸显。核战争、网络战、金融战、生

---

① 习近平:《决胜全面建成小康社会 夺取新时代中国特色社会主义伟大胜利——在中国共产党第十九次全国代表大会上的报告》,人民网,2017年,http://cpc.people.com.cn/n1/2017/1028/c64094-29613660-14.html。

② 暴媛媛:《全球治理体系变化为中国提供新机遇》,人民网,2020年,https://baijiahao.baidu.com/s?id=1655573043212048646&wfr=spider&for=pc。

③ 吴宇桢:《朋友圈更大了 理念更一致了》,《新民晚报》2017年5月15日,第A3版。

物战、非主权力量等共同构成了人类所陷入的全球危机。在多重挑战的冲击下,人类生态系统的稳定性和安全性正在从根本上发生改变,世界秩序正在重构,人类文明遭遇危机。

核战争威胁。第一次世界大战以来,世界主要国家争相布局核战略,寻求建立攻防兼备的核威慑力量,全球约有13个国家先后研发出核武器,核战争的威胁近在眼前。1945年8月6日,美国在日本广岛投掷原子弹,这是人类历史上第一次将核武器用于战争,当日死亡8.8万余人,负伤和失踪5.1万余人,全市7.6万幢建筑物中被完全毁坏的有4.8万幢,严重毁坏的有2.2万幢。[①]1962年,古巴导弹危机正式拉开了核战争威胁的序幕,专家和大众都担心人类的智慧不足以避免这场浩劫,核战争的爆发只是时间问题。[②]面对全人类的生存问题,中国、美国、苏联和欧洲联合起来建立国际联盟,改变了行之千年的地缘政治,可能毁灭人类的浩劫最终免于发生。直到1970年左右,苏联、美国、英国等又展开了新的核竞争和核博弈,新型毁灭性核武器朝着小型化、多样化、轻便化发展,维持了几十年的国际核规则被打破。1986年,"切尔诺贝

---

① 张淑燕、王嘉伟:《1945年8月6日　美国在日本广岛投掷原子弹》,人民网,2013年,http://history.people.com.cn/n/2013/0806/c364284-22457437.html。

② [以]尤瓦尔·赫拉利:《今日简史:人类命运大议题》,林俊宏译,中信出版社2018年版,第106-108页。

利事件"爆发,"30人当场死亡,逾8吨强辐射物泄漏。此次核泄漏事故使核电站周围6万多平方公里的土地受到直接污染,320多万人受到核辐射侵害,酿成了人类和平利用核能史上最大的灾难"①。全球核安全问题日益凸显,伊核问题和朝核问题成为困扰当今国际社会的两大问题。一些国家非法研制核武器,并且多次不遵循甚至违反《不扩散核武器条约》等有关文件的规定。②伊美冲突白热化,更是大大增加了重启涉及武器级核技术的20%丰度浓缩铀活动和使用核武器的概率。"预防核战争"已经成为人类生存的必然前提,恶性核竞争一旦渗透到全球,将引发以核武器为标志的第三次世界大战,打开人类的"灾难之门"。

网络战威胁。20世纪下半叶,网络信息技术兴起,互联网架设了国际交流的桥梁。与此同时,具有"契诃夫法则"隐患的网络战悄然出现,网络空间已经成为未来已来的重要战场。美国是最早成立网络部队、制定网络战方案、将威慑观念引入网络空间的国家。③2013年6月,斯诺登揭发美国政府秘密实施代号为"US-984XN"的电子监听计划,攻击全球网络次数达到6.1万次之多,这就是

① 倪伟波:《安全利用 "核"你在一起》,《科学新闻》2017年第6期,第29页。
② 陈一鸣:《伊朗核问题大事记》,《人民日报》2006年1月11日,第3版。
③ 刘玉青、龚衍丽:《网络战时代的安全威胁及对策研究》,《情报探索》2014年第11期,第63页。

著名的"棱镜门事件",堪称震惊全球的网络空间安全的大事件,开启了网络空间战的新纪元。[1]2017年5月,WannaCry勒索病毒蔓延全球,包括美国、英国、中国等在内的150多个国家(地区)近30万台设备均受到其攻击[2],造成了近80亿美元的经济损失。为维护国家主权、安全和利益,世界各国纷纷部署网络空间安全战略,俄罗斯完成了"主权互联网"的测试,实现"断网"操作之后境内"区域互联网"的独立运行。网络空间的属性使得网络战具有门槛低、界线模糊、双重性和指挥管理难等特点。当网络部队实施网络空间任务时,"木马程序"可能会扩散至全球网络空间,非目标网络空间可能会因自我防卫而发起攻击,网络部队可能会失去控制,等等;当黑客或黑客组织进行网络攻击时,采取的无目标攻击模式使得全球范围内的任何一台电脑都有可能成为其目标……种种可触发网络战的因素都在威胁着全人类的数字命运。网络战已经真实地展示在全人类面前,它带来了覆灭人类的新手段,其威胁甚于核弹,它可能将人类置于新的失序世界。

---

[1] 方兴东:《棱镜门事件与全球网络空间安全战略研究》,《现代传播(中国传媒大学学报)》2014年第1期,第115页。

[2] 李潇、刘俊奇、范明翔:《WannaCry勒索病毒预防及应对策略研究》,《电脑知识与技术》2017年第19期,第19页。

金融战威胁。金融安全事关经济发展与世界和平,是全球治理的重要议题,防范、化解金融风险特别是防止发生系统性金融风险,是金融工作的根本性任务。[①]近年来,随着全球化的深入推进与金融科技的高度发展,国际金融体系已将世界各国经济命脉紧密地联系在一起,形成了荣辱与共的"经济命运共同体"。同时,各国在金融领域展开的争夺、厮杀和排挤,从规模、成本和效益等方面来看,都不亚于任何形式的战争,金融战已经成为一种全新的非军事化隐形战争方式,例如:1637年荷兰郁金香危机、1720年英国南海泡沫事件、1837年美国金融恐慌、1907年美国银行业危机、1929年美国股市大崩盘、1987年席卷全球股市的黑色星期一、1994—1995年墨西哥金融危机、1997年亚洲金融危机、2008年全球金融危机、2019年中美贸易战,等等。每一次金融危机的爆发,都给社会经济运行造成了巨大混乱,都有可能造成世界经济体系的崩盘。国际金融博弈是"没有硝烟的战场",实质是全球治理体系主导权之争。在现代社会,迅速打垮一个大国最有效的途径不是战争,而是金融,可以说,摧毁一个超级大国最快的方式是一场金融战争。

生物战威胁。人类正面临着癌症、埃博拉、艾滋病、冠

---

① 新华社:《习近平:深化金融供给侧结构性改革 增强金融服务实体经济能力》,新华网,2019年,http://www.xinhuanet.com/politics/leaders/2019-02/23/c_1124153936.htm。

状病毒①等多重健康挑战和基因编辑异化等多维社会风险。
细菌、病毒、毒素等可以使人、动物、植物患病或死亡，大规
模杀伤性"生化武器"一旦用于现代战争，必将成为人类健
康和生命安全最大的生化威胁。据考证，日本在第一次世
界大战期间，就已经开始了罪恶的细菌实验，直到1945年
在第二次世界大战中战败，持续了约30年。②人类历程走
到今天，先进的生命技术、医疗技术正在逐渐消除疾病，但
同时也给人类带来了新的生存挑战。"基因编辑是可以对基
因组完成精确修饰的一种技术，可完成兴趣基因的定点敲
除、敲入、多位点同时突变和小片段的删失等。"③2017年，贺
建奎团队在法律不允许、伦理不支持、风险不可控的情况下
对六对夫妇的受精卵注射基因编辑试剂，造成多名基因被
编辑的婴儿出生，严重扰乱了医疗管理秩序。④这不仅是公

---

① 冠状病毒是一类主要引起呼吸道、肠道疾病的病原体。这类病毒的表面有许多规则排列的突起，整个病毒就像一顶帝王的皇冠，因此得名"冠状病毒"。冠状病毒除人类以外，还可感染猪、牛、猫、犬、貂、骆驼、蝙蝠、老鼠、刺猬等多种哺乳动物以及多种鸟类。目前为止，已知的人类冠状病毒共有六种。其中四种冠状病毒在人群中较为常见，致病性较低，一般仅引起类似普通感冒的轻微呼吸道症状。另外两种冠状病毒——严重急性呼吸综合征冠状病毒和中东呼吸综合征冠状病毒，也就是我们所称的SARS冠状病毒和MERS冠状病毒，可引起严重的呼吸系统疾病。
② 高晓燕：《侵华日军731部队的雏形——背荫河细菌实验场》，《日本侵华史研究》2014年第1期，第86页。
③ 王云岭：《"自然人"与"技术人"：对基因编辑婴儿事件的伦理审视》，《昆明理工大学学报（社会科学版）》2019年第2期，第36页。
④ 王攀、肖思思、周颖：《聚焦"基因编辑婴儿"案件》，《人民日报》2019年12月31日，第11版。

然挑战全人类，更是对法律熟视无睹，其行为最终受到了法律的制裁。①基因编辑技术诞生的初衷是消除疾病，而不是增强人体系统的某些特定功能，其滥用将会破坏人体系统自然进化的方式，颠覆人类传统的道德观和价值观，对自然人造成致命性打击，给人类带来浩劫。

非主权力量的威胁。世界各国的关联发展必然走向人类命运共同体的发展。集中化是在人类彼此互动的过程中产生的，财富、信仰、安全等因素集聚的范式集中化困境②催生了诸多非主权力量。2019年，香港经历了内忧外患，经济下滑，社会动乱，交通瘫痪。据统计，香港国际机场瘫痪一日会导致客运量损失近21万人次，货运量损失13863吨，空运货值损失近102亿港元，超过80万港人生计受损。③2019年6月至9月，仅由旅客减少所带来的经济损失就达185亿港元，服务业、旅游业、金融业等领域都损失惨重。可见，非主权力量虽然不能主导国际一体化的进

---

① 2019年12月30日，"基因编辑婴儿"案在深圳市南山区人民法院一审公开宣判。贺建奎、张仁礼、覃金洲三名被告人因共同非法实施以生殖为目的的人类胚胎基因编辑和生殖医疗活动，构成非法行医罪，分别被依法追究刑事责任。根据被告人的犯罪事实、性质、情节和对社会的危害程度，依法判处被告人贺建奎有期徒刑三年，并罚款三百万元，判处张仁礼有期徒刑二年，并罚款一百万元，判处覃金洲有期徒刑一年六个月，缓刑两年，并罚款五十万元。

② ［南非］伊恩·戈尔丁、［加］克里斯·柯塔纳：《发现的时代：21世纪风险指南》，李果译，中信出版社2017年版，第194—195页。

③ 朱延静：《香港机场瘫痪旅客受苦遭罪 影响超过80万港人生计》，中国新闻网，2019年，http://www.chinanews.com/ga/2019/08-13/8924885.shtml。

程,也不能控制全球化的全方位发展,但是可以通过牵制和左右区域稳定影响主权国家的安全,进而破坏维持人类社会长治久安的国际秩序。

二、"灰犀牛"与"黑天鹅"背后的风险

由复杂的人类关系、多样的金融系统、丰富的科学体系等联结起来的繁华世界,既是人类文明进化的基石,也是各类风险的"温床"。"灰犀牛"和"黑天鹅"只会慢行不会跳跃,是当今世界最为关注的两大类风险,人类必须要有防范意识和应对方案,才能"绝地反击"。

(一)"灰犀牛"与"黑天鹅"

"灰犀牛"。米歇尔·渥克在《灰犀牛:如何应对大概率危机》中提出了"灰犀牛"这一概念,用来比喻概率大、影响巨大、人们已习以为常但潜在的风险,如房地产、金融危机、资源争夺等。灰犀牛具有体型庞大、行动蠢笨、反应迟缓等特点,一旦它发起攻击,风险就会飙升,摆在人类面前的选项就不再是好和坏,而是糟糕、更糟糕,甚至是万劫不复。[①]联合国报告曾指出,"在过去的五十多年间,水资源争端问题引发的1831起个案中,有507起具有冲突性质,

---

① 〔美〕米歇尔·渥克:《灰犀牛:如何应对大概率危机》,王丽云译,中信出版社2017年版,第11页。

37起具有暴力性质,而在这37起中有21起演变成为军事
冲突。有关机构统计,到2050年,受到水资源短缺威胁的
国家将会增加到54个,受波及的人口数量将会占到全球人
口的40%,达40亿人"①。实际上,在每次危机过后,如果人
类认真加以检讨,就会发现,重大危机之前的种种端倪,其
实就是一次次绝佳的"逃生"机会。②

    "黑天鹅"。塔勒布在《黑天鹅:如何应对不可预知的
未来》中赋予了"黑天鹅"新的内涵,即极难预测、非同寻常
的偶发或突发事件③,如"9·11"恐怖袭击、英国脱欧、特朗
普赢得大选、意大利修宪公投失败、大规模病毒疫情等。
人类历史上爆发的大规模病毒疫情不胜枚举:1983年美国
首次发现HIV,2003年中国爆发"非典型肺炎"(SARS),
2005年H5N1型"禽流感"在东南亚爆发,2009年甲型
H1N1流感在墨西哥露面,2012年沙特阿拉伯首次发现"中
东呼吸综合征",2014年非洲几内亚爆发"埃博拉病毒"疫
情,2014年南美的智利发现"寨卡病毒"……每次大规模病
毒疫情的爆发给人类带来的都是真真正正的死亡。
COVID-19在短短不到两个月的时间内席卷全国、全世界,

① 李志斐:《水资源外交:中国周边安全构建新议题》,《学术探索》2013年第4期,第
   29页。

② 马维:《除了黑天鹅,你还需要知道灰犀牛——读<灰犀牛>》,《中国企业家》2017年
   第7期,第100页。

③ 芜崧、李雅倩:《"黑天鹅"和"灰犀牛"的新义》,《语文学习》2017年第11期,第75页。

武汉封城,全国启动一级响应,世界卫生组织宣布此次疫情构成"国际关注的突发公共卫生事件"(PHEIC)。由此可见,"黑天鹅"一旦来袭,将把世界推向全球性灾难的极限性边缘。

　　既防"黑天鹅",也防"灰犀牛"。2017年7月17日,全国金融工作会议召开后首个工作日,《人民日报》的头版评论员文章《有效防范金融风险》提到:防范化解金融风险,需要增强忧患意识,既防"黑天鹅",也防"灰犀牛",对各类风险苗头不能掉以轻心,更不能置若罔闻。①"灰犀牛"和"黑天鹅"不断通过权威渠道进入人类视野,警醒人类要防患于未然。"灰犀牛"带来的危机往往具有极大的破坏性,它是可预测、可感知、可预防的,只是人类往往消极地采取"鸵鸟战术"②。米歇尔·渥克曾说,过去众多危机,事实上在爆发之前都有明显征兆,但人类总抱着侥幸甚至傲慢心态看待这些征兆,直至危机爆发。"'黑天鹅'喻示着不可预测的重大稀有事件,它们常常带来不可预料的重大冲击,但人类总是视而不见,并习惯于以自己有限的生活经验和不堪一击的信念来解释它们,最终被现实击溃。"③所有的风险都有可能冲击人类命运的底线,毁灭人类的发展成果,最佳的方案就

---

① 陈学斌:《"灰犀牛"》,《黑龙江金融》2018年第2期,第80页。

② 陈捷、方一云:《"黑天鹅"与"灰犀牛"》,《金融时报》2017年9月8日,第10版。

③ [美]纳西姆·尼古拉斯·塔勒布:《黑天鹅:如何应对不可预知的未来》,万丹译,中信出版社2011年版,序言。

是超越传统观念,实现思维的变革和更新。

(二)正在到来的全球风险

世界日渐多元化和互联化,增量变革已被反馈回路的不稳定性、阈值效应和连锁破坏所取代,概率大、破坏性强的全球风险正在将人类推向"死亡之海"。"灰犀牛"正在向人类全速奔来,如气候变化与调整措施失败、水资源危机、网络攻击、自然灾害、关键信息基础设施故障,人类面临的是气候恶化、科技滥用、资源枯竭等背后的风险;"黑天鹅"也在悄然而至,如大规模杀伤性武器、人为环境灾难、极端天气事件、生物多样性损失和生态系统崩溃、主要经济体的资产泡沫,人类面临的是武器激增、经济崩盘、生态失衡等关联滋生的危机。[1]整个人类社会已经岌岌可危,越来越多的人开始清楚地认识到需要付出更大的努力,做出更大的改变,找出方法来直面所有的挑战。

面向未来社会看待人类命运,两大危机必然引起当代人的强烈关注:一是全球变暖。当前,空气中二氧化碳的含量正以前所未有的速度增加,北极的融冰等或将导致海平面在21世纪末上升1米以上,风暴潮和洪涝灾害将使全球10亿人遭遇危机,近3亿人失去家园。全球平均气温的

---

[1] World Economic Forum. "The global risks report 2019 (14th edition)". World Economic Forum. 2019. http://www3.weforum.org/docs/WEF_Global_Risks_Report_2019.pdf.

持续上升、极地冰川的进一步融化将导致洋流的变化或地
势较低的沿海地区的淹没，或进一步加剧现在还能维持农
耕的地区的荒漠化。[①]二是自然灾害。伴随着世界各国经
济发展水平差距的不断缩小，人类面临的是极端性、灾难
性气候变化的风险。2020年2月12日，燃烧了210天的澳
大利亚丛林大火终于熄灭，"地球伤疤"终于不再扩大，这
场大火造成至少33人死亡，约10亿野生动物丧命，2500多
间房屋和1170万公顷土地被烧毁。[②]毫无疑问，人类赖以
生存的环境已经不堪重负，全球性的环境风险正在日益
加剧。

　　未来风险接踵而至，它们将人类推向灭绝的深渊。一
是气象操纵工具，单方面使用激进的地球工程技术，会造
成气候混乱，加剧地缘政治的紧张局势；二是城乡差距，不
断扩大的城乡差距已经加剧了国家及区域间的两极分化，
直到差距逼近临界值，地方上的本土主义、暴力冲突事件
都可能发生；三是自然资源耗尽，当大自然所能产出的资
源无法满足人类所需之时，资源争夺战必定会上演，社会
必定会出现动荡；四是太空争夺战，世界各国争相在太空
中布局卫星系统，抢夺太空主导权，产生的太空碎片正以

---

① ［英］尼尔·弗格森：《文明》，曾贤明等译，中信出版社2012年版，第273页。
② 郭炘蔚：《烧了210天！澳大利亚新州这场大火终被熄灭》，中国新闻网，2020年，http://www.chinanews.com/gj/2020/02-12/9088580.shtml。

子弹的速度冲向地球;五是人权丧失,在强势国家政权当道和国内分化加剧的新阶段,政府倾向于牺牲个人利益来实现集体稳定,人类毫无人权可言。[①]

(三)全球风险背后的省思

全球问题分属于三大关系领域:一是人与自然关系的失衡,二是人与社会关系的失衡,三是人类自身(人类对作为主体自身的关系把握)即人与人之间关系的失衡。[②]人与自然的失衡往往会带来人与社会的失衡以及人与人之间的失衡,这也是当前全球风险的突出特点。20世纪以来,全球人口激增,全球人口预计将在2030年达到85亿,在2050年达到97亿,在2100年达到109亿。[③]当全球人口数量变得更加庞大之时,必定会使得整个社会经济、环境资源、人类关系、文明政治等矛盾冲突加剧。届时,三大领域的失衡更具复合性和关联性。现阶段人类所面临的全球危机是以往历史积淀的产物,未来人类面临的风险则取决于当代人类活动、行为方式和价值选择。只有全面审视

---

① World Economic Forum. "The global risks report 2019 (14th edition)". World Economic Forum. 2019. http://www3.weforum.org/docs/WEF_Global_Risks_Report_2019.pdf.

② 刁志萍:《从传统文化模式的利弊反思全球危机的实质》,《中国软科学》2003年第2期,第158页。

③ Department of Economic and Social Affairs. "World population prospects 2019: Highlights". United Nations. 2019. https://www.un.org/development/desa/publications/world-population-prospects-2019-highlights.html.

整个人类文明进程所蕴含的文明、科技、政治等内在的思想文化模式，才能真正预防和消除全球危机，还世界一个安全稳定、美好灿烂的未来。

"人类社会是一个充满非线性、不确定性、脆弱性、风险性的复杂性社会，伴随着人类社会的全球化、现代化进程的加快，科技创新的持续推动，国际政治的深刻变化，人类社会发生了深刻的系统性结构转型，转变为一个高度不确定和高度复杂的全球风险社会。"[①]在过去的几个世纪里，"灰犀牛"和"黑天鹅"在人类的一次次选择中诞生，它们都可能是灭绝人类的最后一击，因此，人类无论做出多么趋利避害的选择，都应该看到选择背后的弊端。现实却是，人类不断受到警告，神经持续紧绷，风险不受控制，危机快速袭来，人类社会正陷入一个既焦虑又无助的循环往复的僵局。面对重重风险，人类要坦然承认自身的缺陷，避免走向崩溃。

这是一个技术和资源急速进化的时代，同时也是一个极度缺乏安全感的时代，将人类、自然、科学联系在一起的契约正在瓦解。如今，人类正享受着历史上最高的生活标准、先进的科学技术和充裕的财政资源，本应该合理运用这些资源，秉承可持续发展原则，坚定不移地朝着更公平

---

① 范如国：《"全球风险社会"治理：复杂性范式与中国参与》，《中国社会科学》2017年第2期，第65页。

和包容的未来砥砺前行,但是由于缺乏变革中所需要的足够的动力和深度协作,人类可能会把世界推向系统崩溃的边缘。①在国际形势复杂演变的今天,在封闭和开放、单边主义和多边主义交织的时刻,人类所探寻的目标是共同命运的未来走向。人类命运的未来充斥着许多未知数,也许未来会陷入失望之冬,也许未来一片光明,所有的威胁和挑战都将永久沉睡,灾难不会发生。

三、人工智能的福音或灾难

人类凭借着自身的智慧成为全球生态系统中唯一的重要因素,驱动全球变化。人工智能是人类在改善生存环境、优化生活品质、提高生产效率等适应自然过程中的产物,是满足人类需求的重要技术形态。智人的出现改写了自然的物竞天择和传统的规则体系,突破了地球上各个生态系统之间的边界,将生命形式从有机领域延伸至无机领域。②

(一)人工智能的四次浪潮

第一次浪潮:计算智能。1950年至1980年,计算机的自然语言处理能力快速提升,实现了计算智能和快速存

---

① World Economic Forum. "The global risks report 2018 (13th edition)". World Economic Forum. 2018. http://www3.weforum.org/docs/WEF_GRR18_Report.pdf.

② [以]尤瓦尔·赫拉利:《未来简史》,林俊宏译,中信出版社2017年版,第67页。

储,攻克了人类面临的诸多貌似需要智慧解决的问题,如迷宫问题、智力游戏、国际象棋等。①图灵测试是这一阶段最著名的研究成果,它将人与机器隔离开来,并成为测试人工智能的重要手段。虽然此时的计算智能只能解决一些基础问题,但并不能阻止科技产品的出现。ARPANet也称阿帕网,被称为世界上第一个具有实质意义的计算机网络雏形,首次实现了计算机历史上的第一则数字数据传输。计算智能创造的种种经济价值局限在高科技产业和数字世界②,因此,人类意识到,要想利用人工智能解决现实问题仍是一件极其困难的事情。

第二次浪潮:感知智能。20世纪90年代中后期,传统行业与人工智能的结合是这一阶段最为瞩目的成就。人工智能以知识为支撑,以需求为灵魂,以规则为骨架,不断迭代更新,实现了视觉、听觉、触觉等感知智能。自动驾驶利用人工智能技术,通过传感器实现对外部人、车、物之间距离、朝向和速度的判断,把信息传送至智能感知模块进行计算和处理。百度和谷歌的感知智能技术引领了人工智能第二次潮流。摩根士丹利给谷歌Waymo③的市值估价

---

① ［日］松尾丰:《人工智能狂潮:机器人会超越人类吗?》,赵函宏等译,机械工业出版社2016年版,第40、57页。

② 李开复:《AI·未来》,浙江人民出版社2018年版,第135页。

③ Waymo最初是谷歌于2009年开启的一项自动驾驶汽车计划,之后于2016年12月从谷歌独立出来,成为Alphabet公司(谷歌母公司)旗下的子公司。

为 1750 亿美元,以此为参考,百度 Apollo 的市值将是 300 亿~500 亿美元。感知智能在一定程度上影响到智能应用、终端换代和金融经济等现实问题,但依旧存在"知识获取瓶颈"。

第三次浪潮:认知智能。21 世纪是一个瞬息万变的时代,科技巨头凭借雄厚资源和大兵团作战能力,雄踞龙头,通过推出沃森系统、AlphaGo(阿尔法围棋)系统等智能产品,带来了第三次浪潮。[①]目前,机器与人类最大的差距在于认知智能,这也是各大科技巨头在迫切寻找突破的领域。[②]知识图谱的符号主义和深度学习的连接主义携手为实现认知智能提供了可能,它们把现实世界转变成可量化、可分析、可计算的数字世界,如小米的"小爱同学"、阿里巴巴的"城市大脑"、Face++的人脸识别,无一不在彰显认知智能的可实现、可应用和可发展。一旦实现认知智能,人类熟悉的生活模式和社会模式都将改变,现实的物理世界将数据化。

第四次浪潮:超级智能。"人类面临一次量子跃迁,面对的是有史以来最强烈的社会变动和创造性的重组。"[③] 2019 年 10 月,谷歌成功演示用 53 量子比特组成的处理器,

---

① 徐雷:《人工智能第三次浪潮以及若干认知》,《科学(上海)》2017 年第 3 期,第 6 页。

② 李慧:《人工智能:改变世界的技术浪潮》,《信息安全与通信保密》2016 年第 12 期,第 27 页。

③ [美]阿尔文·托夫勒:《第三次浪潮》,黄明坚译,中信出版社 2018 年版,第 4 页。

让量子系统花费约200秒完成传统超级计算机要1万年才能完成的任务。①可以预测,与人类智慧、能力相当的强人工智能以及各方面都超越人类数亿倍的超人工智能将会陆续出现。未来是超级智能时代,AI＋QI＝SI(人工智能＋量子智能＝超级智能)。量子智能与人工智能的交叠发展,是人类走向数字文明的技术保障。在超级智能时代,整个人类生态系统的结构都将改变,人类还没有清楚认识这一事实,却已身陷于变革浪潮之中。

(二)福音降临:人工智能正在进行时

从传统思维出发,资源分配、道德水平、经济收入等都存在着高低之别、先后之分,但随着人工智能浪潮的来临,一切都回到重混状态。人类社会在经历过工业革命、世界大战和无数次变革与动荡之后,越来越认识到个人的自由、安定和发展离不开政府与社会的高效、公正。②纵观当今人工智能领域,中国与西方发达国家的科技水平差距在不断缩小,可以看到一股即将冲击全球经济、使地缘政治天平倾向中国的技术潮流。③关于人工智能的研究与应

---

① 成岚:《谷歌研究人员宣布成功演示"量子霸权"》,新华网,2019年,http://www.xinhuanet.com/2019-10/23/c_1125143815.htm。

② 李彦宏:《智能革命:迎接人工智能时代的社会、经济与文化变革》,中信出版社2017年版,第149页。

③ 李开复:《AI·未来》,浙江人民出版社2018年版,第162页。

用,美国传统公司在商业领域做得很好,而中国则是在民生方面表现出色,虽然两种模式和策略不同,但必定会在未来分出高下。数字文明时代是公正、公平、公开的,世界各国具有在人工智能领域平等竞争的权利。

人类的衣食住行、复杂的社会关系、丰富的自然资源都被数据化,所产生的数据量将逐步超过现有互联网所能存储的数据量。数据智能正是解决这一问题的钥匙,通过大数据引擎、深度学习、机器学习等技术,数据智能对海量的数据进行清洗、分类、计算等处理,智能化配置其传输、应用和存储等,挖掘出数据中蕴含的最大价值。人工智能不会受到巨大的数据量的约束,也不会受物理装备的限制,与人类一起解决譬如癌症、气候变迁、能源、经济学、化学、物理学等诸多方面的全球难题。人工智能技术不断取得突破性发展,将带来生产力水平和生产效率的极大提升,加速推动新一轮科技革命到来。

人工智能已经应用到社会各领域,带来了又一次社会结构调整的契机。①人工智能为数字文明时代的人类社会提供了强大支撑,让不可能的事变为可能。智能出行、智能家居、智能穿戴、智能医疗、智能法庭等已经运用到人类社会中,社会智能化的道路已经铺好。在搜索领域,人工

---

① 李智勇:《终极复制:人工智能将如何推动社会巨变》,机械工业出版社2016年版,第120页。

智能不依赖于一个固定的知识库或受限于一般检索,它将来自许多数据源的可用信息关联起来[1],并按照人类的需求进行排序,从而使人类在最短的时间内获取最有用的信息。在交通领域,谷歌做过的一个实验表明,如果让90%的汽车变成无人驾驶,车祸将从600万起降到130万起,死亡人数大幅度减少,同时,无人驾驶还能避免人为的交通堵塞。[2]人工智能正向人类社会输送源源不断的"原力"。

(三)奇点临近:人工智能发展的隐忧

随着人工智能技术越来越先进,它日益替代了人类大量的传统体力劳动,并且适应得很快。[3]普华永道会计师事务所发布的报告预测,到21世纪30年代初,美国38%的就业岗位会受到自动化的威胁,英国的这一比例是30%,德国是35%,日本是21%。[4]越来越多的就业岗位被机器取代,未被取代的岗位将由脑力更智能、体力更强的人类胜任。这个由人与自然构建的现代社会,正在逐渐变成基于人、自然、人工智能"金三角"框架的未来社会。这与现有的社会结构及其内部分配秩序并不相容,潜在地意味着

---

① [美]詹姆斯·亨德勒、[美]爱丽丝 M·穆维西尔:《社会机器:即将到来的人工智能、社会网络与人类的碰撞》,王晓等译,机械工业出版社2018年版,第25页。

② 王瑞红:《人工智能迎来发展"风口"》,《时代金融》2017年第16期,第42页。

③ [美]雷·库兹韦尔:《奇点临近》,李庆诚等译,机械工业出版社2011年版,第282页。

④ 王瑞红:《人工智能迎来发展"风口"》,《时代金融》2017年第16期,第42页。

现有的社会体系需要升级，否则会带来人类内部的剧烈冲突。

面对人工智能，所有领域都难以躲开其带来的剧烈冲击。人工智能不是天然秩序的一部分，而是人类创造力的产物，有可能使得人类的状况变得更糟。①法律制度是维系社会稳定和安全的重要准绳，而现有法律制度对人工智能束手无策，传统的规则逐渐失灵，制度机制风险将接踵而来。人工智能不仅挑战着当下的法律规则、伦理规则和社会秩序，还凸显出现有法律体系的缺陷，特别是现有法律在人工智能领域仍存在空白。因此，人类不仅需要给人工智能以法律关怀，还需要为人工智能的发展设定限制和责任，从而确保它是为人类造福而不是毁灭人类。②

谷歌技术总监、未来学家雷·库兹韦尔提出了著名的"奇点理论"："技术会在未来的某个时间点实现爆发式增长，并突破一个临界点，这就是'奇点'。到了那个时候，人类文明将会被人工智能彻底取代。"③规范奇点、经典理论奇点、经济奇点、社会形态奇点、技术奇点等奇点危机或将来临④，人类命运遭受着巨大威胁。人类能成为地球上的

---

① ［澳］托比·沃尔什：《人工智能会取代人类吗？》，闾佳译，北京联合出版有限公司2018年版，第169页。

② 杨延超：《机器人法：构建人类未来新秩序》，法律出版社2019年版，第492页。

③ 刘进长：《人工智能改变世界：走向社会的机器人》，中国水利水电出版社2017年版，第59页。

④ 国章成：《人工智能可能带来的五个奇点》，《理论视野》2018年第6期，第58—62页。

支配物种,在很大程度上是因为人类的智慧超越了其他物种,人工智能原本是人类构思创造的身外之物,如果"智人"的智慧超越人类,则预示着人工智能将与人类抢夺支配权。到了那时,人类在人工智能面前,就显得力不从心,有时甚至是疑惑、迷茫和无助。①

第二节　治理科技与网络空间命运共同体

当前,新一轮科技革命和产业变革加速演进,人工智能、大数据、物联网等新技术、新应用、新业态方兴未艾,互联网获得了更加强劲的发展动能和更加广阔的发展空间。发展好、运用好、治理好互联网,让互联网更好地造福人类,是国际社会的共同责任。创新治理科技,在"四项原则""五点主张"②的国际倡议下,推动互联网全球治理体系变革,实现网络空间由"技术治理"向"主权治理"良性转型,构建以尊重网络主权为核心特征的网络空间命运共同体。

---

① 陈彩虹:《人工智能与人类未来》,《书屋》2018年第12期,第8页。

② "四项原则""五点主张"是习近平主席于2015年12月16日在第二届世界互联网大会开幕式讲话中首次提出的。"四项原则"指推进全球互联网治理体系变革应该坚持的原则:尊重网络主权、维护和平安全、促进开放合作、构建良好秩序。"五点主张"是习近平主席就构建网络空间命运共同体提出的主张:一是加快全球网络基础设施建设,促进互联互通;二是打造网上文化交流共享平台,促进交流互鉴;三是推动网络经济创新发展,促进共同繁荣;四是保障网络安全,促进有序发展;五是构建互联网治理体系,促进公平正义。

一、治理科技与治理现代化

中共十九届四中全会指出,坚持和完善中国特色社会主义制度、推进国家治理体系和治理能力现代化,是全党的一项重大战略任务。以数字化、网络化、智能化为核心的治理科技正在涌现,并持续释放治理效能。治理科技是国家走向现代化的一种重要支撑,是权力数据化和数据权力化的一种组织方法,指向的中心问题是"数据化"治理。以治理科技创新治理体制、改进治理方式、提升治理水平是实现国家治理体系和治理能力现代化建设的重要路径,也是推进"中国之治"走向"中国之梦"的破题之钥。

(一)复杂理论下的治理革命

人类的政治历史就是从"统治""管理"再到"治理"的过程。治理(governance)源于拉丁文和希腊语,原意为控制、引导和操纵,主要用于与国家公共事务相关的管理活动和政治活动。[①]在关于治理的各种定义中,联合国全球治理委员会的定义最具代表性。按照该委员会的界定,"治理是各种公共的或私人的个人和机构管理其共同事务的诸多方式总和,它是使相互冲突的或不同的利益方得以

---

① 马丽娟:《治理理论研究及其价值述评》,《辽宁行政学院学报》2012年第10期,第77页。

调和并且采取联合行动的持续的过程,它既包括有权迫使人们服从的正式制度和规则,也包括各种人们同意或以为符合其利益的非正式的制度安排"。这一定义表明,治理有四个基本特征:一是治理不是一整套规则,也不是一种活动,而是一个过程;二是治理过程的基础不是控制,而是协调;三是治理既涉及公共部门,也包括私人部门;四是治理不是一种正式的制度,而是持续的互动。很显然,治理超越了传统官僚制和民主制的领域,把公共事务的管理看成是多元主体参与和多方责任共担的过程,同时也是一个多种机制共振和多种资源整合的过程。[①]

关于治理理论的研究和实践最早兴起于西方国家,是在20世纪90年代后期,西方社会为应对市场失灵和政府缺项而产生并发展起来的。对于市场和政府的作用,西方国家都曾有过长期信赖的历史,但市场和政府都不是万能的。"市场失灵"问题不可能在市场体制内找到解决的办法,于是政府作为纠错者被推向前台。然而,政府过度地涉入经济领域,影响了经济发展的活力,无限度地向社会领域渗透,缩小了人们自由发展的空间,导致了社会制约功能的急剧衰退。正是在这一背景下,治理作为配置社会资源的新方式出现,成为政府、第三部门与非营利组织等

---

① 连玉明:《贵阳社会治理体系和治理能力发展报告》,当代中国出版社2014年版,第3页。

社会力量实现良性互动的有效路径,为破解政府与市场双重失灵提供了新的方式。

治理理论的发展离不开复杂理论的兴起。20世纪七八十年代,社会科学领域出现的一些范式危机推动了复杂科学范式的兴起,为治理理论的出现奠定了基础。在当时,经典科学范式已经不能很好地描述和解释现实世界,而随着信息技术革命的发展和知识经济、循环经济的形成,以"现代科学革命"中形成的原子结构理论、量子力学、相对论为理论前提,形成了研究系统复杂性、非线性的后现代"复杂性科学"①。钱学森是中国复杂理论的倡导者,他对系统科学的复杂性定义是:"所谓'复杂性'实际是开放的复杂巨系统的动力学,或开放的复杂巨系统学。"②复杂理论的诞生,对治理理论的发展来说是一种思考方式的彻底改变。现在看来,治理理论是一种复杂性科学范式,它所寻求的是公民社会、政府及市场间的良性互动机制,是一种有关政治学、经济学、社会学、城市学等的复杂性机制。如果没有复杂性思想的出现,治理理论也难以完善。复杂理论与治理理论,都是基于后工业社会的复杂的社会系统而形成的。

---

① 麻宝斌等:《公共治理理论与实践》,社会科学文献出版社2013年版,第4页。
② 钱学森:《钱学森书信(第7卷)》,国防工业出版社2007年版,第200页。

（二）治理科技推动治理现代化

治理现代化是继工业现代化、农业现代化、国防现代化、科学技术现代化之后的"第五个现代化",其本质是制度的现代化。2013年11月,党的十八届三中全会通过的《中共中央关于全面深化改革若干重大问题的决定》提出,"推进国家治理体系和治理能力现代化"。这里第一次把国家治理体系和治理能力与现代化联系起来,着眼于现代化,并以现代化为落脚点,揭示了现代化与国家治理有着密切的内在关系:国家治理离不开现代化,现代化构成国家治理的应有之义。[①]时隔六年,2019年10月,中共十九届四中全会通过《中共中央关于坚持和完善中国特色社会主义制度　推进国家治理体系和治理能力现代化若干重大问题的决定》,"互联网""大数据""人工智能""数字政府""科技支撑""科技伦理"等治理科技新理念、新技术、新模式被写入其中,成为推动国家治理体系和治理能力现代化的重要手段。以此为标志,我国进入了治理科技推动治理现代化的新时代。

治理科技将成为推进国家治理体系和治理能力现代化的关键力量,发挥越来越大的作用,并以新的技术手段和运行机制为国家治理现代化提出的新要求提供新支撑。特别是当国家处于危急关头之时,治理科技凭借其独特的

---

① 许耀桐:《应提"国家治理现代化"》,《北京日报》2014年6月30日,第18版。

制度安排和技术优势的"双重驱动",展现出治理现代化的强大生命力和巨大优越性。"ABCDEFGHI"协同创新正在演变成为治理科技框架下推动国家治理体系和治理能力现代化的原动力,所谓"ABCDEFGHI"就是人工智能(AI)、区块链(blockchain)、云计算(cloud computing)、大数据(big data)、边缘计算(edge computing)、联邦学习(federated learning)、5G(5th generation)、智慧家庭(smart home)、物联网(internet of things)这几大关键技术。这些新兴技术不断融合,群体性、链条化、跨领域的创新成果屡见不鲜,颠覆性、革命性创新与迭代式、渐进式创新相并行,正在重构国家治理的底层基础设施和运行逻辑。

治理科技的"魂"是治理,科技只是其"纲",其核心是通过"治理"与"科技"的双向联动与多向赋能,实现"四个转变":一是从"管人""管物"到"管数"的模式转变,以数字国家治理、数字社会治理、数字城市治理、数字经济治理、数字文化治理"五位一体"的数字治理体系推进国家治理现代化。①二是从"国家管理"向"国家治理"的理念转变,更加强调治理的灵活性、协调性、沟通性,彰显了国家的公平、正义,社会的和谐、有序。正如习近平总书记深刻指出的:"治理和管理一字之差,体现的是系统治理、依法治理、源头治理、综合施策。"三是从"一元主体"向"多元主体"的

① 陈端:《数字治理推进国家治理现代化》,《前线》2019年第9期,第76—79页。

结构转变,治理是政府、市场、社会组织,党委、人大、政府、政协等多元主体一起进行国家治理,而不是仅仅依靠一种力量,更加强调治理主体间的共商、共治、共享。四是从"行政管理"向"政治、法治、德治、自治、智治"的综合转变,实现以政治强引领、以法治强保障、以德治强教化、以自治强活力、以智治强支撑,充分发挥它们在推进国家治理现代化进程中的重要作用。可以说,治理科技推动治理现代化,表面上只是支撑要素的改变,背后却蕴藏着从垂直到扁平、从单向到体系、从命令到法治、从治标到治本、从一元主体到多元合作的大文章。而这篇大文章,正是中国以和平姿态屹立于世界民族之林的关键力量。

(三)国际秩序与中国方案

"国际秩序不等同于国际关系,不是简单地由中美关系、美欧关系等具体的关系组成,它是一个整体性概念,是对国际关系的总体性把握,并规定着国际关系一个阶段的基本特征。"①亨利·基辛格在其著作《世界秩序》中有三个关于国际秩序的观点值得注意:第一,世界上从来就不存在一个秩序,而是多个秩序共存,无论是建立在宗教之上的秩序,还是帝国,或者后来建立在主权国家之上的秩序。第二,每一个文明都有其自身的不同于其他文明的国际秩

① 陈玉刚:《国际秩序与国际秩序观(代序)》,《复旦国际关系评论》2014年第1期,第1-11页。

序观。因此,一个文明崛起而占据主导地位了,其国际秩序观必然影响其所建立的国际秩序。第三,自近代以来,西方所建立的国际秩序一直占据主导地位,从西方传播到世界其他地方。不过,尽管西方主导世界是一个事实,但这并不意味着西方的秩序是唯一的秩序。各个区域都在出现不同形式的区域秩序,对国际秩序产生影响。①

过去两百多年来,在构建近现代国际秩序的过程中,西方国家尤其是美国扮演了主导角色,因此一直拥有国际秩序的定义权与话语权。"美国掌握了定义权,也就是说,不管美国采取什么样的国际行为,总能向其人民或者国际社会证明其合法、合理性。无疑,定义权包含着深刻的道德意涵,这种道德意涵证明着美国的行为,甚至是战争的'正义'性质。"②美国主导下的国际秩序有三大支柱:"一是美式价值观,也被视作'西方价值观';二是美国的军事同盟体系,构成美国在世界上发挥'领导'作用的安全基石;三是包括联合国在内的国际机构。"③美国式国际秩序有其国际政治的历史渊源,也在现代世界发挥作用。但在经济全球化深入发展、国际政治日益碎片化的今天,世界正遭

---

① 郑永年:《被动回应阶段已经过去,经验表明,被动的回应做得再好,也远远不够——有效回应美国的"国际秩序"定义权》,《北京日报》2019年9月2日,第16版;[美]亨利·基辛格:《世界秩序》,胡利平、林华、曹爱菊译,中信出版社2015年版,序言。

② 郑永年:《被动回应阶段已经过去,经验表明,被动的回应做得再好,也远远不够——有效回应美国的"国际秩序"定义权》,《北京日报》2019年9月2日,第16版。

③ 傅莹:《国际秩序与中国作为》,《人民日报》2016年2月15日,第5版。

遇百年未有之大变局,国际秩序正面临空前的调整重组,世界已经改变,并注定不能回到原点。美国主导的国际秩序越来越难以提供全面、有效的国际问题解决方案。

21世纪初最大的国际政治变化是中国的持续发展。经过改革开放四十多年的持续发展,中国已经从一个国际社会中的边缘角色发展成为全球经济、政治和安全领域中的显赫角色[①],其世界影响力和国际话语权空前提升。在此背景下,中国国际秩序观成为国际社会关注的焦点(表5-1),"中国之治"成为世界各国热议的"东方智慧"。和平、发展、合作、共赢是中国国际秩序观最核心的关键词。中国领导人多次表示中国将坚定不移支持以《联合国宪章》宗旨和原则为核心的国际秩序和国际体系,始终做世界和平的建设者、全球发展的贡献者、国际秩序的维护者。中国对现存国际秩序有归属感,既是其创建者之一,也是其获益者和贡献者,同时还是其改革的参与者。中国针对国际秩序有缺失的地方已经提出自己的解决方案,"一带一路"倡议、亚洲基础设施投资银行、人类命运共同体就是中国提供给世界的重要新型公共产品。"中国之治"自诞生之日起,就从来都不是排他的而是包容的,从来都不是谋求赢者通吃而是要实现合作共赢,从来都不是奉行霸权主义而是倡导"有事商量着办"。可以说,"中国之治"既是中

---

① 赵可金:《国际秩序变革与中国的世界角色》,《人民论坛》2017年第14期,第36—37页。

国国际秩序观的生动诠释,也是21世纪和平发展的中国贡献给世界的"中国方案"。

表5-1　中国国际秩序观的演进

阶段	年份	概述
萌芽阶段	1949	中华人民共和国成立,开启了以独立自主的崭新姿态参与国际事务、融入国际秩序的新时期。中国先后提出了"一边倒"战略、和平共处五项原则、"一条线,一大片"构想、"三个世界划分"理论等外交思想、理念与战略,对于国际秩序的认知内含其中,并随本国的具体实践而不断调整和转变
	1974	在联合国大会第六届特别会议上,邓小平再次明确了毛泽东此前提出的"三个世界划分"理论,抨击了美苏两个超级大国以及建立在殖民主义、帝国主义、霸权主义基础上的旧秩序,对第三世界国家改变极不平等的国际经济关系的诉求以及改革建议表示赞同和支持,并提出国家之间的政治和经济关系都应当建立在和平共处五项原则的基础之上
探索阶段	1978	中国开启了对内改革、对外开放的新时期,实现了国家发展历程中的伟大转折。基于对时代主题与国际环境的重新审视,中国国际秩序观的重心转变为建立国际政治经济新秩序,争取和保持一个有利于国家经济建设的国际和平环境,围绕这一重心的内容也逐步展开。中国领导人做出了"和平与发展"两大时代主题的重要判断,开始奉行独立自主的不结盟政策
	1989	七届全国人大二次会议的政府工作报告中正式以中国政府的倡议形式,提出建立国际政治经济新秩序的主张
	1991	七届全国人大四次会议将推动建立国际新秩序作为中国外交政策的重要组成部分写进决议中。面对复杂的国际形势,中国主张"尊重世界文明的多样性,保证各国和睦相处、相互尊重","推进国际关系民主化,凝聚各国人民的力量解决面临的突出问题"……在一系列科学论断的指导下,中国得以与世界各国开展多方位、多渠道的交流与合作,并在具体实践中逐渐发展出内容丰富、各方联动的国际秩序观

续表

阶段	年份	概述
完善阶段	2005	中国提出建设一个持久和平、共同繁荣的"和谐世界"的构想
	2007	中共十七大报告表示,中国"将继续积极参与多边事务,承担相应国际义务,发挥建设性作用,推动国际秩序朝着更加公正合理的方向发展"
	2011	《中国的和平发展》白皮书倡议:"不同制度、不同类型、不同发展阶段的国家相互依存,利益交融,形成'你中有我,我中有你'的命运共同体。"中共十八大以来,中国领导人积极倡导人类命运共同体这一理念,将维护以《联合国宪章》宗旨和原则为核心的国际秩序、国际体系,建立以合作共赢为核心的新型国际关系,构建人类命运共同体作为中国在双边、多边关系与国际秩序中的重要主张。作为国际秩序坚定的维护者、建设者和贡献者,中国将其在国际秩序中的目标确定为推动国际秩序和国际体系进行必要的改革与完善,使其更加公正合理

资料来源:董贺、袁正清:《中国国际秩序观:形成与内核》,《教学与研究》2016年第7期。

二、治理科技的三大支柱

治理科技是新时代"治理＋科技"的重大创新,是科技赋能治理的重大实践。以治理科技创新治理体制、改进治理方式、提高治理水平是实现治理现代化的重要路径。块数据、数权法、主权区块链共同构成治理科技的"三大支柱"。其中,块数据是以人为原点的数据哲学,数权法是人类迈向数字文明的新秩序,主权区块链是法律规制下的技术之治。三者相互作用,形成统一有机体,共同构成互联网全球治理体系的解决方案和人工智能时代的重要拐点。

(一)块数据

当前,新一轮科技革命和产业变革正处于重要交汇期,随着信息技术和人类生产生活的交汇融合,互联网快速普及,全球数据呈现爆发增长、海量集聚的特点,对经济发展、国家治理、人民生活都产生了重大影响。我们已进入以大数据为标志的信息化发展新阶段。人类将以块数据为标志,真正步入大数据时代。块数据是大数据发展的高级形态,是大数据融合的核心价值,是大数据时代的解决方案。块数据就是把各个分散的点数据和分割的条数据汇聚在一个特定平台上并使之发生持续的聚合效应。聚合效应可以通过数据多维融合与关联分析,对事物做出更加快速、更加全面、更加精准和更加有效的研判与预测,从而揭示事物的本质和规律,推动秩序的进化和文明的发展。

块数据不仅给我们带来新知识、新技术和新视野,它还将革新我们的世界观、价值观和方法论。块数据是一种新的哲学思维,它对社会结构、经济机能、组织形态、价值世界进行了再构造,对以自然人、机器人、基因人为主体的未来人类社会构成进行了再定义,其核心哲学是倡导以人为本的利他主义精神。块数据是在技术进步的基础上形成的理论革新,它重构了当前的经济体系和社会体系,带来了一场新的科学革命与社会革命。这场革命是以人为原点的数据社会学范式,是用数据技术而不是人的思维去分析人的行为,把握人的规律,预测人的未来。它深刻改变着当下的伦理思维模式、资源配置模式、价值创造模式、权利分配模式和法律调整模式。块数据就像人类在数据世界的基地,是人类认知这个新世界的起点。越来越多的"基地"在数据世界中建立起来,并最终连成一片,形成新的世界,就意味着新文明的诞生——数字文明时代最终到来。

　　数据、算法、场景是治理科技的三个核心要素。块数据价值链是实现超越资源禀赋的价值整合,数据流经过块数据价值中枢的价值发现与再造,产生数据驱动力,带动和影响技术流、物质流、资金流、人才流、服务流,优化资源配置,最终催生了包含基于商业的全产业链、基于社会的全服务链和基于政府的全治理链的多元价值体系。而激活数据学,就是一个在块数据的神经元调度系统下减量化的数据存储和利用的数据观与方法论,就是要为我们身处的这个大数据时代找到一个方案以构建一个融合数据、算法和场景的系统。数据搜索、关联融合、自激活、热点减量化、智能碰撞在块数据系统中相互作用,不断循环往复,这一过程伴随数据价值的放大和再造,持续推动整个体系螺旋式地进化上升。作为一种理论假说,激活数据学就像朝向深邃的大数据宇宙的"天眼"。它是未来人类进入云脑时代的预报,是关于混沌的数据世界跳出决定论和概率论的非此即彼、亦此亦彼的复杂理论的大数据思维范式的革命，将实现对不确定性和不可预知性更加精准的预测。数据驱动、算法驱动和场景驱动下云脑时代的到来，将帮助我们更好地把握人类社会发展的规律。

（二）数权法

从认识大数据的第一天开始，我们往往把它看作是一种新能源、新技术、新组织方式，或者把它看作是一种正在改变未来的新力量，希望通过数据的跨界、融合、开放、共享创造更多价值。但是，开放数据和数据流动又往往带来更多风险，个人信息的过度收集和滥用给数据主体的隐私、企业的信息安全和社会乃至国家的安定带来巨大挑战，从而引发对数据共享、隐私保护与社会公正的广泛关注和深层忧虑，并成为全球数据治理的一大难题。这个难题让我们产生更深层次的思考，并试图提出一个"数据人"的理论假设来破解这一难题。我们把基于"数据人"而衍生的权利称为"数权"，把基于数权而建构的秩序称为"数权制度"，把基于数据制度而形成的法律规范称为"数权法"，从而建构一个"数权－数权制度－数权法"的理论架构。①

---

① 大数据战略重点实验室：《数权法1.0：数权的理论基础》，社会科学文献出版社2018年版，主编的话。

目前我国尚未出台数权保护方面的成文法律,涉及的相关规定主要分布在宪法、刑法、民法和其他法律中(表5-2)。其中,2017年3月通过的《民法总则》首次对"数据"的法律地位做出了回应。其第一百二十七条明确规定:法律对数据、网络虚拟财产的保护有规定的,依照其规定。"在学理上,该条款属于引致条款或转介条款。然而,一般的引致条款,都是有具体的相关规定予以对应的。"①但全国人大法工委组织编写的《中华人民共和国民法总则释义》明确提出:"鉴于数据和网络虚拟财产的复杂性,限于民法总则的篇章结构,如何界定数据和网络虚拟财产,如何具体规定数据和网络虚拟财产的权利属性与权利内容,应由专门法律加以规定。"也即,《民法总则》仅仅提出了数权的问题,但是并未做出具体规定。正在编纂的《中华人民共和国民法典(草案)》②对数权问题也有所涉及,其"人格权编"设专章对隐私权和个人信息保护做出了框架性规定,但从法律调整对象来看,其保护对象仍是"个人信息"而非"个人信息权"。对此,著名民法学家王利民建议在"个人信息"后面加上"权"字,明确规定"个人信息权",一方面可以为特别法提供上位法依据,

---

① 申卫星:《实施大数据战略应重视数字经济法治体系建设》,《光明日报》2018年7月23日,第11版。

② 参见《中华人民共和国民法典(草案)》(2019年12月16日稿)。

另一方面也可以落实个人信息司法保护的需求。①

表5-2　中国数权保护相关法律条款

法律类别	法律名称	实施日期	相关条款
宪法	《宪法》	2018年3月11日	第三十三条、第三十七条、第三十八条、第三十九条、第四十一条
刑法	《刑法》	2017年11月4日	第二百五十三条第一款、第二百八十六条第一款、第二百八十七条第一款、第二百八十七条第二款
民法	《侵权责任法》	2010年7月1日	第二条、第三十六条
	《消费者权益保护法》	2014年3月15日	第十四条、第二十九条、第五十条
	《民法总则》	2017年10月1日	第一百一十条、第一百一十一条、第一百二十七条
其他法律	《护照法》	2007年1月1日	第十二条、第二十条
	《执业医师法》	2009年8月27日	第二十二条、第三十七条
	《统计法》	2010年1月1日	第九条、第二十五条、第三十七条、第三十九条
	《保守国家秘密法》	2010年10月1日	第二十三条、第二十四条、第二十五条、第二十六条
	《居民身份证法》	2012年1月1日	第六条、第十三条、第十九条、第二十条
	《传染病防治法》	2013年6月29日	第十二条、第六十八条、第六十九条

---

① 靳昊:《王利明:民法典人格权编草案应明确规定个人信息权》,光明网,2019年,http://news.gmw.cn/2019-12/20/content_33418967.htm。

法律类别	法律名称	实施日期	相关条款
	《邮政法》	2015年4月24日	第七条、第三十五条、第三十六条、第七十六条
	《国家安全法》	2015年7月1日	第五十一条、第五十二条、第五十三条、第五十四条
	《商业银行法》	2015年10月1日	第六条、第二十九条
	《网络安全法》	2017年6月1日	第十条、第十八条、第二十一条、第二十二条、第二十七条、第三十七条、第四十条、第四十一条、第四十二条、第四十三条、第四十四条、第四十五条、第六十六条、第七十六条
	《律师法》	2018年1月1日	第三十八条、第四十八条
	《电子签名法》	2019年4月23日	第十五条、第二十七条、第三十四条
	《密码法》	2020年1月1日	第一条、第二条、第七条、第八条、第十二条、第十四条、第十七条、第三十条、第三十一条、第三十二条

　　"一切法律体系或者法学理论都可以被分为原理和技术两个部分。原理部分属于根本的价值取向或者制度的价值基础,技术部分则只不过是实现原理的手段。"[1]基于数权法学原理和法学理论,我们研究认为:人权、物权、数

---

[1]　张本才:《未来法学论纲》,《法学》2019年第7期,第5页。

权是人类未来生活的三项基本权利；数权是人格权和财产权的综合体；数权的主体是特定权利人，数权的客体是特定数据集；数权突破了"一物一权"和"物必有体"的局限，往往表现为"一数多权"；数权具有私权属性、公权属性和主权属性；数权制度包括数权法定制度、数据所有权制度、公益数权制度、用益数权制度和共享制度等五个基本维度；共享权是数权的本质；数权法是调整数据权属、数据权利、数据利用和数据保护的法律规范；数权法重构数字文明新秩序；数权法是工业文明迈向数字文明的重要基石。数权法既是对未来法治的探索和创新，也是对传统民法的丰富和深化。数权法以数据确权为核心，既要"数尽其用"，又要保护数权。把《数权法》作为上位法，对完善与实践由《网络安全法》《数据安全法》《个人信息保护法》等组成的数权法律体系具有先进性、科学性和指导性。作为治理科技的法律维度，数权法是网络空间数据有序流通之必需、数据再利用之前提、个人隐私与数据利用之平衡，是构造网络空间的法律帝国这个"方圆"世界的基本材料，与物权法一起共同构成数字文明时代的两大法律基础。

（三）主权区块链

"没有网络安全就没有国家安全"已成为广泛共识。在大数据时代，网络安全已经和国家安全、公共安全紧密捆绑在一起。对于绝大多数主权国家而言,完全可以成为共识的另一个判断是:"没有网络主权也就没有网络安全。"网络主权与网络安全相互渗透,纵横交错。通过网络立法建立国际互联网治理规则,必须以国家主权、网络安全的理念为引领。一个国家对于互联网的建设、运行、管理和网络空间中违法犯罪的治理,也必须是在主权和法治之下去完成。区块链作为比特币的底层技术,一方面存在"高效低能""去中心化""安全"的需求无法同时满足的"不可能三角",另一方面还存在其本质是"换中心"而非"去中心"、数据安全技术对外依赖性严重、单一技术之治难以监管等治理难题。①技术没有立场,但掌控技术的人拥有国籍。区块链治理议程设定、规则制定和基础资源分配权一旦被技术强国控制,其成为区块链世界唯一的主宰,国与国之间的关系也将因为技术强弱而沉沦,下滑回到"弱肉强食"的"丛林法则"时代,这将是现代文明社会所无法接受和难以承受的。

技术不是法律,更不可能取代法律。治理科技所表达的想象力,是一种有约束的想象力,而绝对不是超主权和无主权的"胡思乱想"。尊重网络主权背后的国家主权是区块链发展的必需。主权区块链不同于区块链的单一技

---

① 大数据战略重点实验室:《重新定义大数据:改变未来的十大驱动力》,机械工业出版社2017年版,第43页。

术之治,实现的是法律规制下的技术之治。主权区块链的治理规则总体由法律规则与技术规则两个层面组成。法律规则由法规框架、条文、行业政策等组成,具有法治权威性,一旦违反,是需要承担相应法律责任的。技术规则由软件、协议、程序、算法、配套设施等技术要素构成,本质上是一串可机读的计算机代码,具有刚性执行且不可逆的特性。主权区块链的监管和治理只有在法律规则与技术规则两者打出的"组合拳"下,兼顾法律规则的权威性和技术规则的可行性,才更有利于保护参与者乃至全社会的广泛利益,以及推进在主权区块链技术基础上的商业应用场景的落地,最终构建由监管机构、商业机构、消费者等共同参与的完整商业体系。①

从区块链到主权区块链,一方面为现实社会的治理提供新理念、新技术和新模式,另一方面使治理领域向网络空间延伸,推动现实社会和网络社会共同治理,推动社会治理向更加扁平化的交互式方向发展,推动社会治理的功能重构、秩序重构和制度重构。主权区块链的发明,使区块链从技术之治走向制度之治,从金融科技升级为治理科技。可以预见,在治理科技框架下,块数据、数权法、主权

---

① 中国区块链技术和产业发展论坛:《中国区块链技术和应用发展白皮书(2016)》,中国区块链技术和产业发展论坛官网,2016年,http://www.cbdforum.cn/bcweb/index/article/rsr-6.html。

区块链的创新应用所发挥的作用和产生的影响将是前所
未有的。特别是基于主权区块链的治理科技在协商民主
中的运用,为坚定不移走中国特色社会主义政治发展道路
提供了新的技术支撑和新的路径选择,并将引发一场深刻
的社会变革。这场变革,意味着科学社会主义在21世纪的
中国焕发出强大生机活力,意味着我国社会主义民主政治
制度的伟大飞跃,意味着为人类政治文明贡献出"中国
智慧"。①

三、基于主权区块链的网络空间治理

网络空间治理是一个时代议题。当前,网络空间存在
规则不健全、秩序不合理、发展不均衡等问题,同时还面临
结构畸形、霸权宰制、法治贫乏的现实困境。形式上,技术
社群自发制定规则,实则从源头上受到技术强国的霸权控
制,形成国际互联网"伪去中心化"下的权力垄断。互联网
不是法外之地,国际社会需要公正的互联网法治体系。基
于主权区块链的治理科技凭借其可治理、可监管、分散多
中心等优质特性,将全面创新网络空间治理模式,在维护
网络空间主权的同时,推动价值互联网跃升为秩序互联
网,构建网络空间命运共同体。

---

① 连玉明:《向新时代致敬——基于主权区块链的治理科技在协商民主中的运用》,《中
国政协》2018年第6期,第81-82页。

(一)互联网全球治理制度困境

互联网治理是全球治理的重要内容,也是大国博弈的重要方面。当前,互联网全球治理制度供给不足,"三个没有变"的法治困境依旧存在:一是侵害个人隐私、侵犯知识产权、侵占信息资源等网络威胁日趋严峻的基本态势没有变;二是网络监听、网络攻击、网络犯罪等网络安全事件频发的基本形势没有变;三是网络恐怖主义、网络霸权主义、网络军国主义等全球公害亟待消除的基本格局没有变。[①]互联网全球治理体系沉疴缠身,制度贫乏,急需更新与升级。

全球互联网运行与管理失衡。网络空间与现实空间一样,其运行需要分配资源和消耗资源。IP地址、域名、端口、协议等是互联网运行必要的核心资源。这些资源既不能凭空产生,也不能随意使用,而是需要专门的机构来进行分配和管理。据不完全统计,目前全球互联网主要运行与管理机构有ICANN(互联网名称与数字地址分配机构)、RIRs(五大地区性互联网注册管理机构)、ISOC(国际互联网协会)、IAB(互联网架构委员会)、IETF(国际互联网工程任务组)、IRTF(互联网研究专门工作组)、ISO(国际标准化组织)、W3C(万维网联盟)、INOG(互联网运营者联盟)

---

① 支振锋:《网络空间命运共同体的全球愿景与中国担当》,《光明日报》2016年11月27日,第6版。

等。①这些机构为全球互联网自身运行提供着有力的技术支持,拥有绝对的管理权和支配权,掌控着全球互联网运行必要的关键基础设施,以及管理层面和技术层面的核心标准与重要协议,成为互联网全球治理体系下"一家独大"的"丛林社会"。这些机构几乎掌握在以美国为首的西方技术强国手中,其成员也以西方发达国家公民为主,在根源上形成了严重的失衡现象。这种失衡进而会造成部分利益攸关主体话语权缺失的困境,其典型表现是"两个得不到保障":一是管理机构及人员主要由欧美国家及其公民组成,互联网技术弱国及其公民的合法权益得不到保障;二是互联网全球治理体系垄断化,技术弱国互联网发展道路自主权和话语权得不到保障。

网络霸权与网络宰制。美国作为互联网发源地,拥有全世界最发达的互联网技术以及互联网关键基础设施的所有权和管理权,控制着全球主要信息产品的生产和互联网地址资源与根服务器的管理,具有其他国家不可比拟的绝对控制权。同时,网络空间的控制权也几乎被美国独自掌控,中国在内的其他国家基本都处在网络空间主权的灰色地带,也即处在网络空间"半主权"甚至是"无主权"的混

---

① 在一定程度上参与全球互联网运行的机构和组织还有:亚太经济合作组织、东南亚国际组织、欧洲理事会、欧洲联盟、事件响应和安全团队论坛、八国集团、电机及电子学工程师联合会、国际电信联盟、互联网治理论坛、国际刑警组织、Meridian进程、北大西洋公约组织、美洲国家组织、经济合作与发展组织等。

沌状态。此外,美国还坚持"双重标准"①,倡导技术自由主义,奉行技术独裁,给恐怖分子和军国主义留下了可乘之机。尽管新科技革命对国家主权的削弱和制约对所有国家都一样,但这种削弱、制约对技术水平迥异的发达国家和发展中国家来说,是不均衡和不平等的。②这种不均衡和不平等实则反映的就是网络霸权之下宰制与被宰制的国际关系,对国际正义尤其是第三世界国家极为不利。

网络安全与网络犯罪。网络安全与网络犯罪是互联网全球治理的另一大难题。互联网具有虚拟性与匿名性、跨国界与无界性、开放性与无中心化、即时交互性,这些天然特性为犯罪分子匿名实施网络攻击、网络诈骗、网络传销等违法犯罪活动提供了可能的"温床"。网络犯罪形式有两种:第一种是监听网络、袭击网站、传播病毒等非法侵入和破坏,如"斯诺登事件""五眼联盟事件""震网事件"等;第二种则是利用互联网实施的传统犯罪,如互联网金融诈骗、网络非法集资、网络盗窃等,诸如虚假广告、人肉搜索、侮辱诽谤、在线间谍等都是传统犯罪形式在互联网上的体现,严重冲击了现有的全球安全体系。与传统犯罪相比,网络犯罪有三个明显特点:一是破坏力强且低龄化

---

① "双重标准"指的是在网络自由与安全方面奉行双重标准,即对自己和盟友是一套标准,对发展中国家是另外一套标准。

② 赵旭东:《新技术革命对国家主权的影响》,《欧洲》1997年第6期,第28页。

发案率逐年升高；二是犯罪成本低，受害人多，造成的经济损失严重；三是危害面广，涉及各行各业各领域，部分犯罪活动甚至危及国家政治安全、经济安全和社会稳定。

(二)网络空间主权的国际分歧

网络空间无疑是网络主权行使的重要场域。然而，"由于各国对于网络空间的认识和相关实践还较为有限，更由于意识形态、价值观以及现实国家利益等方面的差异乃至对立"①，当前国际社会在网络空间的诸多领域仍存在不同程度的分歧。总体来看，国际社会在网络空间方面主要存在认知分歧、战略分歧和治理分歧。

认知分歧：全球公域与主权领地。以美国、日本、欧盟等网络发达国家和组织为代表的"全球公域说"认为，网络空间与物理空间不同，不受任何单一国家的管辖与支配，应被视为公海、太空这类国际公域。以美国为例，美国将网络空间与公海、国际空域、太空相提并论，将其划入单一主权国家无法企及的"全球公域"②，认为对网络空间的管理应超越传统意义的主权国家之间的界限，国家不应当在网络空间中行使主权。与"全球公域说"不同，以俄罗斯、

---

① 黄志雄、应瑶慧：《美国对网络空间国际法的影响及其对中国的启示》，《复旦国际关系评论》2017年第2期，第70页。

② 全球公域(global commons)，即不为任何一个国家所支配而所有国家的安全与繁荣所依赖的领域或资源。

巴西、上海合作组织、亚太安全合作理事会等网络新兴国家和组织为代表的"主权领地说"则认为，网络空间具有主权属性，国家应当建立并行使网络空间主权。例如，2011年俄罗斯联合中国等上海合作组织成员国，向第六十六届联大提交《信息安全国际行为准则》，认为与互联网有关的公共政策问题的决策权是各国的主权，应尊重各国在网络空间中的国际话语权和网络治理权。目前，两种主张在国际社会的对抗愈演愈烈，越来越多的国家倾向于"主权领地说"，主张在网络空间中需要行使国家主权。但实践中，由于发展状况、历史文化和社会制度的显著差异[1]，各国在网络空间属性问题上存在明显的认知差异，致使在网络空间国际规则制定中，各国在网络空间主权这一问题上仍然存在较大分歧。

治理分歧：多利益攸关方治理与多边主义治理。目前，网络空间治理呈现以美国为首的网络发达国家和以中国、俄罗斯、巴西为代表的网络发展中国家两大阵营。前者支持多利益攸关方治理模式，后者支持多边主义治理模式。"多利益攸关方"是当前网络空间全球治理"公认"的治理模式，其支持者主张"由技术专家、商业机构、民间团体来主导网络空间治理，政府不应该过多干预，甚至国家间

---

[1] 刘影、吴玲：《全球网络空间治理：乱象、机遇与中国主张》，《知与行》2019年第1期，第63页。

政府组织例如联合国也应该被排除在外"①。该模式认为"网络空间传播的全球性和去中心化特征已使政府失去了传统治理理论中的中心主导地位"②,主张互联网治理应该"自下而上"。从表面上看,多利益攸关方治理模式在兼顾各方利益方面具有一定作用,但由于缺乏主权国家的合作与支持,这种模式难以实现网络空间的有效治理。与网络发达国家主张多利益攸关方治理模式不同,网络发展中国家更倾向于政府主导,主张通过联合国或其他国际组织加强网络空间治理。这种主张被称作"多边主义治理模式"。该模式倡导国家在网络空间中"自上而下"的治理,强调"网络空间的国家主权原则以及解决网络空间无序问题应该以民族国家为中心,国家有权力保障数字主权和网络空间的国家安全,应该在联合国框架内建立某种以国家为治理主体的实体组织,以协调处理网络治理议题"③。究其根本,多利益攸关方治理模式和多边主义治理模式"这两大阵营之间的分歧实质上是基于各自利益诉求的网络空间治理机制守成派与改革派之争。可以预见,围绕这一问题

① 王明进:《全球网络空间治理的未来:主权、竞争与共识》,《人民论坛·学术前沿》2016年第4期,第18页。

② 郑文明:《互联网治理模式的中国选择》,《中国社会科学报》2017年8月17日,第3版。

③ 郑文明:《互联网治理模式的中国选择》,《中国社会科学报》2017年8月17日,第3版。

的分歧和博弈仍将长期存在"①。

战略分歧:网络自由主义与网络空间命运共同体。出于价值观方面的考虑,西方国家一致倡导"人权高于主权",主张公民的基本人权神圣不可侵犯,在网络空间则坚持网络自由主义,反对将现实空间的管制延伸到网络空间,认为网络国界给民主带来了挑战,表示不接受所有可能阻碍信息自由流动的行动。例如,美国认为国家不能以任何理由妨碍连接自由与数据自由流通,应保障网络空间的基本自由。为此,美国在2011年先后出台了旨在推进网络空间自由的《网络空间国际战略》《网络空间行动战略》,这两份文件构成了美国互联网国际战略体系的整体框架,这一框架的基础就是网络自由主义理论。②与网络自由主义者的论调不同,网络发展中国家认为,"网络自由主义不符合网络空间的需要"③,在网络空间领域,应当以国际关系准则和《联合国宪章》为根本依据,尊重各国的领土完

① 龙坤、朱启超:《网络空间国际规则制定——共识与分歧》,《国际展望》2019年第3期,第49页。

② 其中,《网络空间国际战略》将网络空间自由作为核心概念和重要构成部分,主张"美国的国际网络空间政策反映了美国的基本原则,即对基本自由、个人隐私和数据自由流动的核心承诺"。"网络自由主义理论形成后,已经成为美国政府官方的意识形态,被视为无可争辩的所谓"普世价值",借助以美国为代表的西方话语体系的强大传播力,基本上主导了此后多年关于互联网问题的研究和讨论。"(李传军:《网络空间全球治理的秩序变迁与模式构建》,《武汉科技大学学报(社会科学版)》2019年第1期,第20—25页。)

③ 王明进:《全球网络空间治理的未来:主权、竞争与共识》,《人民论坛·学术前沿》2016年第4期,第18页。

整、政治独立和人权自由,坚持国家安全和主权独立相统一的原则,所有国家均不能打着"网络自由"的旗号推行网络霸权。以中国为例,中国高度重视网络空间主权问题,近年来积极倡导尊重和维护各国的网络空间主权,并以此作为中国关于网络空间国际法和国际秩序的核心主张之一。2015年12月,习近平主席在第二届世界互联网大会上首次提出"构建网络空间命运共同体"理念,并深入阐释了构建网络空间命运共同体的"四项原则""五点主张"。网络空间命运共同体符合大多数国家的利益,一经提出便被世界上越来越多的国家接受。尽管如此,部分西方国家出于对意识形态等因素的考虑,对这一理念还存有一定疑虑。

(三)网络空间命运共同体

新时代的最强音回荡在中华大地和国际社会。"网络空间命运共同体是全球网络空间合作与治理的中国方案,为维护全球网络文化繁荣与安全发出了中国声音。"①回顾过往的三次工业革命,有两个显著特点值得注意:一是新的技术手段推动了一系列新发明的出现,大大提高了人类生产力,拓展了人类的活动范围;二是通过新技术手段,人

---

① 范锋:《网络空间命运共同体构建的理论基础与实践路径》,《河北大学学报(哲学社会科学版)》2018年第6期,第142页。

类进一步探索了自身潜力,推动了整个社会的革新。以互联网技术为主要标志的第三次工业革命,让世界变成了"鸡犬之声相闻"的地球村,相隔万里的人们不再"老死不相往来"。以数字孪生为代表的信息技术引领了社会生产新变革,创造了人类生活新空间,拓展了国家治理新领域,极大提高了人类认识水平以及认识世界、改造世界的能力。中国全球治理观倡导国际关系民主化,坚持国家不分大小、强弱、贫富一律平等,而这些都必须以共建网络空间命运共同体为基础和前提。只有共建网络空间命运共同体,才能解决互联网发展不平衡、规则不健全、秩序不合理等问题,推动联合国发挥积极作用,使广大发展中国家在国际事务中获得更大的代表性和发言权,并平等地参与全球治理体系改革和建设。

网络空间命运共同体的提出,最早可追溯至2015年。网络空间命运共同体是习近平的网络空间治理新理念新思想新战略(表5-3)的重要内容,是新时代保障国家数据安全和实现网络空间综合治理的科学路径,其内涵丰富,影响深远。从理论维度考察,网络空间命运共同体是互联网时代人类面临超越地理界限的网络风险时提出的协同合作和责任共担的网络治理战略①,是对马克思主义开放

---

① 董慧、李家丽:《新时代网络治理的路径选择:网络空间命运共同体》,《学习与实践》2017年12期,第37-44页。

理论和世界交往理论的继承、深化和发展。从价值维度考察,网络空间命运共同体构想符合"五位一体"整体布局,在经济、政治、文化、社会和生态方面对我国和全世界都有很大价值。一是有利于促进各国经济发展,促进各国共同繁荣;二是有利于我国国际话语权的提升;三是有利于国家间的文化交流互鉴;四是有利于维护全球稳定;五是有利于净化网络生态。从实践维度考察,建构公正合理的互联网全球治理体系,坚持依法治网与以德治网相结合,坚决维护全球人民的共同利益,携手构建网络空间命运共同体,符合全球人民的共同利益。①

表5-3　从世界互联网大会看习近平的网络空间治理新理念新思想新战略

年份	会议	重要论述
2014	第一届世界互联网大会	"中国愿意同世界各国携手努力,本着相互尊重、相互信任的原则,深化国际合作,尊重网络主权,维护网络安全,共同构建和平、安全、开放、合作的网络空间,建立多边、民主、透明的国际互联网治理体系。"
2015	第二届世界互联网大会	"网络空间是人类共同的活动空间,网络空间前途命运应由世界各国共同掌握。各国应该加强沟通,扩大共识,深化合作,共同构建网络空间命运共同体。"

① 王建美:《网络空间命运共同体的四重维度》,《中国集体经济》2019年第25期,第66-67页。

续表

年份	会议	重要论述
2016	第三届世界互联网大会	"互联网是我们这个时代最具发展活力的领域。互联网快速发展,给人类生产生活带来深刻变化,也给人类社会带来一系列新机遇、新挑战。互联网发展是无国界、无边界的,利用好、发展好、治理好互联网必须深化网络空间国际合作,携手构建网络空间命运共同体。""中国愿同国际社会一道,坚持以人类共同福祉为根本,坚持网络主权理念,推动全球互联网治理朝着更加公正合理的方向迈进,推动网络空间实现平等尊重、创新发展、开放共享、安全有序的目标。"
2017	第四届世界互联网大会	"当前,以信息技术为代表的新一轮科技和产业革命正在萌发,为经济社会发展注入了强劲动力,同时,互联网发展也给世界各国主权、安全、发展利益带来许多新的挑战。全球互联网治理体系变革进入关键时期,构建网络空间命运共同体日益成为国际社会的广泛共识。""倡导'四项原则''五点主张',就是希望与国际社会一道,尊重网络主权,发扬伙伴精神,大家的事由大家商量着办,做到发展共同推进、安全共同维护、治理共同参与、成果共同分享。"
2018	第五届世界互联网大会	"当今世界,正在经历一场更大范围、更深层次的科技革命和产业变革。互联网、大数据、人工智能等现代信息技术不断取得突破,数字经济蓬勃发展,各国利益更加紧密相连。为世界经济发展增添新动能,迫切需要我们加快数字经济发展,推动全球互联网治理体系向着更加公正合理的方向迈进。""世界各国虽然国情不同,互联网发展阶段不同,面临的现实挑战不同,但推动数字经济发展的愿望相同,应对网络安全挑战的利益相同,加强网络空间治理的需求相同。各国应该深化务实合作,以共进为动力,以共赢为目标,走出一条互信共治之路,让网络空间命运共同体更具生机活力。"

年份	会议	重要论述
2019	第六届世界互联网大会	"当前,新一轮科技革命和产业变革加速演进,人工智能、大数据、物联网等新技术、新应用、新业态方兴未艾,互联网迎来了更加强劲的发展动能和更加广阔的发展空间。发展好、运用好、治理好互联网,让互联网更好造福人类,是国际社会的共同责任。各国应顺应时代潮流,勇担发展责任,共迎风险挑战,共同推进网络空间全球治理,努力推动构建网络空间命运共同体。"

　　"网络空间命运共同体的运行基础是共生关系,运行环境是共同安全,运行模式是平等自治,运行机制是多元合作,运行目标是利益共享。"[1]基于主权区块链的网络空间治理方案将有助于建立平等、共识、共治的互联网治理体系,为共建网络空间命运共同体提供运行环境和技术借鉴。首先,主权区块链将推动网络空间命运共同体的平等协作。在点对点网络空间上,主权区块链推动各国尊重网络主权[2],尊重各国自主选择网络发展道路、网络管理模式、互联网公共政策和平等参与国际网络空间治理的权利,消除大国和小国、强国和弱国之分,打造公开透明、信

---

[1]　叶穗冰:《论网络空间命运共同体的运行规律》,《经济与社会发展》2018年第3期,第65—69页。

[2]　从区块链到主权区块链的意义并不仅仅在于区块链的发展,更在于给网络空间治理带来了"主权治理"的新意涵。推进全球互联网治理体系变革"四项原则"中,首要原则便是"尊重网络主权",网络主权理论是网络空间命运共同体得以建立的理论基础,也是其他三个原则的逻辑起点。

息安全程度高的网络空间命运共同体。其次,主权区块链将建立起网络空间命运共同体的新型共识体系。利用主权区块链能实现各国之间的数据交流和信息共享,增强各国在协商讨论中的知情权、参与权、表达权和主动权,有助于建立由代码、协议、规则确立的非人格化的信任和共识,破除各国互联网信任壁垒。最后,主权区块链将推动网络空间命运共同体携手共治。主权区块链能构建起新型的互联网治理模式,促进各国携手加强互联网治理,提升网络空间命运共同体的治理能力,实现互联网空间的良好秩序。

第三节 科技向善与良知之治

在"善恶义利"之间取得平衡,才能实现可持续发展。科技本身力量巨大,科技发展日益迅猛,如何善用科技,将在极大程度上影响到人类社会的福祉。科技是人性的表现,是人与自然相融和谐的手段,是人性中的善与良知与外部世界客观真理的结合方式。所谓科技向善,就是一种"以人为本"的良知选择,是向美,也是向光。选择科技向善,不仅意味着要坚定不移地提升科技能力,为人类提供更好的"善"的产品和服务,持续提升生产效率和生活品质,还要做到有所不为、有所必为。

一、"数据人"的价值取向

人是什么？历来是人类反思自身与研究自我的根本问题。"人是试图认识自己独特性的一个独特的存在。他试图认识的不是他的动物性，而是其人性。他并不寻找自己的起源，而是寻找自己的命运。人与非人之间的鸿沟只有从人出发才能理解。"[①]"数据人"的提出，不仅是对传统人性假说的超越，也是对科技伦理与科技向善的重新定义。研究探讨"数据人"的价值取向对于第六轮康波中自然人的价值选择、基因人的价值导向、机器人的价值设计具有重大意义。

"数据人"假设。人性假设是以一定的价值取向为基础的对人性这种规定体的表现有选择地抽象的过程。一般来说，人性假设作为一种前提预设，用以推导和演绎出某种理论体系。人性假设要为理论体系服务，而这种理论体系具有一定的价值取向，构建者在选择人性假设时，也必然具有同样的价值取向，才能使得某一理论体系前后一致。这种价值取向蕴含于理论体系的全过程，最终体现在实践之中。大数据时代，万物"在线"，一切皆可量化，所有的人、机、物都将作为一种"数据人"而存在，作为一种"数据人"而联系，作为一种"数据人"而共同创造价值。个人

---

① ［美］A.J.赫舍尔：《人是谁》，隗仁莲译，贵州人民出版社1994年版，第21页。

会在各式各样的数据系统中留下"数据脚印",通过关联分析可以还原一个人的特征,形成"数据人"。从经济人、社会人到数据人,人性假设在不同时代的背景下具有不同的类型,这一点可以在人性假设的各个阶段与不同模式中体现出来。构建者在进行人性假设时,所处的时代背景是其必然考虑到的决定性因素。因此,具有一定的时代性是人性假设一个非常重要的特点。"数据人"不仅仅是人的数据化,所有的物件和部件也将作为一种数据化的个体而存在并交互影响。"我们正处在技术发展带来人性变化的时代。"[①]人工智能、3D打印、基因编辑等新兴技术带来的社会关系变革,一方面将使得人类超越进化的限制,另一方面迫使人类不得不面对"在本世纪中叶非生物智能将会10亿倍于今天所有人的智慧"[②]的局面。届时,机器人、基因人将作为一种"数据人"而存在,与自然人共生共存,互补互动,成为未来人类社会的"三大主体"。"数据人"作为一种全新的人性假设,其得以存在的背景就是数据文明。以数据文明和"数据人"的理念来选择、引导和设计自然人、机器人、基因人的价值取向,超越了传统的善恶边界,打破了限制组织有效性的传统桎梏。可以说,相较于经济人、社会人、复杂人等人性假设,"数据人"假设的提出更能够

---

① 谢方:《科幻、未来学与未来时代》,《中国社会科学报》2013年1月25日,第A5版。

② 吴汉东:《人工智能时代的制度安排与法律规制》,《法律科学》2017年第5期,第128—136页。

适应数据文明的理论和实践要求,更能够实现全人类的解放和人的自由全面发展。

　　"数据人"的价值取向:利他主义。亚当·斯密在《国富论》中提出的"利己主义观",与其《道德情操论》中的"利他主义观"①构成了经典的"斯密悖论"。毫无疑问,人性中包含了固有的利己性和利他性。利他是人类美德的一种体现。利他主义是伦理学的一种学说,一般泛指把社会利益放在第一位、为了社会利益而牺牲个人利益的生活态度和行为原则。早在19世纪,法国实证主义哲学家孔德就提出了"利他"这一概念,运用"利他"的概念来阐述社会中存在的无私行为。孔德认为,"'利他'是一种为他人而生活的愿望或倾向,是一种与利己相对的倾向"②。"正如人们对思想有理性的要求,对行为同样有理性的要求,利他主义就是行为的理性要求之一。"③因此,利他主义首先强调的是他人的利益,提倡增进他人的福利而牺牲自我利益的奉献精神。目前,利他被普遍认为

①　亚当·斯密在《道德情操论》中开宗明义地指出了人的利他本性:"无论人们会认为某人怎样自私,这个人的天赋中总是明显地存在着这样一些本性,这些本性使他关心别人的命运,把别人的幸福看成是自己的事情,虽然他除了看到别人的幸福而感到高兴以外,一无所得。"([英]亚当·斯密:《道德情操论》,蒋自强等译,商务印书馆2015年版,第5页。)

②　Comte I Auguste. *System of Positive Polity* (2 vols.). London: Longmans, Green & Co.. 1875, pp.566-567.

③　Nagel T. *The Possibility of Altruism*. Princeton: Princeton University Press. 1978, p.3.

具有一种自愿帮助别人而不求在未来因此有所回报的特性。博弈论与生物进化论的交叉研究表明,较之于自私的群体,具有利他主义精神的群体在生态竞争中更具备进化优势。"数据人"强调人的行为方式和存在方式的利他化。"数据人"的功能在于帮助人类创造一个可以共享的、公共的大数据场域,其工具性价值决定了"数据人"的天然利他特性。如果"数据人"的利他性能够给人类带来更多的好处和便利,那么,人们基于对利益的追求,将会产生更多的利他主义行为。达尔文在《人类的由来》一书中写道:"一个部落中如果有很多总是愿意互相帮助、为集体利益而牺牲自己的成员,这个部落就会战胜其他部落。"①"数据人"的利他主义属性还有助于促成人类之间的共同合作。这是因为,基于"数据人"利他主义的特性,起初只是一小部分人从合作中获得收益,但随着更多人的参与,利他主义行为就从偶然的合作关系上升为特定的法律关系,可以保障人类从利他主义行为中获得持续的收益。为此,国家基于增进社会福祉、推动人类进步的夙愿,需要创造出"利他主义行为"的保护机制,即利他主义价值观。在这种价值观的影响下,人们会在内心形成一种希望通过行为活动,在物质或精神上对其他人产生

---

① [英]达尔文:《人类的由来》,潘光旦、胡寿昌译,商务印书馆1997年版,第201页。

有利效果的思想意识,最终构建一个更加和谐的社会。

共享:利他主义的数据文化。从农耕文明到工业文明,再到数字文明,人类社会随着科学技术的发展而不断进步,人们的生产活动与生活方式逐渐呈现出共享的特征。特别是随着近年来开放存取①运动和共享经济的兴起,共享作为一种新的发展理念,已经从科学技术领域拓展到经济社会、思想文化等领域,人们更加清楚地看到共享对于人类共同生活和发展的重要意义。②利他主义具有使他人得益的行为倾向和价值主张,是一种自觉的外化实践过程,能够增强个体的共享意愿,从而促进个体的共享行为(图5-1)。共享行为包括参与水平和参与程度,这两个参数能直接反映出个体的共享行为差异。每个个体在社群和大众中都是获利者,同时也是贡献者。通过共享和互利,群体会变得更加和谐与可持续。马云在一次会上

---

① 开放存取是一种知识共享模式,开放存取运动是在20世纪90年代末到21世纪初发起的一项科学运动,旨在促进科研成果的共享。其中,2001年发布的《布达佩斯开放存取倡议》、2003年签署的《毕士大开放存取宣言》与《关于自然科学与人文科学资源的开放使用的柏林宣言》就是共享发展理念的体现。根据《布达佩斯开放存取倡议》,开放存取是指科学家将研究文献上传到互联网,允许任何人免费阅读、下载、复制、打印、发布、检索,或者设置链接和索引,将其以软件数据或其他任何合法形式,使民众能从网络中自由获取和使用研究。开放存取运动一方面使科学数据免费向民众开放,突破了知识的价格障碍,另一方面拓展了科研成果的可获得性,突破了科学文献的使用权限障碍。(胡波:《共享模式与知识产权的未来发展——兼评"知识产权替代模式说"》,《法制和社会发展》2013年第4期,第99–111页。)

② 大数据战略重点实验室:《数权法1.0:数权的理论基础》,社会科学文献出版社2018年版,第220–221页。

说,现在这个世界要用好 DT(数据技术),其核心就是利他主义,"相信别人比你重要,相信别人比你聪明,相信别人比你能干,相信只有别人成功,你才能成功"。阿里巴巴不是一家电子商务公司,而是一家帮助别人经营电子商务的公司,要想成功,就要先利他,利他之后才能利己。共享文化最典型的例子是互联网。"互联网从诞生伊始就秉持共享精神:信息共享、技术共享、按需分配。"①"平等与共享是互联网的'魂',技术构架、通信协议、终端设备等是互联网的'体',互联网的'体'不断更新换代,而互联网的'魂'始终如一,绵延至今。"②共享文化已经成为大数据时代影响整个社会的一种主流文化,为社会的发展提供了源源不绝的动力和能量。亚当·斯密在《道德情操论》中指出:"如果一个社会的经济发展成果不能真正分流到大众手中,那么它在道义上将是不得人心的,而且是有风险的,因为它注定要威胁社会稳定。"③如果文化不止损,那么经济止损的效果就是有限的。利他主义的数据文化终于去除了带血的资本积累的原始冲动,让经济发展的成果通过数据化的组织和共享得以分流到大众手中,这不仅表现在它所倡导的利用群体智慧进行的大众创新和万众创业之中,而且还

---

① 陆地:《网络视频与信息"共产主义"》,《新闻与写作》2014年第1期,第68页。

② 吴宁、章书俊:《论互联网与共产主义》,《长沙理工大学学报(社会科学版)》2018年第2期,第38页。

③ [英]亚当·斯密:《道德情操论》,谢宗林译,中央编译出版社2008年版,第97页。

表现为那些在透明的数据环境中的诸多"独角兽公司"所享受到的快感和惬意。[1]

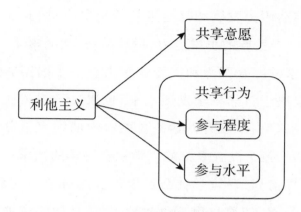

图5-1 利他主义与共享行为的关系

二、科学的灵魂

科学技术的发展水平是体现国家综合国力和国际地位的重要标志。科学技术力量已经成为国家最重要的战略资源,是社会发展的强大推动力。面向未来八十年的科学技术发展,三个基本判断必须引起我们的思考和关注:一是自然科学与哲学社会科学融合发展是21世纪后半叶的必然趋势;二是以哲学社会科学引导自然科学发展是人类社会进步的必然选择;三是以人文的善为科学的真保驾护航是数字文明时代的必然要求。

---

[1] 大数据战略重点实验室:《块数据2.0:大数据时代的范式革命》,中信出版社2016年版,第179-182页。

（一）哲学与科学的融合发展

"哲学社会科学是人们认识世界、改造世界的重要工具，是推动历史发展和社会进步的重要力量，其发展水平反映了一个民族的思维能力、精神品格、文明素质，体现了一个国家的综合国力和国际竞争力。一个国家的发展水平，既取决于自然科学发展水平，也取决于哲学社会科学发展水平。一个没有发达的自然科学的国家不可能走在世界前列，一个没有繁荣的哲学社会科学的国家也不可能走在世界前列。"[①]哲学社会科学与自然科学的关系，说到底是人与物、精神与物质的关系，一个是构建精神生活家园，一个是建构物质生活家园，两者相存相依，相通相融，相得益彰。

著名教育家和科学事业家蔡元培先生曾对科学与哲学的相互关系有过这样的论述："屏科学而治哲学，则易涉臆说；远哲学而治科学，则不免拘墟。两者可以区分而不能离绝也。今日最持平之说，以哲学为一种普遍之科学，合各科学所求得之公例，为之去其互相矛盾之点，而组织为普遍之律贯。又举普遍知识之应用于各科学而为方法、为前提者，皆探寻其最高之本体而检核之。"[②]哲学追求普

---

① 习近平：《在哲学社会科学工作座谈会上的讲话》，新华网，2016年，http://www.xinhua-net.com//politics/2016-05/18/c_1118891128.htm。

② 中国蔡元培研究会：《蔡元培全集（第二卷）》，浙江教育出版社1997年版，第305页。

遍规律,必须以自然科学为基础;而哲学作为普遍知识又必从方法、前提等根本方面对自然科学有所帮助。[①]故此,既不能远离科学而治哲学,也不能远离哲学而治科学。

进入 21 世纪以来,全球科技创新进入空前密集活跃的时期,新一轮科技革命和产业变革正在重构全球创新版图,重塑全球经济结构。以人工智能、量子信息、移动通信、物联网、区块链为代表的新一代信息技术加速突破,以合成生物学、基因编辑、脑科学、再生医学等为代表的生命科学领域孕育新的变革,融合机器人、数字化、新材料的先进制造技术正在加速推进制造业向智能化、服务化、绿色化转型[②],学科之间、科学和技术之间、技术之间、自然科学和哲学社会科学之间日益呈现交叉融合的趋势。

跨界合作是大数据时代发展的基础,要求人们把整个社会作为一个系统来认识。自然科学与哲学社会科学在高度发展的基础上,出现了高度融合。"科学与哲学原本同根同源。"[③]"知识好比大树,哲学是树根,科学则是树枝。"(笛卡尔)"哲学和科学是普遍性和特殊性的关系,哲学是普遍性,科学是特殊性。"(斯大林)如果说,在大数据时代

---

① 孙小礼:《21 世纪的科学和哲学》,《新视野》2003 年第 6 期,第 60–62 页。

② 习近平:《在中国科学院第十九次院士大会、中国工程院第十四次院士大会上的讲话》,新华网,2018 年,http://www.xinhuanet.com/politics/2018-05/28/c_1122901308.htm。

③ 于华:《大学是科学与哲学共繁共荣的家园》,《法制与社会》2019 年第 32 期,第 175–177 页。

自然科学与哲学社会科学的融合发展只是"小试牛刀",那么21世纪后半叶其必将"大展拳脚"。"宇宙天地间、大千世界里,人是'最大变量',物是'最大常量'。"①哲学塑造精神,科学洞悉物质。哲学作为人类"认识世界"和"改造世界"的重要工具,在哲学与科学融合发展的大趋势、大背景下,将不断续写"思想有多远,我们就能走多远""能力有多强,我们就能飞多高"的精彩篇章。

(二)哲学引导科学繁荣发展

哲学社会科学是探寻和总结人类社会发展规律的理论体系,哲学社会科学的发展水平是一个国家和民族精神状况与文明素质的综合体现。②一个伟大的时代,必然造就哲学社会科学的繁荣发展。一个伟大民族的兴盛,也必然离不开哲学社会科学的繁荣发展。可以说,人类社会每一次重大跃进和人类文明每一次重大发展,都离不开哲学社会科学的知识变革和思想先导。特别是对自然科学的发展,哲学社会科学自始至终起着不可替代的重要作用。③

第一,哲学世界观对科学活动起着重要支配作用。哲

---

① 奉清清:《立时代潮头 发思想先声:肩负起繁荣发展哲学社会科学的职责使命》,《湖南日报》2016年7月7日,第8版。

② 王关义:《哲学社会科学,发挥好引导功能》,《人民日报》2013年8月4日,第5版。

③ 傅正华:《哲学:科学技术发展的酵母——论哲学对科学技术发展的影响》,《荆门职业技术学院学报》1999年第5期,第61—66页。

学对自然科学具有指导作用,这是马克思主义的一个重要原理。恩格斯把哲学对自然科学的这种"指导"作用称为"支配"作用。[1]他说:"不管自然科学家采取什么态度,他们还是得受哲学的支配。问题只是在于:他们是愿意受某种坏的时髦的哲学的支配,还是愿意受一种建立在通晓思维的历史和成就基础上的理论思维的支配。"[2]因为任何一项科学研究工作,都涉及人和自然界的关系问题,即科学工作者与被认识、被改造对象的关系问题,以及与社会环境、社会条件的关系问题。如何处理这种主体和客体的关系,就有一个哲学指导思想问题。[3]此外,科学是一种认识的活动,其目的是发现、研究、认识客观对象的本质和规律。但是任何一个客观对象都不是孤立地存在的,它总是同其他现象、次要因素、偶然因素等错综复杂地交织在一起,本质也总是深深地掩藏在事物的背后,这就要求认识主体应当运用辩证思维方法,把本质从错综复杂的现象中剥离出来。

① 熊可山、赵双东:《必须坚持马克思主义哲学对自然科学的指导》,《莱阳农学院学报(哲学社会科学版)》1987年第1期,第1页。

② [德]马克思、[德]恩格斯:《马克思恩格斯全集(第3卷)》,中共中央马克思恩格斯列宁斯大林著作编译局译,人民出版社1972年版,第533页。

③ 因此列宁号召"自然科学家就应该做一个现代的唯物主义者,做一个以马克思为代表的唯物主义的自觉拥护者,也就是说应当做一个辩证唯物主义者。"([俄]列宁:《列宁选集(第四卷)》,中共中央马克思恩格斯列宁斯大林著作编译局译,人民出版社1972年版,第609-670页。)

第二，哲学方法论对科学发展起着重要指导作用。方法论和世界观是统一的：有什么样的方法论，就一定有什么样的世界观；有什么样的世界观，就必定表现为什么样的方法论。哲学方法论对科学发展的指导作用，也就是哲学世界观对科学活动的支配作用。只不过，方法论对科学发展的指导作用表现得更为具体罢了。唯物辩证法的三大规律①，都毫无例外地适用于自然科学研究。它们是自然科学方法论的最基本的方法论原则。②此外，哲学方法论对科学发展的指导作用还体现在辩证逻辑的一些具体思维形式之中，如归纳与演绎、分析与综合、假设与证明、历史的与逻辑的统一等。它们对科学研究的指导作用是毋庸置疑的，无论是收集经验材料，还是整理经验材料，无论是提出理论假说，还是构造理论体系，哲学都可以大显身手。

第三，哲学的批判精神和怀疑精神是科学创新的坚实思想基础。哲学在本质上是批判的，具有一种对现实永不

---

① 唯物辩证法的三大规律：对立统一规律、量变质变规律、否定之否定规律。这三大规律在哲学上的普遍性达到极限程度。这是黑格尔在《逻辑学》中首先阐述的，恩格斯则将它从《逻辑学》中总结和提炼出来，从而使辩证法的规律变得更加清晰了。

② 也就是说，哲学方法论突出地体现于唯物辩证法的三大规律之中。因为"辩证法的规律是从自然界和人类社会的历史中抽象出来的。辩证法的规律不是别的，正是历史发展的这两个方面和思维本身最一般的规律"。由于辩证法的规律是从包括自然界在内的客观世界的发展历史中抽象出来的，所以辩证法的规律"对于理论自然科学也是有效的"。

满足的不安分的灵魂。其不仅仅只是对现象的描述,而且是以一种批判的眼光审视人们与现实世界的关系,并对这种关系做出评价,进而用这种评价去指导人们来改造这种现实关系。①同样,哲学在本质上也是怀疑的,怀疑精神是哲学的本性。马克思有一句名言,就是"怀疑一切"。怀疑精神在本质上同哲学的批判精神是一致的。只有逢事问一个为什么,才能够追根求源,认识事物的本质。哲学具有探索世界底蕴、超越现实、追求无限的特点,而这是同它所具有的怀疑精神分不开的。②哲学的批判精神和怀疑精神,就其本质而言是一种创造精神和创造意识,或者说,这种批判精神和怀疑精神是创造性思维的内在要求。哲学批判精神和怀疑精神是科学发展的一种巨大的推动力,它为科学的发展鸣锣开道,同时,也为科学的发展提供了坚实的思想基础。

---

① 马克思曾有过精辟的论述:"辩证法在对现存事物肯定的理解中,同时包含着对现存事物的否定理解,即对现存事物必然灭亡的理解;辩证法对每种既成的形式都是从不断的运动中,因而也是从它的暂时性方面去理解;辩证法不崇拜任何东西,按其本性来说,它是批判的和革命的。"马克思主义的创始人在其理论创立之初就宣称,要对现存的一切事物进行无情的批判,在批判旧世界中发现新世界。只有批判,才能打破习惯势力和思维定式的束缚;只有批判,才敢于向理论权威提出挑战;只有批判,才能不断地解放思想,从而有所发现、有所发明、有所创造,才能不断地把科学推向前进。

② 爱因斯坦曾谈到过,正是马赫坚不可摧的怀疑精神,促使他去探索时间和空间的问题,他说:"空间和时间是什么,别人在很小的时候就搞清楚了;我智力发育迟,长大了还没有搞清楚,于是就一直在揣摩这个问题,结果就比别人钻研得深一些。"

(三)以人文的善为科学的真保驾护航

科学技术是第一生产力,是推动人类社会发展与进步的革命性力量,每一次科学技术的重大突破,都会引起经济的深刻变革和人类社会的巨大进步。今天,科学技术已经渗透到人们生产生活的方方面面,颠覆性地改变着人们的生产方式和生活方式,乃至思维方式、行为方式。人类社会从来没有像今天这样受到科技如此深刻的影响,对科技的依赖如此深入。科技正在力图左右人类的前途命运,技术化社会正以不可阻挡之势向世人走来。[①]科技既能为善也能作恶,在推动社会发展与进步的同时,也给人类的生存与发展带来了一系列诸如"核战争""网络战""金融战""生物战""非主权力量的威胁"等前所未有的全球性问题。

"科学和人文艺术是由同一台纺织机编织出来的。"[②]"近代自然科学是人文主义的女儿。"[③]科学的负面效应必然引起人文主义者的批判,他们呼吁用人文引导科学的发展,以人文的善为科学的真保驾护航。[④]科学精神是求真,

---

① 刘奇:《技术化时代谨防技术作恶》,《中国发展观察》2019年第15期,第48-49页。

② 有人说,人类在对创造力的追寻之路上,需要借助两只翅膀:科学与人文。科学,可以解释宇宙中每一件可能存在的事物,让我们更了解宇宙当中的硬件;人文,可以解释人类思想当中每一件能够想出来的事物,人文构建了我们的软件。科学可以告诉我们,为了达到人类所选择的目标,究竟需要具备哪些条件;而人文则可以告诉我们,利用科学所产出的这些成果,人类未来还可以向哪里发展。

③ 〔德〕文德尔班:《哲学史教程》,罗达仁译,商务印书馆1993年版,第472-473页。

④ 江文富:《生命文化:科学与人文的和洽之道》,《光明日报》2016年2月17日,第14版。

人文精神是求善。求真本身不能保证其方向正确："其实皆以为善,为之不知其义。"①科学技术的发展,特别是人工智能技术和基因编辑技术的发展,带来了"个人信息泄露""基因编辑婴儿""人工智能作恶"等重大问题,更有甚者利用科技成果从事违法犯罪活动。如"三聚氰胺事件""长生疫苗事件""徐玉玉事件"等,都是科学技术发展方向产生偏差及其成果使用不当所致。

"冰山上开不出玫瑰。同样,在不利于科学发展的社会文化环境里,科学不容易结出能够再生的果实。要科学能够顺利地发展,社会文化环境必须与它融合。科学是求真的,如果它所在的文化环境唯假是务,那就好像一团红炭丢在雪地上,怎么燃烧得起来? 如果一边提倡科学而同时又制造社会迷执(social myth),那就像一只脚向前而另一只脚向后,怎么走得动? 科学真正能够良好发展的社会文化环境,是把追求真理当作基本价值的社会文化环境。只有唯真成了一个社会文化中大多数知识分子坚持的态度,科学的发展才会得到真正广大的支持。"②可见,人文对科学具有重要特殊意义,是科学发展的"领航灯",是科学

---

① 出自司马迁《太史公自序》。上下文为:"为人臣子而不通于《春秋》之义者,必陷篡弑之诛、死罪之名。其实皆以为善,为之不知其义,被之空言而不敢辞。"意思是说:"作为大臣和儿子的不懂得《春秋》中的道理,一定会因为阴谋篡位和杀害君父而被诛杀,得一个死罪的名声。其实,他们都以为自己在干好事,做了而不知道为什么这么做,受了毫无根据的批评而不敢反驳。"

② 殷海光:《中国文化的展望》,中国和平出版社1988年版,第469页。

伦理"匡正器",是科技向善的"新哲学"。

科技是一把钥匙,既可以开启天堂之门,也可以开启地狱之门,究竟开启哪扇门,有赖于人文精神的指导。科技只有在人文精神的指导下,才能向着最利于人类美好发展的方向前进,实现科技向善。①明代大哲学家王阳明说:人皆有良知。他又说:知善知恶是良知。良知,就是人生来具有的善恶辨识力。善是成就自己与别人,成就这个世界,带给这个世界更多美好、更多关爱和光明的能力与努力。科技向善是基于人的自由存在和发展解放之需求,追求富有人文关怀的科学和充满科学智慧的人文,其提出意味着人类对人与科技的关系有了进一步的觉解。"科技是一种能力,向善是一种选择。"②"以人为本,利他向善。"在利他主义文化和共享文化的导向下,借助主权区块链,科技和人文将会相互交融而又彼此独立,和而不同而又保持适度张力,人与自然、社会和谐共处,生命体和非生命体妥善共存。

---

① 2019年5月,麦肯锡发布报告("Tech for good:Smoothing disruption,improving well-being"),提出"科技向善"的概念并指出,技术本身作为工具,可能在短时间内带来一定的负面影响,但政府、商业领袖以及个人将一起保障新技术为社会带来积极的影响。2019年11月,在腾讯成立21周年纪念日,腾讯官方正式宣布了其全新的腾讯文化3.0。其中,腾讯的使命愿景升级为"用户为本,科技向善",即一切以用户价值为依归,将社会责任融入产品及服务之中,同时推动科技创新与文化传承,助力各行各业升级,促进社会的可持续发展。腾讯作为"科技向善"的倡导者和践行者,认为"避免技术作恶,实现技术为善"就是科技向善。

② 马化腾:《用户为本 科技向善——写在腾讯文化3.0发布之际》,腾讯网,2019年,https://tech.qq.com/a/20191111/007014.htm。

三、阳明心学对构建人类命运共同体的文化意义

和平与发展仍然是时代主题,同时不稳定性、不确定性更加突出,人类面临许多共同挑战。第二次世界大战以来形成的全球治理模式和格局,由于美国奉行的"新孤立主义"和英国脱欧事件的冲击而难以为继①,以中国为代表的东方文明已然走向世界舞台中心。中国倡议的人类命运共同体日渐成为推动全球治理体系变革、构建新型国际关系和国际新秩序的共同价值规范,中国方案和中国智慧正在引领全球治理新秩序。②

(一)世界之困与中国之治

文明重心的转移:从西方文明的衰败到东方文明的复兴。在过去两千多年的时间里,人类文明重心经历了两次重大调整。第一次发生于19世纪60年代,中国在连续一千八百余年占领世界国内生产总值领先地位后,由于始终坚持小农经济模式,采取"闭关锁国"政策,错失第一次工业革命发展机遇而被欧洲国家后发赶超。世界政治、经济、文化中心(世界文明重心)开始由以中国为核心的东方

---

① 许正中:《全球治理创新与中国智慧》,《学习时报》2019年11月15日,第2版。
② 冯颜利、唐庆:《人类命运共同体的深刻内涵与时代价值》,人民网,2017年,http:// theory.people.com.cn/n1/2017/1212/c40531-29702035.html。

转向欧洲。①进入20世纪,世界文明重心发生第二次重大调整,由欧洲转向美国。经过两次世界大战,欧洲经济遭受重创,昔日称霸世界的欧洲列强经济节节衰退,而原来仅为英国在美洲殖民地的美国,则利用其先天远离欧洲主战场的"孤岛优势",通过向战争国家贩卖物资、武器,提供战争贷款等方式大发战争财。第二次世界大战结束时,美国直接从世界强国一跃成为超级大国,其国民生产总值甚至占到世界总和的60%以上,顺理成章地成为世界新的经济文化中心。此后,以美国为核心的西方文明席卷全球。其致力于将"自由、民主、人权"推广为"普世价值观",打着"民主无国界""人权高于主权"的旗号肆意干涉他国内政,大搞霸权主义,主观臆断只有西方国家标配的民主选举、多党制和三权分立才是现代政治文明的理想模式,而对与其价值观有所背离的社会主义国家极尽打压。②可以说,"普世价值观"已经成为西方"文明傲慢"的另一种体现。进入20世纪末期,随着中国、印度、巴西等新兴发展中国家的逐步崛起,各类国际力量分化组合的速度也不断加快,大国关系再次进入全方位角力的新阶段。世界面临"百年

---

① 据统计,截至1900年,全球五分之一的土地和十分之一的人口已被欧洲列强瓜分殆尽,欧洲文明笼罩全球。

② 所谓民主制度事实上是建立在"普世价值"基础上的和平妥协机制,即通过一人一票表达诉求,使具有不同立场的民众暂时达成妥协,而这样的民主制度一旦与利益挂钩,就会成为分散国家发展力量、削弱国家认同感的导火索,将内部混乱演变为多数人的暴政,甚至引发大规模暴乱甚至战争。

未有之大变局",新一轮世界文明重心的大调整也正在孕育。以中国为代表的新兴市场国家和发展中大国的文化影响力正逐步呈现上升态势,其日益走近世界舞台中央。

　　西方之乱:世界经济波动和社会动荡不安的重要根源。20世纪90年代前后,苏联解体、东欧剧变让一些西方人欣喜若狂,"历史终结论"一度甚嚣尘上。但进入21世纪后不久,西方的"气数"就出了不少问题。美国次贷危机及其引发的国际金融危机、欧债危机,以及英国脱离欧盟、意大利公投修宪失败、欧洲难民危机等接连发生,加之社会阶层对峙、孤立主义蔓延、民粹主义滋长、右翼极端主义涌动、暴恐频发、选举出现"黑天鹅"事件、种族歧视引发社会抗议和骚乱等,这些"治理赤字"都让西方社会"很受伤"。[1]此外,西方还面临制度危机、民主危机、文化危机等,这些西方"乱象"并不是彼此独立存在的,而是有着内在的联系,它们相互影响,相互作用,共同形成一个"乱象链"或"乱象群",最终使西方民主模式陷入严重危机,面临严峻挑战。西方之乱既不是单一现象,也不是偶然现象,而是发生在多维度、多领域和多层面的常态现象,具有时间延展长、空间分布广、影响深远等特征。[2]西方之乱表明

---

① 辛鸣:《罔顾西方之乱的原由》,《人民日报》2017年7月16日,第5版。

② 王刚、周莲芳:《试析西方之乱的表现及成因》,《思想理论教育导刊》2019年第3期,第74页。

"西方之治"正在出现系统性危机，并成为世界不安全、不稳定的一个主要根源，严重影响世界的和平与发展。

中国之治：开启伟大复兴之路，引领全球治理新航向。与西方之乱形成鲜明对比的，则是中国的和平发展之路。新中国成立七十多年来，以西方不认可的方式迅速发展，把一个积贫积弱的旧中国建设成为一个经济实力、科技实力、国防实力、综合国力进入世界前列并日益走向繁荣富强的社会主义新中国，创造了世所罕见的经济快速发展[①]和社会长期稳定[②]"两大奇迹"，令西方和整个世界为之震撼。这"两大奇迹"交相辉映，相辅相成，是中国特色社会主义制度威力的实际展现[③]，充分表明了中国特色社会主义制度和国家治理体系是以马克思主义为指导、植根中国大地、具有深厚中华文化根基、深得人民拥护的制度和治

---

① "经济快速发展奇迹"主要体现在：新中国成立七十多年特别是改革开放新时期和党的十八大以来，中国用几十年时间走完了发达国家用几百年完成的工业化历程，社会生产力得到极大解放和发展，经济实力和综合国力显著增强。中国经济总量已稳居世界第二，并成为世界第一制造业大国、第一大货物贸易国、第一大外汇储备国、第二大外国直接投资目的地国和来源国。改革开放四十多年来，中国经济增长对世界经济增长的年均贡献率达18%左右，近几年来高达30%左右。

② "社会长期稳定奇迹"主要体现在：新中国成立七十多年特别是改革开放新时期和党的十八大以来，中国既经历了巨大的经济社会变迁，也经受了不少重大考验。改革开放之前，中国经受了抗美援朝战争，三年困难时期，"文化大革命"，河北唐山、丰南地区强烈地震等重大考验。改革开放之后，中国又经受了1989年春夏之交的政治风波、1997年亚洲金融危机、1998年特大洪灾、1999年以美国为首的北约轰炸我国驻南联盟大使馆、2003年非典重大疫情、2008年四川汶川特大地震和国际金融危机、2020年新冠肺炎疫情等重大考验。

③ 姜辉：《充分发挥制度优势，成功实现"中国之治"》，《人民日报》2020年1月7日，第10版。

理体系,是具有强大生命力和巨大优越性的制度和治理体系,是能够持续推动拥有近十四亿人口大国进步和发展、确保拥有五千多年文明史的中华民族实现"两个一百年"奋斗目标进而实现伟大复兴的制度和治理体系。[①]美国学者迈克尔·巴尔指出:"中国崛起不仅是一个经济事件,还是一个文化事件。"以往大国崛起的历史都已充分证明,经济发展所代表的绝不仅仅是"硬实力"的提升而已,其背后必然伴随着"软实力"的同步提升。而在"逆全球化"暗流涌动的当下,也正是中国之治给世界提供了巨大的稳定性。[②]作为负责任大国和全球治理体系的参与者、建设者及贡献者,中国早已超越关注自我发展与建设的范围,主动承担起国际责任,积极贡献中国智慧,致力于为世界之困提供中国方案。

(二)良知之治的文化内涵

中国之治源于儒家思想,其核心乃良知之治。良知之治就是将阳明心学与现代治理相结合,在加强以良知为核心的道德理性中实现协调与平衡,以达到共建人类命运共同体的目标。良知之治的本质是建立有序、公平、富有活

[①] 新华社:《中共中央关于坚持和完善中国特色社会主义制度　推进国家治理体系和治理能力现代化若干重大问题的决定》,《人民日报》2019年11月6日,第1版。

[②] [巴西]奥利弗·施廷克尔:《中国之治与世界未来》,《学习时报》2018年1月15日,第2版。

力、向上、富强的社会,即王阳明倡导的"万物一体之仁"的社会理想,其文化内涵则是由"心即理""知行合一""致良知"构建而成的文化价值体系。

心即理:良知之治的理论基础。"心即理"的命题古已有之,只是到了王阳明这里,才代表着个人主体意识的觉醒。王阳明始终认为,"心"都是个体之心,它以良知的形式,先验地存在于每个人的主体意识中,如孟子所说的"四端"①。此外,王阳明认为"吾心便是天理",是说我心与万物一体,万物就在我心中,而心的存在也离不开万物。也就是说,每个人的世界,在很大程度上是自己的心所创造的世界,这个世界的意义,也是由自己的"心"赋予它的,有什么样的"心",就会有什么样的"世界"。因此,阳明心学首先确定了"心即理"的内涵,即"心外无理,心外无物",其重要意义在于强调人的道德主体性与人的价值,这也是阳明心学思想的出发点。

知行合一:良知之治的理论主体。王阳明认为,"知是行之始,行是知之成","知是行的主意,行是知的功夫"。也就是说,"知"和"行"是同一的,因为它们扎根在同一个"本体"上。所以说,"知行合一"的重要意义在于它把从古

---

① "四端"是儒家认为应有的四种德行,即"恻隐之心,仁之端也;羞恶之心,义之端也;辞让之心,礼之端也;是非之心,智之端也"。"四端"是孟子思想的重要内容,也是他对先秦儒学理论的重要贡献。

希腊哲学就开始的理论和实践分开的思维方式彻底打破了。从道德认知的角度看，"知行合一"意味着道德认识和道德实践的合一。"知"就是人的内在的道德认识，而"行"则是人的外在的行为活动，王阳明所强调的便是使内在的道德认识和外在的道德行为相统一。因此，"知行合一"的重要意义在于防止人们的"一念之不善"，当人们在道德伦理纲常上刚要萌发"不善之念"的时候，就要将其扼杀于"萌芽"之中，避免让这种"不善之念"潜伏在人们的思想当中，慢慢滋长。可见，王阳明的"知行合一"观是一个由知善到行善的过程，它要求人们将自己的伦理道德知识付诸实践，从而完善自己的道德人格，因为"善的动机，只是完成善的开始，并不是善的完成。意念的善不能落实到实践，它就不是真正的善"。无论在什么时候，道德都是一把无形的枷锁，既封锁人的自由，又使人的自由得到保证，那么，"知行合一"便成为儒家道德形象的准绳，这也便是阳明心学的核心要义与良知之治的理论主体。

致良知：良知之治的理论升华。"致良知"是阳明思想的根本宗旨，它的提出标志着阳明心学的最终确立，并从根本上重塑了儒家思想的结构。以往的理学家认为"致知在于格物"，认为要达到致知的目的，必须要从格物开始。王阳明另辟蹊径，将《大学》中的"致知"，与孟子的"良知"说相结合。他认为，"良知"是人与生俱来的，能使人"知善知恶",能使人对自己的行为做出正确评价,指导人们的行为选择,促使人们弃恶从善。所以"良知"是以是非之知的形式表现出来的具有先验性与普遍性的道德意识。"致良知"就是要通过对人的"良知"的自我认识,使人们能"体察"到"物欲""私利"是使自己"良知"昏蔽的主要原因,从而培养出一种道德上的自觉的能动性,以时时保持或恢复"吾心之良心"的"廓然大公、寂然不动"的本性。也就是说,"致良知"强调克己去私,实现公平正义。此外,致良知的核心思想包含一种推己及人的观念,即把个人的情向外推,由近到远。良知的核心思想是忠恕之道,忠恕之道就是仁。尽己之心为"忠",推己及人则为"恕"。实行忠恕之道,也就是从个人的主体性逐渐向外推,逐渐从一个"作为个人"的人,一直推向"天地万物为一体"的人。王阳明说,"风雨露雷、日月星辰、禽兽草木、山川土石,与人原是一体"。他认为:人的灵明是人与天地鬼神万物的贯通者,所以人心与"天地鬼神万物为一体";人的良知开合与自然界的昼夜相应,所以人心与天地为一体;"仁心"施之万物,所以万物与"仁心"为一体。因此,阳明"万物一体"论是以道德心即良知为根基的。由此可见,阳明心学的思想具有向外扩大的恻隐之情,也就是从个人到家庭、到社会、到族群、到人类的全体,乃至到天地万物。所以,良知之治正是以"良知"为根基,也就是说,如果"良知"丧失,良知之治便丧失了精神，就不会有"万物一体之治"，这也正是阳明呼唤"万物一体之仁"的原因。

（三）阳明心学对全球治理的当代价值与未来意义

当今世界正处于大发展、大变革与大调整时期，面临的不稳定性与不确定性突出，全球经济增长动力不足，贫富分化严重，恐怖主义、网络安全、传染性疾病等威胁蔓延，人类面临着许多共同的挑战。在此严峻的国际形势和背景下，中华文明自古以来的担当意识，凝聚为让和平薪火代代相传、让发展动力源源不断、让文明光芒熠熠生辉的中国方案。中国站在人类历史与世界发展的高度，倡议构建人类命运共同体，这一理念与马克思、恩格斯的思想一脉相承。马克思、恩格斯曾提出"只有在共同体中，个人才能获得全面发展其才能的手段，也就是说，只有在共同体中才可能有个人自由"[1]，进而提出了"真正的共同体"思想。"真正的共同体"与"虚假的共同体"相对，"真正的共同体"即共产主义是自由人的联合体、是每个人自由而全面发展的社会。2013年3月，习近平主席在莫斯科国际关系学院发表演讲时向世界提出"人类命运共同体"这一理念，指出当今人类社会"越来越成为你中有我、我中有你的命运共同体"。[2]在

[1] ［德］马克思、［德］恩格斯：《马克思恩格斯选集（第一卷）》，中共中央马克思恩格斯列宁斯大林著作编译局译，人民出版社1995年版，第119页。
[2] 张敏彦：《你中有我我中有你，习近平这样论述人类命运共同体》，新华网，2019年，http://www.xinhuanet.com/2019-05/07/c_1124463051.htm。

博鳌,从2013年年会到2015年年会,人类命运共同体理念实现了从"树立命运共同体意识"到"迈向命运共同体"的飞跃①。2017年,"构建人类命运共同体"相继被写入联合国决议②、联合国安全理事会决议③、联合国人权理事会决议④,彰显了中国理念对全球治理的重要贡献。党的十九大报告中,习近平六次提到人类命运共同体,站在全人类进步的高度,对全世界做出庄严承诺:"中国将继续发挥负责任大国作用,积极参与全球治理体系改革和建设,不断贡献中国智慧和力量。"⑤同时,"人类命运共同体"还被写进了党的十九大修改通过的《中国共产党章程》,上升到前所未有的政治高度。2018年3月,十三届全国人大一次会议表决通过《中华人民共和国宪法修正案》,"推动构建人类命运共同体"被写入宪法序言,使得"人类命运共同体"被纳入我国法律制度体系之中,标志着构建人类命运共同体成为习近平新时

---

① 朱书缘、谢磊:《习近平频提的"命运共同体"是怎样一种外交理念?》,人民网,2015年,http://cpc.people.com.cn/xuexi/n/2015/0610/c385474-27133972.html。

② 刘格非:《"构建人类命运共同体"首次写入联合国决议》,新华网,2017年,http://www.xinhuanet.com//world/2017-02/12/c_129476297.htm。

③ 刘笑冬:《构建人类命运共同体理念载入安理会决议是中国外交的重大贡献》,新华网,2017年,http://www.xinhuanet.com/world/2017-03/23/c_1120683832.htm。

④ 唐斓:《人类命运共同体重大理念首次载入联合国人权理事会决议》,新华网,2017年,http://www.xinhuanet.com/world/2017-03/24/c_129517029.htm。

⑤ 习近平:《决胜全面建成小康社会夺取新时代中国特色社会主义伟大胜利——在中国共产党第十九次全国代表大会上的报告》,新华网,2017年,http://www.xinhuanet.com/politics/19cpcnc/2017-10/27/c_1121867529.htm。

代中国特色社会主义思想的重要组成部分①。

　　人类命运共同体是全球治理共商、共建、共享原则的核心,其本质是超越民族国家意识形态的"全球观",终极目标是构建"持久和平、普遍安全、共同繁荣、开放包容、清洁美丽的世界"。这是一个以经济、政治、生态为纽带,超越地域、民族、国家而相互依存的人类存在新形态,是人类文明得以发展的共同前提。因此,在全球增长动能不足、全球经济治理滞后、全球发展失衡的关键时刻,中国以大国气度与胸怀,提出构建人类命运共同体,是对世界各族人民的深度关切,也是大国责任担当的重要体现。习近平在阐述构建人类命运共同体的基本原则时,提出伙伴关系要"平等相待、互商互谅",文明交流要"和而不同、兼收并蓄",生态体系要"尊崇自然、绿色发展"。这其中所蕴含的"合作""共赢""普惠"思想,与中华文化精髓中的"和平、仁爱、天下一家"等思想不谋而合,涵盖了中华传统文化"以和为贵""有容乃大""和而不同"的大智慧和大格局,体现了中国"天下为公""万邦和谐""万国咸宁"的政治理念。追溯中华文明发展史可以发现,在中华五千多年的文明积淀中,早已形成了天人合一的宇宙观、协和万邦的国际观、和而不同的社会观、人心和善的道德观。儒家思想的理想宇宙里面,没有不

---

① 李慎明:《习近平新时代中国特色社会主义思想的历史地位与世界意义》,求是网,2017年,http://www.qstheory.cn/dukan/qs/2017-12/31/c_1122175320.htm。

同的国家以及国家和文化之间的边界或界限。儒家追求天下的统一,其根本价值具有世界性和共通性,儒家的世界性认为"四海之内皆兄弟",这符合多元世界的文明需要。其中明代思想家王阳明创立的阳明心学集儒家文化之精华,主张"万物一体""心即理""知行合一""致良知"。阳明心学包含了对一切事物的关切,其中最内在的个体意识表现为良知。

构建人类命运共同体是全球治理的中国方案、中国智慧和中国贡献,其重点在于多元文明的融合与共治。然而,世界文明是多元的,不同的价值取向如何相互并存而不彼此排斥? 如何实现"万物并育而不相害","道并行而不相悖"? 阳明心学中的良知让我们获得了启发。良知是个体道德自觉、道德选择的重要根据和组织,也是普遍的礼仪和道的内化形式,为人们的行为提供道德指引。虽然不同的文明形态各异,但追求的良知之心则是相通的。王阳明说:"盖其心学纯明,而有以全其万物一体之仁。故其精神流贯,志气通达,而无有乎人己之分,物我之间。""夫圣人之心,以天地万物为一体,其视天下之人,无外内远近,凡有血气,皆其昆弟赤子之亲,莫不欲安全而教养之,以遂其万物一体之念。""是故亲吾之父,以及人之父,以及天下人之父……以至于山川鬼神鸟兽草木也,莫不实有以亲之,以达吾一体之仁,然后吾之明德始无不明,而真能以天地万物为一体矣。"王阳明主张的"致吾心之良知于事事物物也""天地万物一体之仁",强调要以良知为指引,胸怀世界,要对他人、群体具有责任意识和仁民爱物之心,并由此建立世界普遍认同的道德秩序,使整个社会趋于和谐形态。这其中的思想就是对文明的差异以及文明多元性的认同和包容,对构建人类命运共同体具有重要的文化意义。尤其是"万物一体说"思想中所蕴含的对世界的关切和良知之要义,构成了当今世界认同和理解人类命运共同体的一个方面,为各国民族承认、接受、认同人类命运共同体提供了有效帮助。可以说,阳明思想特别是阳明心学,是构成人类命运共同体的文化源泉之一,是"良知之治"的基本文化内涵。未来,随着人类文明重心的转移,阳明心学在全球传播与普及,并为人类命运共同体提供更多的文化滋养与指引,东方文明必将绽放出更加璀璨的良知之光。

参考文献

一、中文专著

［1］陈国强:《简明文化人类学词典》,浙江人民出版社1990
    年版。

［2］大数据战略重点实验室:《块数据2.0:大数据时代的范式
    革命》,中信出版社2016年版。

［3］大数据战略重点实验室:《块数据3.0:秩序互联网与主权
    区块链》,中信出版社2017年版。

［4］大数据战略重点实验室:《块数据5.0:数据社会学的理论
    与方法》,中信出版社2019年版。

［5］大数据战略重点实验室:《数权法1.0:数权的理论基础》,
    社会科学文献出版社2018年版。

［6］大数据战略重点实验室:《数权法2.0:数权的制度建构》,
    社会科学文献出版社2020年版。

［7］大数据战略重点实验室:《重新定义大数据:改变未来的
    十大驱动力》,机械工业出版社2017年版。

[8]段凡:《权力与权利:共置和构建》,人民出版社2016年版。

[9]段永朝、姜奇平:《新物种起源:互联网的思想基石》,商务印书馆2012年版。

[10]高航、俞学劢、王毛路:《区块链与新经济:数字货币2.0时代》,电子工业出版社2016年版。

[11]贵阳市人民政府新闻办公室:《贵阳区块链发展和应用》,贵州人民出版社2016年版。

[12]郭忠华、刘训练:《公民身份与社会阶级》,江苏人民出版社2017年版。

[13]井底望天等:《区块链世界》,中信出版社2016年版。

[14]李步云:《法理探索》,湖南人民出版社2003年版。

[15]李开复、王咏刚:《人工智能》,文化发展出版社2017年版。

[16]李开复:《AI•未来》,浙江人民出版社2018年版。

[17]李翔宇:《万物智联:走向数字化成功之路》,电子工业出版社2018年版。

[18]李彦宏:《智能革命:迎接人工智能时代的社会、经济与文化变革》,中信出版社2017年版。

[19]李智勇:《终极复制:人工智能将如何推动社会巨变》,机械工业出版社2016年版。

[20]连玉明:《贵阳社会治理体系和治理能力发展报告》,当代中国出版社2014年版。

[21]联合国全球治理委员会:《我们的全球伙伴关系》,牛津大学出版社1995年版。

[22]林德宏:《科技哲学十五讲》,北京大学出版社2004年版。

[23]刘锋:《互联网进化论》,清华大学出版社2012年版。

[24]刘进长:《人工智能改变世界:走向社会的机器人》,中国水利水电出版社2017年版。

[25]刘品新:《网络法》,中国人民大学出版社2009年版。

[26]刘权:《区块链与人工智能:构建智能化数字经济世界》,人民邮电出版社2019年版。

[27]麻宝斌等:《公共治理理论与实践》,社会科学文献出版社2013年版。

[28]齐爱民:《个人资料保护法原理及跨国流通法律问题研究》,武汉大学出版社2004年版。

[29]齐延平:《人权观念的演进》,山东大学出版社2015年版。

[30]钱学森:《钱学森书信(第7卷)》,国防工业出版社2007年版。

[31]数字资产研究院:《Libra:一种金融创新实验》,东方出版社2019年版。

[32]苏力主编:《法律书评(第一辑)》,法律出版社2003年版。

[33]王广辉:《人权法学》,清华大学出版社2015年版。

[34]王坚:《在线:数据改变商业本质,计算重塑经济未来》,中信出版社2016年版。

[35]吴晓波:《腾讯传(1998—2016):中国互联网公司进化论》,浙江大学出版社2017年版。

[36]信息社会50人论坛编著:《未来已来:"互联网+"的重构与创新》,上海远东出版社2016年版。

[37]徐明星等:《区块链:重塑世界经济》,中信出版社2016年版。

[38]许崇德:《宪法》,中国人民大学出版社2009年版。

[39]闫慧:《中国数字化社会阶层研究》,国家图书馆出版社2013年版。

[40]杨保华、陈昌:《区块链:原理、设计与应用》,机械工业出版社2017年版。

[41]杨延超:《机器人法:构建人类未来新秩序》,法律出版社2019年版。

[42]姚前主编:《区块链蓝皮书:中国区块链发展报告(2019)》,社会科学文献出版社2019年版。

[43]殷海光:《中国文化的展望》,中国和平出版社1988年版。

[44]余晨:《看见未来——改变互联网世界的人们》,浙江大学出版社2015年版。

[45]张凌、郭立新、黄武主编:《犯罪防控与平安中国建设——中国犯罪学学会年会论文集》,中国检察出版社2013年版。

[46]张文显:《二十世纪西方法哲学思潮研究》,法律出版社

2006年版。

[47]张文显:《法理学(第四版)》,高等教育出版社、北京大学出版社2011年版。

[48]张小猛、叶书建:《破冰区块链:原理、搭建与案例》,机械工业出版社2018年版。

[49]长铗等:《区块链:从数字货币到信用社会》,中信出版社2016年版。

[50]赵洲:《主权责任论》,法律出版社2010年版。

[51]中国蔡元培研究会:《蔡元培全集(第二卷)》,浙江教育出版社1997年版。

[52]周鲠生:《国际法(上册)》,武汉大学出版社2009年版。

[53]卓泽渊:《法治国家论》,中国方正出版社2001年版。

[54][奥]维克托·迈尔-舍恩伯格、[德]托马斯·拉姆什:《数据资本时代》,李晓霞、周涛译,中信出版社2018年版。

[55][澳]托比·沃尔什:《人工智能会取代人类吗?》,闾佳译,北京联合出版有限公司2018年版。

[56][波]彼得·什托姆普卡:《信任:一种社会学理论》,程胜利译,中华书局2005年版。

[57][德]哈贝马斯:《在事实与规范之间:关于法律和民主法治国的商谈理论》,童世骏译,生活·读书·新知三联书店2003年版。

[58][德]康德:《法的形而上学原理——权利的科学》,沈叔

平译,商务印书馆1991年版。

[59][德]马克思、[德]恩格斯:《马克思恩格斯全集(第1卷)》,中共中央马克思恩格斯列宁斯大林著作编译局译,人民出版社2006年版。

[60][德]马克思、[德]恩格斯:《马克思恩格斯全集(第3卷)》,中共中央马克思恩格斯列宁斯大林著作编译局译,人民出版社1972年版。

[61][德]马克思、[德]恩格斯:《马克思恩格斯全集(第46卷·上)》,中共中央马克思恩格斯列宁斯大林著作编译局译,人民出版社1979年版。

[62][德]文德尔班:《哲学史教程》,罗达仁译,商务印书馆1993年版。

[63][俄]列宁:《列宁选集(第四卷)》,中共中央马克思恩格斯列宁斯大林著作编译局译,人民出版社1972年版。

[64][法]卢梭:《社会契约论(双语版)》,戴光年译,武汉出版社2012年版。

[65][法]卢梭:《社会契约论》,何兆武译,商务印书馆2003年版。

[66][法]托克威尔:《论美国的民主(下卷)》,董果良译,商务印书馆1990年版。

[67][古罗马]西塞罗:《国家篇 法律篇》,沈叔平、苏力译,商务印书馆1999年版。

[68][古希腊]柏拉图:《理想国》,郭斌、张竹明译,商务印书馆1986年版。

[69][古希腊]亚里士多德:《政治学》,吴寿彭译,商务印书馆1965年版。

[70][美]A.J.赫舍尔:《人是谁》,隗仁莲译,贵州人民出版社1994年版。

[71][美]J.范伯格:《自由、权利与社会正义》,王守昌等译,贵州人民出版社1998年版。

[72][美]阿尔文·托夫勒:《第三次浪潮》,黄明坚译,中信出版社2018年版。

[73][美]安德雷斯·韦思岸:《大数据和我们——如何更好地从后隐私经济中获益?》,胡小锐、李凯平译,中信出版社2016年版。

[74][美]彼得·戴曼迪斯、[美]史蒂芬·科特勒:《富足:改变人类未来的4大力量》,贾拥民译,浙江人民出版社2014年版。

[75][美]戴维·温伯格:《万物皆无序:新数字秩序的革命》,李燕鸣译,山西人民出版社2017年版。

[76][美]丹尼斯·朗:《权力论》,陆震纶、郑明哲译,中国社会科学出版社2001年版。

[77][美]弗朗西斯·福山:《大断裂:人类本性与社会秩序的重建》,唐磊译,广西师范大学出版社2015年版。

［78］［美］亨利·基辛格:《世界秩序》,胡利平、林华、曹爱菊译,中信出版社2015年版。

［79］［美］杰夫·斯蒂贝尔:《断点——互联网进化启示录》,师蓉译,中国人民大学出版社2015年版。

［80］［美］杰里米·里夫金:《零边际成本社会》,赛迪研究院专家组译,中信出版社2017年版。

［81］［美］凯文·凯利:《必然》,周峰等译,电子工业出版社2016年版。

［82］［美］克特·W·巴克:《社会心理学》,南开大学社会学系译,南开大学出版社1984年版。

［83］［美］劳伦斯·莱斯格:《代码2.0:网络空间中的法律》,李旭、沈伟伟译,清华大学出版社2009年版。

［84］［美］雷·库兹韦尔:《奇点临近》,李庆诚等译,机械工业出版社2011年版。

［85］［美］里查德·A.斯皮内洛:《世纪道德——信息技术的伦理方面》,刘钢译,中央编译出版社1999年版。

［86］［美］梅兰妮·斯万:《区块链:新经济蓝图及导读》,韩锋,龚鸣等译,新星出版社2016年版。

［87］［美］米歇尔·渥克:《灰犀牛:如何应对大概率危机》,王丽云译,中信出版社2017年版。

［88］［美］纳西姆·尼古拉斯·塔勒布:《反脆弱:从不确定性中获益》,雨柯译,中信出版社2013年版。

［89］［美］纳西姆·尼古拉斯·塔勒布：《黑天鹅：如何应对不可预知的未来》，万丹、刘宁译，中信出版社2019年版。

［90］［美］尼葛洛庞帝：《数字化生存》，胡泳、范海燕译，电子工业出版社2017年版。

［91］［美］尼古拉斯·克里斯塔基斯、［美］詹姆斯·富勒：《大连接：社会网络是如何形成的以及对人类现实行为的影响》，简学译，中国人民大学出版社2012年版。

［92］［美］皮埃罗·斯加鲁菲、牛金霞、闫景立：《人类2.0：在硅谷探索科技未来》，中信出版社2017年版。

［93］［美］史蒂芬·科特勒：《未来世界：改变人类社会的新技术》，宋丽珏译，机械工业出版社2016年版。

［94］［美］托马斯·弗里德曼：《世界是平的：21世纪简史》，何帆、肖莹莹、郝正非译，湖南科学技术出版社2008年版。

［95］［美］吴霁虹：《众创时代：互联网+、物联网时代企业创新完整解决方案》，中信出版社2015年版。

［96］［美］希拉·贾撒诺夫等：《科学技术论手册》，盛晓明等译，北京理工大学出版社2004年版。

［97］［美］詹姆斯·亨德勒、［美］爱丽丝 M.穆维西尔：《社会机器：即将到来的人工智能、社会网络与人类的碰撞》，王晓等译，机械工业出版社2018年版。

［98］［美］珍妮弗·温特、［日］良太小野：《未来互联网》，郑常青译，电子工业出版社2018年版。

[99][南非]伊恩·戈尔丁、[加]克里斯·柯塔纳:《发现的时代:21世纪风险指南》,李果译,中信出版社2017年版

[100][日]大须贺明:《生存权论》,林浩译,法律出版社2000年版。

[101][日]松尾丰:《人工智能狂潮:机器人会超越人类吗?》,赵函宏等译,机械工业出版社2016年版。

[102][以]尤瓦尔·赫拉利:《今日简史:人类命运大议题》,林俊宏译,中信出版社2018年版。

[103][以]尤瓦尔·赫拉利:《未来简史:从智人到神人》,林俊宏译,中信出版社2017年版。

[104][英]A.J.M.米尔恩:《人的权利与人的多样性——人权哲学》,夏勇、张志铭译,中国大百科全书出版社1995年版。

[105][英]安东尼·吉登斯:《现代性的后果》,田禾译,译林出版社2011年版。

[106][英]安东尼·吉登斯:《现代性与自我认同》,赵旭东、方文译,生活·读书·新知三联书店1998年版。

[107][英]彼得B.斯科特-摩根:《2040大预言:高科技引擎与社会新秩序》,王非非译,机械工业出版社2017年版。

[108][英]达尔文:《人类的由来》,潘光旦、胡寿文译,商务印书馆1997年版。

[109][英]霍布斯:《利维坦》,黎思复、黎延弼译,商务印书馆

1986年版。

[110][英]梅因:《古代法》,高敏、瞿慧虹译,中国社会科学出版社2009年版。

[111][英]尼尔·弗格森:《文明》,曾贤明等译,中信出版社2012年版。

[112][英]乔治·扎卡达基斯:《人类的终极命运——从旧石器时代到人工智能的未来》,陈朝译,中信出版社2017年版。

[113][英]维克托·迈尔-舍恩伯格、[英]肯尼思·库克耶:《大数据时代:生活、工作与思维的大变革》,盛杨燕、周涛译,浙江人民出版社2013年版。

[114][英]亚当·斯密:《道德情操论》,蒋自强等译,商务印书馆2015年版。

[115][英]亚当·斯密:《道德情操论》,谢宗林译,中央编译出版社2008年版。

[116][英]亚当·斯密:《国民财富的性质和原因的研究》,商务印书馆2011年版。

[117][英]詹宁斯、[英]瓦茨修订:《奥本海国际法(第一卷第一分册)》,王铁崖等译,中国大百科全书出版社1995年版。

二、中文期刊

[1]白淑英:《论虚拟秩序》,《学习与探索》2009年第4期。

[2] 蔡放波：《论政府责任体系的构建》，《中国行政管理》2004年第4期。

[3] 曹红丽、黄忠义：《区块链：构建数字经济的基础设施》，《网络空间安全》2019年第5期。

[4] 曾欢：《试论人权与国家主权的辩证统一关系》，《法制与社会》2015年第5期。

[5] 陈柏峰：《熟人社会——村庄秩序机制的理想型探究》，《社会》2011年第1期。

[6] 陈彩虹：《人工智能与人类未来》，《书屋》2018年第12期。

[7] 陈彩虹：《在无知中迎来第四次工业革命》，《读书》2016年第11期。

[8] 陈端：《数字治理推进国家治理现代化》，《前线》2019年第9期。

[9] 陈菲菲、王学栋：《基于区块链的政府信任构建研究》，《电子政务》2019年第12期。

[10] 陈吉栋：《智能合约的法律构造》，《东方法学》2019年第3期。

[11] 陈仕伟：《大数据时代数字鸿沟的伦理治理》，《创新》2018年第3期。

[12] 陈秀平、陈继雄：《法治视角下公权力与私权利的平衡》，《求索》2013年第10期。

[13] 陈学斌：《"灰犀牛"》，《黑龙江金融》2018年第2期。

［14］陈玉刚：《国际秩序与国际秩序观（代序）》，《复旦国际关系评论》2014年第1期。

［15］陈志英：《主权的现代性反思与公共性回归》，《现代法学》2007年第5期。

［16］陈致远：《从中、俄、美、日史料看"常德细菌战"》，《湖南社会科学》2016年第1期。

［17］大数据战略重点实验室：《"数据铁笼"：技术反腐的新探索》，《中国科技术语》2018年第4期。

［18］大数据战略重点实验室：《区块链赋能社会治理的十条路径》，《领导决策信息》2019年第47期。

［19］刁志萍：《从传统文化模式的利弊反思全球危机的实质》，《中国软科学》2003年第2期。

［20］董慧、李家丽：《新时代网络治理的路径选择：网络空间命运共同体》，《学习与实践》2017年12期。

［21］窦炎国：《公共权力与公民权利》，《毛泽东邓小平理论研究》2006年第5期。

［22］范锋：《网络空间命运共同体构建的理论基础与实践路径》，《河北大学学报（哲学社会科学版）》2018年第6期。

［23］方兴东：《棱镜门事件与全球网络空间安全战略研究》，《现代传播（中国传媒大学学报）》2014年第1期。

［24］冯伟、梅越：《大数据时代，数据主权主沉浮》，《信息安全与通信保密》2015年第6期。

[25]付伟、于长钺:《数据权属国内外研究述评与发展动态分析》,《现代情报》2017年第7期。

[26]高晓燕:《侵华日军731部队的雏形——背荫河细菌实验场》,《日本侵华史研究》2014年第1期。

[27]郭道晖:《权力的特性及其要义》,《山东科技大学学报(社会科学版)》2006年第2期。

[28]郭少飞:《区块链智能合约的合同法分析》,《东方法学》2019年第3期。

[29]国章成:《人工智能可能带来的五个奇点》,《理论视野》2018年第6期。

[30]韩波:《熟人社会:大数据背景下网络诚信构建的一种可能进路》,《新疆社会科学》2019年第1期。

[31]韩璇、刘亚敏:《区块链技术中的共识机制研究》,《信息网络安全》2017年第9期。

[32]韩璇、袁勇、王飞跃:《区块链安全问题:研究现状与展望》,《自动化学报》2019年第1期。

[33]郝国强:《从人格信任到算法信任:区块链技术与社会信用体系建设研究》,《南宁师范大学学报(哲学社会科学版)》2020年第1期。

[34]何波:《数据主权法律实践与对策建议研究》,《信息安全与通信保密》2017年第5期。

[35]何哲:《人类未来世界治理体系形态与展望》,《甘肃行政

学院学报》2018年第4期。

[36]何哲:《网络文明时代的人类社会形态与秩序构建》,《南京社会科学》2017年第4期。

[37]贺海武、延安、陈泽华:《基于区块链的智能合约技术与应用综述》,《计算机研究与发展》2018年第11期。

[38]贺建清:《金融科技:发展、影响与监管》,《金融发展研究》2017年第6期。

[39]贺天平、宋文婷:《"数-数据-大数据"的历史沿革》,《自然辩证法研究》2016年第6期。

[40]胡波:《共享模式与知识产权的未来发展——兼评"知识产权替代模式说"》,《法制和社会发展》2013年第4期。

[41]黄志雄、应瑶慧:《美国对网络空间国际法的影响及其对中国的启示》,《复旦国际关系评论》2017年第2期。

[42]姜疆:《数据的权属结构与确权》,《新经济导刊》2018年第7期。

[43]姜奇平:《数字所有权要求支配权与使用权分离》,《互联网周刊》2012年第5期。

[44]蒋广宁:《法治国家中的公权力和私权利》,《知识经济》2010年第24期。

[45]金兼斌:《网络时代的社会信任建构:一个分析框架》,《理论月刊》2010年第6期。

[46]李爱君:《数据权利属性与法律特征》,《东方法学》2018

年第 3 期。

[47]李传军:《网络空间全球治理的秩序变迁与模式构建》,《武汉科技大学学报(社会科学版)》2019 年第 1 期。

[48]李慧:《人工智能:改变世界的技术浪潮》,《信息安全与通信保密》2016 年第 12 期。

[49]李三虎:《数据社会主义》,《山东科技大学学报(社会科学版)》2017 年第 6 期。

[50]李升:《"数字鸿沟":当代社会阶层分写的新视角》,《社会》2006 年第 6 期。

[51]李潇、高晓雨:《关注国际数据治理博弈动向 维护我国数据主权》,《保密科学技术》2019 年第 3 期。

[52]李潇、刘俊奇、范明翔:《WannaCry 勒索病毒预防及应对策略研究》,《电脑知识与技术》2017 年第 19 期。

[53]李志斐:《水资源外交:中国周边安全构建新议题》,《学术探索》2013 年第 4 期。

[54]连玉明:《向新时代致敬——基于主权区块链的治理科技在协商民主中的运用》,《中国政协》2018 年第 6 期。

[55]林德宏:《人与技术关系的演变》,《科学技术与辩证法》2003 年第 6 期。

[56]刘红、胡新和:《数据革命:从数到大数据的历史考察》,《自然辩证法通信》2013 年第 12 期。

[57]刘建平、周云:《政府信任的概念、影响因素、变化机制与

作用》,《广东社会科学》2017年第6期。

[58]刘凯:《试析全球化时代制约国家主权让渡的困难和问题》,《理论与现代化》2007年第3期。

[59]刘奇:《技术化时代谨防技术作恶》,《中国发展观察》2019年第15期。

[60]刘千仞等:《基于区块链的数字身份应用与研究》,《邮电设计技术》2019年第4期。

[61]刘若飞:《我国区块链市场发展及区域布局》,《中国工业评论》2016年第12期。

[62]刘淑春:《数字政府战略意蕴、技术构架与路径设计——基于浙江改革的实践与探索》,《中国行政管理》2018年第9期。

[63]刘曦子:《区块链与人工智能技术融合发展初探》,《网络空间安全》2018年第11期。

[64]刘晓纯、吴穹:《公权力的异化及其控制》,《改革与开放》2012年第10期。

[65]刘懿中等:《区块链共识机制研究综述》,《密码学报》2019年第4期。

[66]刘影、吴玲:《全球网络空间治理:乱象、机遇与中国主张》,《知与行》2019年第1期。

[67]刘玉青、龚衍丽:《网络战时代的安全威胁及对策研究》,《情报探索》2014年第11期。

[68]龙坤、朱启超:《网络空间国际规则制定——共识与分歧》,《国际展望》2019年第3期。

[69]龙荣远、杨官华:《数权、数权制度与数权法研究》,《科技与法律》2018年第5期。

[70]陆地:《网络视频与信息"共产主义"》,《新闻与写作》2014年第1期。

[71]吕乃基:《从由实而虚,到以虚驭实——一个外行眼中的"区块链"》,《科技中国》2017年第1期。

[72]马丽娟:《治理理论研究及其价值述评》,《辽宁行政学院学报》2012年第10期。

[73]马维:《除了黑天鹅,你还需要知道灰犀牛——读<灰犀牛>》,《中国企业家》2017年第7期。

[74]马长山:《"互联网＋时代"法治秩序的解组与重建》,《探索与争鸣》2016年第10期。

[75]马长山:《新栏寄语》,《华东政法大学学报》2018年第1期。

[76]马长山:《智慧社会背景下的"第四代人权"及其保障》,《中国法学》2019年第5期。

[77]马长山:《智慧社会的治理难题及其消解》,《求是学刊》2019年第5期。

[78]米晓文:《数字货币对中央银行的影响与对策》,《南方金融》2016年第3期。

[79]南风窗编辑部:《技术想要什么》,《南风窗》2019年第26期。

[80]倪健民:《信息化发展与我国信息安全》,《清华大学学报（哲学社会科学版）》2020年第4期。

[81]倪伟波:《安全利用"核"你在一起》,《科学新闻》2017年第6期。

[82]潘爱国:《论公权力的边界》,《金陵法律评论》2011年第1期。

[83]潘云鹤:《世界的三元化和新一代人工智能》,《现代城市》2018年第1期。

[84]彭云:《大数据环境下数据确权问题研究》,《现代电信科技》2016年第5期。

[85]齐爱民、祝高峰:《论国家数据主权制度的确立与完善》,《苏州大学学报（哲学社会科学版）》2016年第1期。

[86]钱晓萍:《对我国发行数字货币几点问题的思考》,《商业经济》2016年第3期。

[87]邱仁宗等:《大数据技术的伦理问题》,《科学与社会》2014年第1期。

[88]邱勋:《中国央行发行数字货币:路径、问题及其应对策略》,《西南金融》2017年第3期。

[89]全国科学技术名词审定委员会、大数据战略重点实验室:《大数据十大新名词》,《中国科技术语》2017年

第2期。

[90]沈明明:《哲学:人类精神世界的"转向"——科学与哲学关系再认识》,《福建论坛(文史哲版)》2000年第6期。

[91]石丹:《企业数据财产权利的法律保护与制度构建》,《电子知识产权》2019年第6期。

[92]孙崇铭:《化危为机,提升企业的科创能力》,《中国商界》2019年第4期。

[93]孙南翔、张晓君:《论数据主权——基于虚拟空间博弈与合作的考察》,《太平洋学报》2015年第2期。

[94]孙小礼:《21世纪的科学和哲学》,《新视野》2003年第6期。

[95]唐彬:《互联网是一群人的浪漫》,《中国商界》2015年第5期。

[96]陶林:《人权与主权之间的张力与契合》,《哲学研究》2013年第5期。

[97]汪玉凯:《智慧社会倒逼国家治理智慧化》,《中国信息界》2018年第1期。

[98]王邦佐、桑玉成:《论责任政府》,《党政干部文摘》2003年第6期。

[99]王刚、周莲芳:《试析西方之乱的表现及成因》,《思想理论教育导刊》2019年第3期。

[100]王海龙、田有亮、尹鑫:《基于区块链的大数据确权方

案》,《计算机科学》2018年第2期。

[101]王涵:《基于区块链的社会公益行业的发展趋势研究》,《科技经济导刊》2018年第36期。

[102]王建美:《网络空间命运共同体的四重维度》,《中国集体经济》2019年第25期。

[103]王建民:《转型时期中国社会的关系维持——从"熟人信任"到"制度信任"》,《甘肃社会科学》2005年第6期。

[104]王俊生等:《数字身份链系统的应用研究》,《电力通信技术研究及应用》2019年第5期。

[105]王琳、朱克西:《数据主权立法研究》,《云南农业大学学报(社会科学)》2016年第6期。

[106]王毛路、陆静怡:《区块链技术及其在政府治理中的应用》,《电子政务》2018年第2期。

[107]王明进:《全球网络空间治理的未来:主权、竞争与共识》,《人民论坛·学术前沿》2016年第4期。

[108]王文清:《科学教育中的建模理论》,《科技信息》2011年第3期。

[109]魏书音:《CLOUD法案隐含美国数据霸权图谋》,《中国信息安全》2018年第4期。

[110]文庭孝、刘璇:《戴维·温伯格的"新秩序理论"及对知识组织的启示》,《图书馆》2013年第3期。

[111]芜崧、李雅倩:《"黑天鹅"和"灰犀牛"的新义》,《语文学

习》2017年第11期。

[112]吴冠军：《信任的"狡计"——信任缺失时代重思信任》，《探索与争鸣》2019年第12期。

[113]吴汉东：《人工智能时代的制度安排与法律规制》，《法律科学》2017年第5期。

[114]吴宁、章书俊：《论互联网与共产主义》，《长沙理工大学学报（社会科学版）》2018年第2期。

[115]伍贻康、张海冰：《论主权的让渡——对"论主权的'不可分割性'"一文的论辩》，《欧洲研究》2003年第6期。

[116]谢刚等：《大数据时代电子公共服务领域的个人数字身份及保护措施》，《中国科技论坛》2015年第10期。

[117]谢桃：《公权力与私权利的博弈》，《知识经济》2011年第21期。

[118]熊健坤：《区块链技术的兴起与治理新革命》，《哈尔滨工业大学学报（社会科学版）》2018年第5期。

[119]徐靖：《共享数字化未来》，《互联网经济》2019年第5期。

[120]徐雷：《人工智能第三次浪潮以及若干认知》，《科学（上海）》2017年第3期。

[121]徐伟：《企业数据获取"三重授权原则"反思及类型化构建》，《交大法学》2019年第4期。

[122]徐晓兰：《区块链技术与发展研究》，《电子技术与软件工程》2019年第16期。

［123］徐雅倩、王刚：《数据治理研究：进程与争鸣》，《电子政务》2018年第8期。

［124］徐忠、邹传伟：《区块链能做什么、不能做什么？》，《金融研究》2018年第11期。

［125］许可：《决策十字阵中的智能合约》，《东方法学》2019年第3期。

［126］杨斐：《试析国家主权让渡概念的界定》，《国际关系学院学报》2009年第2期。

［127］杨光飞：《"杀熟"：转型期中国人际关系嬗变的一个面相》，《学术交流》2004年第5期。

［128］叶穗冰：《论网络空间命运共同体的运行规律》，《经济与社会发展》2018年第3期。

［129］易善武：《主权让渡新论》，《重庆交通大学学报（社会科学版）》2006年第3期。

［130］于华：《大学是科学与哲学共繁共荣的家园》，《法制与社会》2019年第32期。

［131］于志刚：《"公民个人信息"的权利属性与刑法保护思路》，《浙江社会科学》2017年第10期。

［132］云岭：《"自然人"与"技术人"：对基因编辑婴儿事件的伦理审视》，《昆明理工大学学报（社会科学版）》2019年第2期。

［133］张本才：《未来法学论纲》，《法学》2019年第7期。

[134]张成福:《责任政府论》,《中国人民大学学报》2000年第2期。

[135]张华:《数字化生存共同体与道德超越》,《道德与文明》2008年第6期。

[136]张建文、贾章范:《法经济学视角下数据主权的解释逻辑与制度构建》,《重庆邮电大学学报(社会科学版)》2018年第6期。

[137]张婧羽、李志红:《数字身份的异化问题探析》,《自然辩证法研究》2018年第9期。

[138]张明、郑联盛:《次贷危机走向纵深 房利美房地美危机透视》,《当代金融家》2008年第8期。

[139]张文显:《新时代的人权法理》,《人权》2019年第3期。

[140]张毅、朱艺:《基于区块链技术的系统信任:一种信任决策分析框架》,《电子政务》2019年第8期。

[141]赵刚、王帅、王碰:《面向数据主权的大数据治理技术方案探究》,《网络空间安全》2017年第2期。

[142]赵金旭、孟天广:《技术赋能:区块链如何重塑治理结构与模式》,《当代世界与社会主义》2019年第3期。

[143]赵可金:《国际秩序变革与中国的世界角色》,《人民论坛》2017年第14期。

[144]赵磊:《信任、共识与去中心化——区块链的运行机制及监管逻辑》,《银行家》2018年第5期。

［145］赵旭东:《新技术革命对国家主权的影响》,《欧洲》1997年第6期。

［146］郑刚:《金融攻击:一种全新的隐型战争方式》,《竞争情报》2013年第3期。

［147］郑戈:《区块链与未来法治》,《东方法学》2018年第3期。

［148］中国人民银行宜宾市中心支行课题组:《数字货币发展应用及货币体系变革探讨——基于区块链技术》,《西南金融》2016年第5期。

［149］朱虹:《"亲而信"到"利相关":人际信任的转向——一项关于人际信任状况的实证研究》,《学海》2011年第4期。

［150］朱纪伟:《区块链:数字金融的基石》,《信息化建设》2019年第7期。

［151］朱玲:《我国数字政府治理的现实困境与突破路径》,《人民论坛》2019年第32期。

［152］［日］见田宗介:《人类与社会的未来》,朱伟珏译,《社会科学》2007年第12期。

三、中文报章

［1］陈捷、方一云:《"黑天鹅"与"灰犀牛"》,《金融时报》2017年9月8日,第10版。

［2］陈一鸣:《伊朗核问题大事记》,《人民日报》2006年1月11

日，第3版。

[3]方彪：《智能合约助推智能社会建设》，《中国社会科学报》2019年8月28日，第7版。

[4]奉清清：《立时代潮头 发思想先声：肩负起繁荣发展哲学社会科学的职责使命》，《湖南日报》2016年7月7日，第8版。

[5]傅莹：《国际秩序与中国作为》，《人民日报》2016年2月15日，第5版。

[6]巩富文：《以区块链赋能社会治理》，《人民日报》2019年11月21日，第5版。

[7]何申等：《区块链：未来已来》，《人民邮电》2019年11月15日，第7版。

[8]江文富：《生命文化：科学与人文的和洽之道》，《光明日报》2016年2月17日，第14版。

[9]姜辉：《充分发挥制度优势，成功实现"中国之治"》，《人民日报》2020年1月7日，第10版。

[10]金永生：《把握"互联网＋"的本质与增长模式》，《人民日报》2015年9月21日，第7版。

[11]李一：《"数字社会"运行状态的四个特征》，《学习时报》2019年8月2日，第8版。

[12]林喆：《何谓人权？》，《学习时报》2004年3月1日，第T00版。

［13］刘建明：《"大数据"不是万能的》，《北京日报》2013年5月6日，第18版。

［14］马长山：《确认和保护"数字人权"》，《北京日报》2020年1月6日，第14版。

［15］梅宏：《夯实智慧社会的基石》，《人民日报》2018年12月2日，第7版。

［16］邱锐：《"数据之治"推进"中国之治"》，《学习时报》2019年12月27日，第7版。

［17］阙天舒、方彪：《智能时代区块链技术重塑社会共识》，《中国社会科学报》2019年10月23日，第5版。

［18］申卫星：《实施大数据战略应重视数字经济法治体系建设》，《光明日报》2018年7月23日，第11版。

［19］王关义：《哲学社会科学，发挥好引导功能》，《人民日报》2013年8月4日，第5版。

［20］王晶：《"数字公民"与社会治理创新》，《学习时报》2019年8月30日，第3版。

［21］王攀、肖思思、周颖：《聚焦"基因编辑婴儿"案件》，《人民日报》2019年12月31日，第11版。

［22］王锡锌：《数据治理立法不能忽视法治原则》，《经济参考报》2019年7月24日，第8版。

［23］王延川：《区块链：铺就数字社会的信任基石》，《光明日报》2019年11月17日，第7版。

[24]谢方:《科幻、未来学与未来时代》,《中国社会科学报》2013年1月25日,第A5版。

[25]辛鸣:《罔顾西方之乱的原由》,《人民日报》2017年7月16日,第5版。

[26]许耀桐:《应提"国家治理现代化"》,《北京日报》2014年6月30日,第18版。

[27]许正中:《全球治理创新与中国智慧》,《学习时报》2019年11月15日,第2版。

[28]殷剑峰:《数字革命、数据资产和数据资本》,《第一财经日报》2014年12月23日,第A9版。

[29]张奕卉、魏凯:《区块链重塑数字身份 哪些应用值得期待?》,《人民邮电》2019年4月11日,第7版。

[30]赵永新:《区块链信任机制推动普惠金融发展 助力解决中小微企业融资难题》,《证券日报》2019年12月26日,第B1版。

[31]郑文明:《互联网治理模式的中国选择》,《中国社会科学报》2017年8月17日,第3版。

[32]郑永年:《被动回应阶段已经过去,经验表明,被动的回应做得再好,也远远不够——有效回应美国的"国际秩序"定义权》,《北京日报》2019年9月2日,第16版。

[33]郑志明:《建立国家主权区块链基础平台迫在眉睫》,《中国科学报》2018年10月18日,第6版。

[34]支振锋:《网络空间命运共同体的全球愿景与中国担当》,《光明日报》2016年11月27日,第6版。

四、其他中文文献

[1]边哲:《区块链技术——为数字政府治理构建数据信任》,光明网,2019年,https://theory.gmw.cn/2019-11/04/content_33291595.htm。

[2]德勤、世界经济论坛:《完美构想:数字身份蓝图》,德勤,2017年,https://www2.deloitte.com/cn/zh/pages/financial-services/articles/disruptive-innovation-digital-identity.html。

[3]华为云:《华为区块链白皮书》,国脉电子政务网,2018年,http://www.echinagov.com/cooperativezone/210899.html。

[4]浪潮、国际数据公司:《2019年数据及存储发展研究报告》,浪潮,2019年,https://www.inspur.com/lcjtww/2315499/2315503/2315607/2482232/index.html。

[5]习近平:《决胜全面建成小康社会 夺取新时代中国特色社会主义伟大胜利——在中国共产党第十九次全国代表大会上的报告》,人民网,2017年,http://cpc.people.com.cn/n1/2017/1028/c64094-29613660-14.html。

[6]习近平:《在哲学社会科学工作座谈会上的讲话》,新华网,2016年,http://www.xinhuanet.com//politics/2016-05/18/c_1118891128.htm。

[7]习近平:《在中国科学院第十九次院士大会、中国工程院第十四次院士大会上的讲话》,新华网,2018年,http://www.xinhuanet.com/politics/2018-05/28/c_1122901308.htm。

[8]杨东、俞晨晖:《区块链技术在政府治理、社会治理和党的建设中的应用》,人民论坛网,2019年,http://www.rmlt.com.cn/2019/1230/565266.shtml。

[9]中国区块链技术和产业发展论坛:《中国区块链技术和应用发展白皮书(2016)》,中国区块链技术和产业发展论坛官网,2016年,http://www.cbdforum.cn/bcweb/index/article/rsr-6.html。

[10]中国信息通信研究院:《区块链白皮书(2019年)》,中国信息通信研究院官网,2019年,http://www.caict.ac.cn/kxyj/qwfb/bps/201911/P020191108365460712077.pdf。

[11]中国移动研究院:《2030+愿景与需求报告》,中国移动研究院官网,2019年,http://cmri.chinamobile.com/news/5985.html。

[12]朱岩:《用区块链等技术手段促进人类命运共同体建设》,MBA中国网,2018年,http://www.mbachina.com/html/tsinghua/201809/168431.html。

[13][美]雷因塞尔等:《IDC:2025年中国将拥有全球最大的数据圈》,安防知识网,2019年,http://security.asmag.com.cn/news/201902/97598.html。

五、外文专著及其析出文献

［1］Coleman S. "Foundations of digital government"//Chen H. *Digital Government*. Boston, MA: Springer. 2008.

［2］Comte I Auguste. *System of Positive Polity* (2 vols.). London: Longmans, Green & Co.. 1875.

［3］Nagel T. *The Possibility of Altruism*. Princeton: Princeton University Press. 1978.

六、外文期刊

［1］Begg C, Caira T. "Exploring the SME quandary:Data governance in practise in the small to medium-sized enterprise sector". *The Electronic Journal Information Systems Evaluation*, 2012, 15(1).

［2］Hestenes, D. "Modeling games in the newtonian world". *Am.J.Phys*, 1992, (8).

七、其他外文文献

［1］World Economic Forum. "The global risks report 2019(14th edition)". World Economic Forum. 2019. http://www3.weforum.org/docs/WEF_Global_Risks_Report_2019.pdf.

术语索引

后　记

2016年的最后一天,贵阳市人民政府新闻办公室率先发布发展区块链的地方宣言——《贵阳区块链发展和应用》白皮书,开创性地提出"主权区块链"的全新概念。随后,全国科学技术名词审定委员会在2017中国国际大数据产业博览会上审定发布"大数据十大新名词","主权区块链"入选其中,成为中国科技名词。

大数据战略重点实验室是贵阳市人民政府和北京市科学技术委员会共建的跨学科、专业性、国际化、开放型研究平台,是中国大数据发展新型高端智库。2015年以来,研究推出的"治理科技三部曲"("块数据""数权法""主权区块链")被誉为重构数字文明新时代的三大支柱,在国内外具有较大影响力。"主权区块链"一直是我们的重要研究方向。其中,《块数据3.0》以"秩序互联网与主权区块链"为副标题,重点研究了从技术之治到制度之治的治理科技。《重新定义大数据》设专章论述了主权区块链创新组织方式、治理体系、运行规则的重要意义。《数典》形成了以"主权区块链"为重要组成部分的知识体系和术语体系,获得了联合国教科文组织国际工程科技知识中心的认可和推荐。

《主权区块链1.0:秩序互联网与人类命运共同体》是大数据战略重点实验室在块数据、数权法理论研究基础上推出的又一重大创新成果,是对习近平总书记"努力让我国在区块链这个新兴领域走在理论最前沿、占据创新制高点、取得产业新优势"重要讲话精神的积极回应。一是提出了互联网发展从信息互联网到价值互联网再到秩序互联网的基本规律;二是推出了数据主权论、社会信任论、智能合约论"新三论";三是论述了科技向善与阳明心学对构建人类命运共同体的重要意义。本书基于秩序互联网和人类命运共同体对区块链展开研究,希望为区块链的发展与应用提供一种新视角、新理念和新思想。未来,我们将陆续推出"主权区块链"系列理论专著,从改变未来世界的新力量、数字政府引领未来、协商民主改变世界到全球治理的中国智慧,为互联网全球治理提供中国方案,为推动构建网络空间命运共同体贡献中国智慧。

本书由大数据战略重点实验室组织讨论交流、深度研究和集中撰写。连玉明提出总体思路和核心观点,并对框架体系进行了总体设计,龙荣远、张龙翔细化提纲和主题思想，连玉明、朱颖慧、宋青、武建忠、张涛、龙荣远、宋希贤、张龙翔、邹涛、陈威、沈旭东、杨璐、杨洲负责撰写，龙荣远、张龙翔负责统稿。陈刚为本书提出了许多具有前瞻性和指导性的重要观点。贵州省委常委、贵阳市委书记赵德明，贵阳市委副书记、市长陈晏，贵阳市委常委、常务副市长徐昊，贵阳市委常委、市委秘书长刘本立等为本书贡献了大量具有建设性的思想和见解。成稿后，大数据战略重点实验室浙江大学研究基地召开了学术研讨会。浙江大学互联网金融研究院院长、浙江大学国际联合商学院院长贲圣林教授，浙江大学计算机科学与技术学院教授、浙江大学区块链研究中心主任、浙江大学互联网金融研究院副院长杨小虎，浙江大学光华法学院教授、浙江大学互联网金融研究院副院长李有星，浙江大学光华法学院副院长赵骏教授，美国威斯康星大学奥克莱尔分校终身教授、浙江大学互联网金融研究院区块链工作室主任张瑞东，浙江大学人工智能研究所副所长郑小林教授，浙江大学社会学系陈宗仕副教授，浙江大学国际联合商学院杨利宏副教授等就本书相关议题进行了交流和研讨，各位专家学者从不同角度提出了许多真知灼见。应该说，本书是集体智慧的结晶。在此，需要特别感谢的是浙江大学出版社的领导和编辑们，鲁东明社长以前瞻的思维、独到的眼光和超人的胆识对本书高度肯定并提供出版支持，组织多名编辑精心策划、精心编校、精心设计,本书才得以如期与读者见面。

当科技名词成为时代名词,主权区块链将会以我们可能都无法想象的方式改变世界。如果说,区块链是21世纪初人类最伟大的技术创新,那么,主权区块链的发展必然会成为21世纪后半叶最让人兴奋和最值得期待的原生创新,这种原生创新是一种全方位的创新,既包括技术创新,也包括理论创新、制度创新、模式创新。区块链为我们勾画了一幅人类走向数字文明的愿景,而主权区块链就是那把我们所有人都期待的钥匙,它将打开数字文明的未来之门。

本书付梓之际,正值新冠肺炎疫情防控的最关键阶段。世界各国正夜以继日地推进新冠肺炎疫情防控应急科技攻关,加大科技成果在疫情防控中的应用力度。互联网、大数据、人工智能、区块链等新一代信息技术在其中发挥了重要作用,打响了一场全民抗击新冠肺炎的科技战。可以预见,疫情过后,新一代信息技术将不仅被视为经济发展的新动能,更会成为治理体系和治理能力现代化的重要新支撑。区块链特别是主权区块链建设将脱虚向实,由点带面,深入治理和服务的方方面面。治理科技将成为国家治理现代化的重要手段。希望我们的一些思考,能够为治理科技的应用、治理体制的创新、治理场景的运行提供一点参考。区块链是一个不断升温的热点技术和焦点话题,当前各界对它的看法和理解也不尽一致。在编著本书的过程中,我们尽力搜集最新文献,吸纳最新观点,以丰富本书思想。尽管如此,由于水平有限、学力不贷和认知局限,加上本书所涉领域繁多复杂,我们的观点并不一定是绝对准确的,书中难免有疏漏差误之处,特别是对引用的文献资料和出处可能挂一漏万,恳请读者批评指正。

大数据战略重点实验室

2020年3月10日

图书在版编目（CIP）数据

主权区块链1.0：秩序互联网与人类命运共同体/
大数据战略重点实验室著；连玉明主编.—杭州：浙
江大学出版社，2020.5（2021.2重印）
ISBN 978-7-308-20151-3

Ⅰ.①主… Ⅱ.①大… ②连… Ⅲ.①互联网络—管
理—研究 ②数据处理—研究 Ⅳ.①TP393.407 ②TP274

中国版本图书馆CIP数据核字（2020）第061687号

主权区块链1.0：秩序互联网与人类命运共同体

大数据战略重点实验室 著

连玉明 主编

策划编辑	张　琛
责任编辑	陈思佳
责任校对	杨利军　张培洁
封面设计	棱智广告
出版发行	浙江大学出版社
	（杭州市天目山路148号　邮政编码310007）
	（网址：http://www.zjupress.com）
排　　版	杭州朝曦图文设计有限公司
印　　刷	杭州高腾印务有限公司
开　　本	880mm×1230mm　1/32
印　　张	13.375
字　　数	235千
版 印 次	2020年5月第1版　2021年2月第2次印刷
书　　号	ISBN 978-7-308-20151-3
定　　价	59.00元